全国青少年软件编程等级考试
（C语言）一级和二级推荐用书

# C++
# 趣味编程
## 及算法入门

王桂平　周祖松　穆云波　葛昌威

### 编　著

北京大学出版社
PEKING UNIVERSITY PRESS

# 内 容 简 介

本书是一本专门为中小学生编写的C++编程及算法入门教材。本书由浅入深地讲解了C++语言基础知识，以及编程解题常用的方法和基础算法。每章都是由一个小故事来引出编程思维。书中的案例和练习均由作者精心设计，并与生活和学习紧密结合。本书也介绍了各种有趣的计算机知识，并涵盖了全国青少年软件编程等级考试（C语言）一级和二级考试的知识点。本书配备了完善的题库、课件、教学视频等资源，可以作为中小学编程社团的教材，也可以作为少儿编程培训机构的培训教材，还可以作为GESP等级考试和各类编程竞赛的入门教材。

## 图书在版编目(CIP)数据

C++趣味编程及算法入门 / 王桂平等编著. — 北京 : 北京大学出版社，2024.6
ISBN 978-7-301-35062-1

Ⅰ. ①C… Ⅱ. ①王… Ⅲ. ①C++语言－程序设计 Ⅳ. ①TP312.8

中国国家版本馆CIP数据核字（2024）第095333号

| | |
|---|---|
| 书　　　名 | C++趣味编程及算法入门 |
| | C++ QUWEI BIANCHENG JI SUANFA RUMEN |
| 著作责任者 | 王桂平等　编著 |
| 责 任 编 辑 | 王继伟　刘　倩 |
| 标 准 书 号 | ISBN 978-7-301-35062-1 |
| 出 版 发 行 | 北京大学出版社 |
| 地　　　址 | 北京市海淀区成府路205号　100871 |
| 网　　　址 | http://www.pup.cn　　新浪微博：@北京大学出版社 |
| 电 子 邮 箱 | 编辑部 pup7@pup.cn　总编室 zpup@pup.cn |
| 电　　　话 | 邮购部 010-62752015　发行部 010-62750672　编辑部 010-62570390 |
| 印 刷 者 | 河北文福旺印刷有限公司 |
| 经 销 者 | 新华书店 |
| | 787毫米×1092毫米　16开本　23.5印张　566千字 |
| | 2024年6月第1版　2024年6月第1次印刷 |
| 印　　　数 | 1-4000册 |
| 定　　　价 | 89.00元 |

序1

　　新一代信息技术正在深刻地改变着世界，对人才培养也提出了更高的要求和挑战。为了推动青少年科技人才后备力量的培养，中国电子学会在2011年率先启动了基于电子信息技术的青少年等级考试（以下简称等级考试）试点工作。随后在2013年、2015年、2018年、2019年和2020年，先后发布了电子技术、机器人技术、软件编程、三维创意设计和无人机技术5大类7个技术方向的等级考试项目。截止到2024年3月，全国累计超过200万人次参加等级考试。

　　构建逻辑思维、算法思维、计算思维、编程思维、数据思维，提升孩子们的信息素养，C/C++语言是高效的利器。等级考试（C语言）致力于国内软件编程教育的普及，主要考查实践应用能力，降低了学习C/C++语言的门槛，因此自2018年推出以来，深受中小学生喜爱。

　　《C++趣味编程及算法入门》这本书较为全面地覆盖了C++的基础学习框架，每一章都是由一个小故事引出编程思维，同时也提供了丰富的适合中小学生认知、理解和学习的案例，大大降低了传统语言类教材的"苦味"，提高了趣味性、实用性和易读性，是一本值得推荐的入门教材。这本书涵盖了等级考试(C语言)一级和二级考试的知识点，可以作为中小学C++编程社团的教材，也适用于备考等级考试(C语言)的用户使用。此外，这本书由浅入深地引出了枚举、模拟、递推、递归等基础算法，可以很好地衔接后续的更高阶的算法课程。

杨晋

中国电子学会普及工作委员会副秘书长
中国电子学会青少年等级考试标准组组长

# 序2

在这个信息化、智能化的新时代，数字技术如潮水般汹涌而至，深刻改变着我们的生活和工作方式。人工智能、大数据、云计算等前沿科技如雨后春笋般出现，它们对具备编程技能和算法思维的人才的渴求日益增强。在这样的时代背景下，编程教育逐渐走向低龄化，旨在从小培养孩子们的创新素养和问题解决能力，使他们更好地适应未来社会的需求。

《C++趣味编程及算法入门》应运而生，它积极响应了社会对早期编程教育的呼声，为C++初学者搭建了一座通往编程世界的桥梁。本书以C++初学者的认知特点为出发点，精心设计了富有趣味性和互动性的学习内容，旨在引领孩子们轻松愉快地迈入编程的大门。

书中以C++语言为教学工具，充分利用其严谨的语法结构和强大的功能特性，为初学者打下坚实的编程基础。内容涵盖了基础知识入门、趣味编程实践、算法思维培养、计算思维训练等多个方面，旨在全面提升孩子们的编程能力和思维素养。

本书不仅是一本编程教材，更是一本启迪智慧的宝典。它通过生动有趣的方式引领孩子们探索编程与算法的世界，让他们在轻松愉快的氛围中锻炼逻辑思维、抽象思维与问题解决能力。同时，本书也为他们的成长之路注入了创新动力，为他们的未来铺设了智慧之路。

我坚信，每一位使用本书的学生都将从中收获满满的知识、技能和乐趣。他们将以更加自信的姿态迎接数字化时代的挑战，展现出无限的创新潜能和活力。让我们携手共进，共同开启这场编程与算法的奇妙之旅吧！

廖晓峰

长江学者、重庆大学教授/博导
美国电气与电子工程师协会会士（IEEE Fellow）

序3

  《C++趣味编程及算法入门》这本书不仅是一本匠心独运的教学著作，也是一本启发灵感、点燃激情的魔法书籍。书中所展现的案例既有趣又新颖，每一个章节都仿佛是一次惊喜的探险，让人身临其境。更难能可贵的是，这些案例并非空中楼阁，而是深深扎根于我们的日常生活中。作者巧妙地从生活中提炼出各种场景，将其融入程序设计的案例教学中，使得抽象复杂的编程知识变得生动鲜活、触手可及。阅读这本书，就好似在探索生活的奥秘，通过编程的方式去解读世界。每一个案例都像是一个小故事，引人入胜，让人在轻松愉快的阅读中掌握编程的技巧。这种从生活中来到生活中去的教学方法，不仅让大小读者们更容易理解和接受编程知识，也更加激发了大家对编程的热爱和兴趣。本书告诉我们，编程并非高不可攀的技艺，而是与我们生活息息相关的实用技能。我相信，在本书的引领下，我们将踏上一段充满惊喜和魔力的编程之旅。

  此外，本书还有特别的感人之处。在作者的笔下，编程世界宛若一幅细腻温馨的家庭画卷，缓缓展开在我们眼前。书中的主要人物——抱一和致柔，都被赋予了立体而独特的个性。抱一聪明能干，充满好奇与探索；致柔则活泼可爱，纯真无邪。这些角色并非简单的人物设定，而是融入了作者的深厚情感，使他们变得生动而真实，也带领我们读者随他一道去体会家庭的美好与珍贵，温情与幸福。

  最后，本人不才，班门弄斧拙作一首赠予作者，也希望和所有大小读者共勉。

## 【满江红·程序设计】

  荧屏闪烁，代码涌，键声琅琅。分支抉，循环往复，逻辑深藏。指针跳跃如音符，数组排列若乐章。细思量，算法之美妙，难言状。

  库文件，含珠玑。结构体，筑桥梁。编程路，最是千回百转。函数调用犹轻舞，程序运行似飞扬。望少年，学海勤为桨，破万浪。

浙江财经大学
信息技术与人工智能学院副院长

前言

　　小朋友们，当你们翻开这本书的时候，你们即将步入一个新的世界——编程的世界，开启一段新的征程——编程之旅。编程就是编写程序。在学习编程之前，小朋友们可能会疑惑：什么是程序？为什么要学习编程？

　　首先，计算机已经深入我们的日常生活，与小朋友们的学习、生活和爸爸妈妈的工作息息相关。这里所说的"计算机"，是指广义上的能存储数据、进行计算的设备。计算不仅包括你们通常理解的算术运算，还包括更广泛的数据处理。现在，小朋友们教室里的多媒体一体机，小区里的门禁系统，家里的指纹锁、密码锁、扫地机器人、洗衣机、微波炉，还有你们玩的平板电脑、手机等电子设备里是不是都有程序呀？为了让这些"计算机"按照我们设计的模式和功能工作，我们需要为它们设计指令或代码，这些代码就构成了程序。

　　其次，为什么要学习编程呢？你们身处智能时代，每天都在跟智能设备打交道。为了了解这些智能设备的工作原理，以便今后设计出更好的、更智能的程序，你们需要学习编程，这样你们才能适应这个时代，为你们自己和社会创造更好的未来。编写一个正确的、强大的、智能的程序，是一项非常具有挑战性的工作。学习编程是一项充满乐趣、富有意义、非常有用的活动。学习编程能训练数学思维、逻辑思维、算法思维、编程思维，这些思维能力在学习其他课程时也会用到。

　　小朋友们，摆在你们面前用来学习编程的电脑，是一台真正意义上的计算机。从世界上第一台计算机研制出来到现在，已经快80年了，编程语言也有近80年的历史。在这个过程中，无数的计算机科学家做出了极大的贡献，你们才有机会使用这台设计精致、功能强大、使用起来非常便利的计算机。

　　小朋友们，你们将要学习的C++编程语言，是一门高级语言，它非常接近于自然语言（英语），而且其中的一些编程思维在你们的生活和学习中往往能找到触类旁通的例子。因此，为了帮助你们理解本书涉及的编程思维，本书往往以人物对话，或生活和学习中的例子和场景来引出每章内容。本书中出现了以下人物原型。

　　哥哥王抱一，是树人小学四年级（5）班的一名学生，从小接触各种电子设备，喜欢动漫，也正在用这本书学习C++编程。

　　妹妹王致柔，是树人幼儿园大班的一名学生，喜欢搭积木。

　　抱一在学习编程的过程中，致柔经常过来"捣乱"，她也学到了一些浅显的编程知识。

妈妈是一名警察，日常生活中经常需要用到手机，工作中经常需要用到电脑、警用智能设备。

爸爸是一名大学老师，是计算机专业的博士，主要教编程课、算法课，指导大学生参加各类程序设计大赛，平时也教小朋友学习编程，擅长 Python 语言、C++语言和算法。

本书的一些故事发生在树人小学、听蓝湾小区、王抱一家里、U城天街商业街。树人小学位于听蓝湾小区西南方向500米，树人小学的旁边是树人幼儿园。小区东面，一路之隔，就是一个很大的商业街——U城天街。本书中的很多故事发生在爸爸送抱一和致柔上学的路上、在爸爸妈妈和两个孩子逛U城天街时、在小区散步时……

小朋友们，你们在学习编程的过程中，可能会遇到各种各样的困难，这是再正常不过的事情。在老师、家长的帮助下，你们将逐步克服这些困难，甚至能独立地解决一些问题，并在这个过程中收获极大的乐趣。每做出一道编程题，拿到一次等级考试的证书，参加一次编程竞赛，你们都将收获满满的成就感。

最后，希望小朋友们能喜欢上这本书，通过这本书开启奇妙的编程之旅。

王桂平

书于重庆市高新区大学城听蓝湾

2024年5月

# 目 录

# 第30章 数据结构基础知识

# 第 1 章
## 什么是程序?

```
cout <<"Hello" <<endl;
cout <<(2+3)*5 <<endl;
```

## 主要内容

◆ 引入程序和编程的概念。

◆ 掌握用 cout 语句输出信息。

◆ 掌握通过编程求解简单的算术题。

## 1.1 从生活中的场景说起

周五下午，抱一放学回家，在小区门口刷脸时，小区门禁系统发出"门已开，请通行"的语音提示。在家门口，抱一在指纹锁上一按，指纹锁发出"已开锁"的语音提示。抱一今天上了书法课和体育课，衣服都弄脏了。抱一把衣服脱下来，换上居家服，把脏衣服放进洗衣机，在洗衣机面板上按了几下，设定好工作模式和水位，再按"启动"按钮，洗衣机就开始工作了。一个星期没打扫房间，地板都脏了，抱一把扫地机器人抱过来，按了一下"启动"按钮，扫地机器人就开始工作了。

做好这些事情后，抱一在书桌前坐下来，心想："明天上午就要上编程课了。编程就是编写程序，可是，什么是程序呢？咦，刚才我用的门禁系统、指纹锁、洗衣机、扫地机器人，里面不就有程序吗？"

小朋友们，你们家里的哪些电器里有程序？哪些玩具里有程序？其实洗衣机、微波炉、冰箱、空调、电视机、电脑、手机、遥控汽车等家用电器或玩具里都有程序。

为了让"计算机"完成某项任务，我们需要设计一些"指令"，让计算机按照我们的要求工作。例如，让洗衣机按设定的模式洗衣服，让计算机向我们打招呼，让计算机"背诵"一首古诗20遍。**计算机执行的指令（也称为代码）就是程序。编程就是编写程序的过程。**

这里提到的"指令"并非指计算机的"指令集"，而是表示人指挥计算机完成任务而发出的"指令"。这里说的计算机，是广义上的计算机，包括台式电脑、笔记本电脑、平板电脑、手机、数字电视、洗衣机、微波炉等。

## 1.2 编写程序的工具

今晚抱一的语文作业是写一篇作文。其实，写作文和写C++程序有些相似之处，如表1.1所示。

表1.1 写作文和写C++程序的相似之处

|  | 写作文 | 写C++程序 |
|---|---|---|
| 工具 | 纸、笔 | 计算机、键盘 |
| 换行 | 每个段落要另起1行 | 通常1条代码要占1行，写下一条代码前要回车换行 |
| 缩进 | 每个段落的第1行要空2格 | 有些代码要缩进，可以按Tab键或4个空格实现 |

计算机程序需要用**计算机编程语言**来编写。就像自然语言是人和人交流的工具一样，计算机编程语言是人和计算机交流的工具。自计算机问世以来，计算机科学家已经设计出数百种编程语言。

就像我们需要用纸和笔来写作文、记笔记一样，计算机程序也需要用编辑器来编写。编辑器通常和其他相关工具软件（如编译器、连接器）构成一个比较大的软件，一般称为**集成开发环境**

（Intergrated Development Environment，IDE）。

以下是几种可以编写和运行C++程序的软件。

（1）Dev-C++。

（2）Visual Studio。

（3）Visual Studio Code。

（4）Code::Blocks等。

## 1.3 程序的编写、编译和运行

写好一篇作文，要经过构思、打草稿、润色、誊写等几个步骤。与此类似，一个C++程序从编写到最后得到正确的运行结果，要经历以下几个主要的步骤，如图1.1所示。

（1）在编辑器中用C++语言编写程序。用编程语言编写的程序称为"源程序"。源程序编写完后要保存为源程序文件。计算机中的文件名是由**主文件名**和**扩展名**组成的。C++的源程序文件的扩展名是.cpp。例如，code.cpp，code是主文件名，.cpp就是扩展名。

（2）对源程序进行编译和连接。用"编译器"

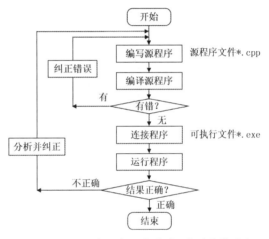

图1.1　C++语言程序从编写到运行的完整过程

和"连接器"把源程序翻译并生成可以直接执行的文件，这种文件的扩展名通常是.exe。

编译的作用是对源程序进行语法检查，如果有语法错误，还会列出所有的编译出错信息。一个程序如果有语法错误，将无法运行。

（3）运行程序。运行最终形成的可执行文件，得到运行结果。

（4）分析运行结果。一个程序编写完毕，能够运行了，不一定就大功告成了。通常还要根据程序的运行结果判断程序是否正确。如果运行结果不正确，还要对程序进行分析和改正。

注意，图1.1用流程图描述了C++语言程序从编写到运行的完整过程，这种图将在第7章详细介绍。

## 1.4 在线评测系统

一个程序编写完毕，能运行起来，并不代表这个程序一定是正确的。那一个程序写完了，怎么知道对不对呢？当然可以通过人工来检查，比如发给老师看。但这种方法费时费力，还不可靠。很复杂的程序，老师也不一定能很快看明白。有没有更好的方法呢？

本书所有案例、练习、课后习题都部署在洛谷平台。同学们完成一道题目的解答程序后，可以在线提交程序，洛谷会自动评测程序是否正确，而且很快就会反馈评测结果，如图1.2所示。这是不是很神奇呀！

图 1.2 洛谷平台反馈的评测结果

像洛谷这种能自动实时评测程序正确性的系统称为**在线评测系统**。第3章会简单介绍在线评测系统的工作原理。

 ## 1.5 案例1：Hello world!

第一个C++程序的功能是让计算机和我们打招呼。那它是不是像天猫精灵、小度、小爱同学这些智能产品一样，可以用语音和我们打招呼呢？很遗憾，这个程序只能在计算机屏幕上输出两行信息。在这门课程里，我们写的程序只能以这种方式和我们"对话"。我们要从基础学起，以后才能设计出可以通过语音、手势等方式和我们进行对话的产品。

【题目描述】

让计算机和我们打招呼，输出以下结果。注意大小写、空格、双引号和感叹号。

```
Hello world!
Welcome to C++!
```

代码如下。

```cpp
#include <bits/stdc++.h>          // 包含万能头文件
using namespace std;
int main( )                       // 主函数
```

```
{
    cout <<"Hello world!" <<endl;          // 向屏幕上输出一行字符（用英语打招呼）
    cout <<"Welcome to C++!" <<endl;
    return 0;                              // 程序正常退出
}
```

## C++ 程序的组成部分

一个C++程序至少要包含以下两个部分。这些必须要写的代码就构成了 **C++程序的框架**。

### 1. 头文件

```
#include <iostream>  //或 #include <bits/stdc++.h>
```

这行代码的意思是把头文件iostream包含进来。iostream中定义了一些与输入/输出相关的、现成的"工具"。cout就是iostream中定义好的、用于输出的"工具"，能往屏幕上输出一串字符（或其他数据）。"#include"是C++语言的预处理命令。

在本书的学习过程中，随着程序越来越复杂，可能还需要包含其他头文件。对初学者来说，编写C++程序时一个让人头疼的问题就是不知道要包含哪些头文件。幸运的是，有些编译器可以使用万能头文件<bits/stdc++.h>。使用万能头文件就不用再包含其他头文件了。

```
using namespace std;
```

这行代码是指使用命名空间std。using和namespace都是C++语言的关键字，关键字的含义请参考本章拓展阅读。

### 2. 主函数

```
int main( )
{
    ...
    return 0;
}
```

main函数是程序中的主函数。每个C++程序都必须包含这个main函数。

C++程序的最小独立单位是**语句**，案例1的main函数内每一行就是一条语句。程序运行时，总是从main函数的第一条语句开始执行，一直执行完main函数中的最后一条语句或者执行到return语句，整个程序才执行完毕。

在C++语言中，**分号是语句的标志**。例如，上述代码的main函数中包含以下语句。

```
cout <<"Hello world!" <<endl;        // 向屏幕上输出一行字符（用英语打招呼）
```

这条语句的作用是在屏幕上输出一串字符"Hello world!"。endl的作用是换行。换行就像写作文时另起一个段落。案例1的程序要输出两行信息，所以输出完一行后要换行。

"//向屏幕上输出一行字符(用英语打招呼)"是程序中的**注释**，用来对程序作注解。

C++规定，一行中如果出现"//"，则从它开始到本行末尾之间的全部内容都作为注释。这种注释称为**行注释**。注释内容对程序的运行不起作用，其作用是帮助读者理解程序。

main函数最后一行代码"return 0;"表示返回0，程序正常结束。如果返回一个不为0的值，说明程序在执行过程中出错了。

## 1.6 案例2：时间换算（1）

我们可以编写程序来做算术题。注意，数学上的乘法符号在程序中要用*表示。

【题目描述】

已知编程竞赛已经进行了2小时16分21秒，请换算成秒数并输出。要求在程序中通过计算得出答案，而不是直接输出答案。注意单词拼写和空格。

【分析】

1分钟=60秒，1小时=60分钟=3600秒，根据这样的换算关系，很容易将时分秒换算成秒。代码如下。

```
#include <bits/stdc++.h>
using namespace std;
int main( )
{
    cout <<3600*2+60*16+21 <<" seconds" <<endl;
    return 0;
}
```

该程序的输出结果如下。

```
8181 seconds
```

注意，本书案例和练习都实现了自动评测。评测时是非常严格的，多一个空格、少一个空格都不会评判为正确。

仔细观察上述输出内容，思考哪些内容是"原封不动"输出来的，哪些内容是经过"计算"输出来的？

### 字符串和表达式

用双引号括起来的内容是原封不动输出来的，称为**字符串**。

"3600 * 2 + 60 * 16 + 21"是**表达式**。对于表达式，需要计算它的值，再把值输出来。

从上述程序可以看到，C++语言中的表达式非常接近于数学上的计算式。

## cout 语句

cout是C++的输出语句。它的作用就是往显示器上输出一些内容，如图1.3所示。

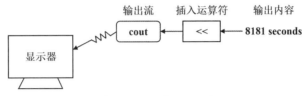

图1.3　C++的cout语句

cout语句的一般格式如下（<<是**插入运算符**）。

**cout <<输出项1 <<输出项2 <<… <<输出项n;**

功能如下。

（1）如果输出项是表达式，则计算表达式的值并输出。

（2）如果输出项是用双引号括起来的，则输出双引号内的内容，双引号不输出，双引号及其中的内容称为**字符串**。注意，双引号必须用英文状态下的双引号。

# 1.7　案例3：输出杨辉三角（1）

【背景知识】

杨辉三角是中国数学史上的一个伟大成就。中国南宋数学家杨辉在1261年所著的《详解九章算法》一书中提出了杨辉三角。1654年，法国数学家布莱士·帕斯卡（Blaise Pascal）才发现了杨辉三角的规律。帕斯卡的发现比杨辉要晚393年。

如图1.4所示，在杨辉三角中，每一行首尾两个数字均为1，其他数字都是上一行左上和右上两个数字之和。

```
                1
               1 1
              1 2 1
             1 3 3 1
            1 4 6 4 1
           1 5 10 10 5 1
          1 6 15 20 15 6 1
         1 7 21 35 35 21 7 1
        1 8 28 56 70 56 28 8 1
      1 9 36 84 126 126 84 36 9 1
```

图1.4　杨辉三角

【题目描述】

用cout语句输出杨辉三角的前5行。

```cpp
#include <bits/stdc++.h>
using namespace std;
int main( )
{
    cout <<"    1" <<endl;
    cout <<"   1 1" <<endl;
    cout <<"  1 2 1" <<endl;
    cout <<" 1 3 3 1" <<endl;
    cout <<"1 4 6 4 1" <<endl;
    return 0;
}
```

## 1.8 练习1: 用cout语句输出星号菱形

【题目描述】

用cout语句输出以下字符图形。

```
    *
   ***
  *****
 *******
  *****
   ***
    *
```

```cpp
#include <bits/stdc++.h>
using namespace std;
int main( )
{
    cout <<"   *" <<endl;
    cout <<"  ***" <<endl;
    cout <<" *****" <<endl;
    cout <<"*******" <<endl;
    cout <<" *****" <<endl;
    cout <<"  ***" <<endl;
    cout <<"   *" <<endl;
    return 0;
}
```

## 1.9　练习2：小学比幼儿园远多少米

【题目描述】

抱一上幼儿园是步行，每分钟走60米，从家里到幼儿园要走12分钟。他上小学是骑自行车，每分钟骑180米，从家里到小学要骑9分钟，请问小学比幼儿园远多少米？要求在程序中通过计算得出答案，而不是直接输出答案。

【分析】

根据"距离 = 速度 × 时间"可以分别算出家里到小学、家里到幼儿园的距离，二者相减就是答案。代码如下。

```
#include <bits/stdc++.h>
using namespace std;
int main( )
{
    cout <<180*9-60*12 <<" meters\n";
    return 0;
}
```

该程序的输出结果如下。

```
900 meters
```

注意：

（1）先仔细观察上述输出内容，思考哪些内容是"原封不动"输出来的，哪些内容是经过"计算"输出来的？再确定如何写cout语句。

（2）'\n'也表示换行。

## 1.10　练习3：输出数字螺旋矩阵（1）

【题目描述】

用cout语句输出以下数字图形——**数字螺旋矩阵**。

```
 1  2  3  4
12 13 14  5
11 16 15  6
10  9  8  7
```

仔细观察，这个数字图形有什么规律？

```
#include <bits/stdc++.h>
using namespace std;
int main( )
{
    cout <<" 1  2  3  4" <<endl;
    cout <<"12 13 14  5" <<endl;
    cout <<"11 16 15  6" <<endl;
    cout <<"10  9  8  7" <<endl;
    return 0;
}
```

# 1.11 拓展阅读：C++关键字

所谓**关键字**，是指编程语言规定的、具有特定意义的字符串，通常也称为**保留字**。用户定义的标识符（变量名、函数名等）不应与关键字相同。

图1.5列出了C++语言中常用的关键字。

| bool | break | case | char | continue | default |
|---|---|---|---|---|---|
| do | double | else | false | float | for |
| if | int | long | namespace | return | short |
| signed | sizeof | struct | switch | true | typedef |
| unsigned | using | void | while | | |

图1.5  C++语言中常用的关键字

C++语言的关键字分为以下几类。

（1）类型说明符：用于定义、说明变量、函数或数据结构的类型，如int、double等。

（2）语句定义符：用于表示一个语句的功能，如if、else等。

另外，C++的关键字在编辑器中一般会以特殊字体和颜色标明。初学者在编写程序时，如果这些关键字没有显示为正确的颜色，一定是拼写错了。

# 1.12 计算机小知识：Hello world程序

学习一门编程语言，往往从编写Hello world这个案例程序开始。这个习惯是从布莱恩·W. 克尼汉（Brian W. Kernighan）和丹尼斯·M. 里奇（Dennis M. Ritchie）合著的《C程序设计语言》一书中正式采用这个案例程序而广泛流行的。

 ## 1.13 总结

本章需要记忆的知识点如下。

（1）一个C++程序至少要包含头文件和主函数两个部分。

（2）endl的作用是换行，'\n'也表示换行。

（3）双斜杠"//"的作用是注释。

（4）注释内容对程序的运行不起作用，其作用是帮助读者理解程序。

（5）cout语句的语法格式如下。

**cout << 输出项1 << 输出项2 << … << 输出项n;**

# 第 2 章
# 变量是一个魔法盒

```
int a, b;
double d1, d2, d3;
char c1, c2;
```

## 主要内容

- 介绍变量的概念。
- 介绍变量的特点和使用方法。
- 介绍数据类型。

**记录身高和体重**

为了记录抱一和致柔的身高，爸爸买了一张身高贴，如图2.1所示，每隔半年记录他们的身高和体重，左边记录的是致柔的身高和体重，右边记录的是抱一的身高和体重。抱一发现，他们的身高和体重一直在增长，这是一些变化的"量"。抱一心想，程序中有没有这种量呢?

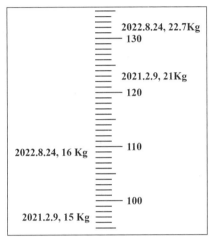

图2.1 记录身高和体重

 **用字母代表人、物或数据**

我们在生活和学习中，经常用字母代表一个人、一个物体或一个数。例子如下。

（1）将四个人，采用抽签的方式分成两组，每组两个人；准备4张纸片，上面分别写着A、B、C、D，抽中A和B的为一组，其他两人为另一组；这里，我们用字母A、B、C、D来代表某个人，而且每次抽签A可能代表不同的人。

（2）我们在句子中，当要提到一个人，但又不具体指哪一个人的时候，可以用"甲、乙、丙、丁……"来表示。例如，甲、乙、丙3个学生值日，甲负责擦桌子，乙负责扫地，丙负责擦玻璃。也可以用大写或小写字母来表示，如A负责擦桌子，B负责扫地，C负责擦玻璃。

同样，我们在提到一个数，但又不具体指哪一个数的时候，可以用字母来表示。详见以下2个例子。

（1）某班有$n$个学生，男生有$x$人，则女生为$n-x$人。这里$n$和$x$分别代表一个数，$n$可能为49，$x$可能为24，则女生为$n-x=49-24=25$（人）。$n$也可能为50，$x$可能为30，这时女生为$n-x=50-30=20$（人）。

（2）有一个两位数，它的个位上的数字为*x*，十位上的数字为*y*，则这个数为$y \times 10 + x$。*x*可能为2、*y*可能为3，这时这个数就是$3 \times 10 + 2 = 32$。*x*也可能为5、*y*可能为7，这时这个数就是$7 \times 10 + 5 = 75$。

在程序中，我们也经常用一个字母来表示一个整数。这个字母其实就是一个名字，所以就不限于一个字母了。它代表的东西也不限于整数，可以是更广泛意义上的数据。这个名字有特别的名称，叫作**变量**。

## 2.3　常量和变量

编写程序的目的是处理数据。在程序中，数据是以常量和变量两种形式存在的。

在第1章的案例2和练习2中，我们通过编写程序求解算术题时采用了非常"直白"的方式表示题目中出现的一些数，如$3600 * 2 + 60 * 16 + 21$，$180 * 9 - 60 * 12$。

所谓**常量**，就是从字面上即可判别其值的量。例如，上述例子中的2、3600、16、60、21、180、9、60、12都是常量。其实，"Hello world!"、" seconds"等也是常量，称为**字符串常量**。

所谓**变量**，就是值可以发生变化的量，比如抱一的身高和体重。

## 2.4　数据类型

生活中，很多事物有不同的类型。我们写字用的笔，有铅笔、圆珠笔、钢笔、毛笔等类型。程序中的数据也有不同的类型。C++语言提供了丰富的数据类型，详见本章的拓展阅读。

常用的数据类型有3种。

（1）存储整数要用int型，超过2 147 483 647（21亿多）就要用long long型。

（2）存储浮点数（就是有小数部分的数），要用double型。

（3）存储字符（如'A'、'#'），要用char型。

## 2.5　案例1：求矩形的面积和周长（1）

【题目描述】

如图2.2所示，有一个长方形，长和宽分别为16cm和8cm；有一个正方形，边长为12cm。求这两个矩形的面积和周长。

图2.2　长方形和正方形

【分析】

在计算长方形的面积和周长时，我们可以定义变量 a 和 b，分别表示长方形的长和宽，计算出来的面积存储在变量 s 里，周长存储在变量 p 里，输出 s 和 p 的值即可。在计算正方形的面积和周长时，不需要定义新的变量，可以用变量 a 存储正方形的边长，面积和周长仍然存储在变量 s 和 p 里。代码如下。

```cpp
#include <bits/stdc++.h>
using namespace std;
int main()
{
    int a = 16, b = 8;              // 长方形的长和宽
    int s = a*b;                    // 求长方形的面积
    int p = (a+b)*2;                // 长方形的周长
    cout <<s <<" " <<p <<endl;
    a = 12;                         // 正方形的边长
    s = a*a;  p = 4*a;              // 正方形的面积和周长
    cout <<s <<" " <<p <<endl;
    return 0;
}
```

该程序的输出结果如下。

```
128 48
144 48
```

## 变量的定义

在 C++ 程序中，要使用变量来存储值可以发生变化的量，需要先定义变量。

定义变量的一般形式是：

**变量类型 变量名列表;**

变量名列表是指一个或多个变量名的序列。示例代码如下。

```cpp
int a, n;
```

变量名是**标识符**（identifier）的一种。简单地说，标识符就是一个名字。C++中规定，**标识符只能由字母、数字和下画线3种字符组成，且第一个字符必须为字母或下画线**，也就是说，标识符不能以数字开头。此外，为了便于阅读和理解程序，变量名等标识符在命名时最好能"**见名思义**"，也就是根据变量名就能确定该变量的含义和作用。下面的变量名就是很好的例子。

```
int age, year, month, day;   //定义整型变量，表示：年龄，年，月，日
```

考虑到小学生对键盘和英语不熟，也允许学生用单词首字母或缩写来对变量命名。例如，上面的变量名year、month、day可以改为y、m、d。

# 2.6 案例2：超市购物

【题目描述】

妈妈给抱一100元，让抱一去超市购物，牛奶3元一盒，要买12盒，挂面5元一包，要买4包，拖鞋13元一双，要买2双，请问还剩多少钱？

【分析】

本题的求解步骤如下。

**第1步** 钱的总数，假设用变量 $m$ 表示，初始值为100。注意，"金钱"的英文单词是money，但如果不想给变量取这么长的名字，可以用首字母给变量取名。

**第2步** 计算出买牛奶的钱，设为 $m1$。同一个程序里有各种"钱"的变量，怎么办呢，我们可以在后面加个数字，以便区分。

**第3步** 计算出买挂面的钱，设为 $m2$。

**第4步** 计算出买拖鞋的钱，设为 $m3$。

**第5步** 求出剩余的金额，仍然用 $m$ 表示。

**第6步** 输出变量 $m$ 的值。代码如下。

```cpp
#include <bits/stdc++.h>
using namespace std;
int main( )
{
    int m = 100;              //钱的总数
    int m1 = 12*3;           //买牛奶的钱
    int m2 = 5*4;            //买挂面的钱
    int m3 = 13*2;           //买拖鞋的钱
    m = m - m1 - m2 - m3;    //剩余的金额
    cout <<m <<endl;
    return 0;
}
```

该程序的输出结果如下。

18

# 案例 3：变量是一个魔法盒

魔法盒有哪些神奇之处呢？变量就是一个魔法盒，可以用来存东西。

在计算机里，要存的"东西"就是"数据"，最常见的数据就是整数，后面还会讲到浮点型数据、字符型数据等。变量这个魔法盒的神奇之处是：**东西可以变，可能越来越大，也可能越来越小；魔法盒里的东西取之不尽，但可以替换**。总之，这个魔法盒很神奇。

【题目描述】

测试变量的使用及变量的特性。

（1）定义整型变量 $a$，并赋予它一个初始值9，输出 $a$ 的值。

（2）使得变量 $a$ 的值增加2，再输出 $a$ 的值。

（3）定义整型变量 $b$，并把 $a$ 的值赋给 $b$，输出 $a$ 和 $b$ 的值（用空格隔开）。

（4）定义浮点型变量 $pi$，并赋予它圆周率的值3.141592653589793，输出 $pi$ 的值。

（5）定义字符型变量 $c1$，并赋予它字符 'a'，输出 $c1$ 的值。

（6）使得变量 $c1$ 的值减少32，输出 $c1$ 的值。

```cpp
#include <bits/stdc++.h>
using namespace std;
int main( )
{
    int a = 9;              // a是一个变量，等号 (=) 是赋值，就是"赋予""给予"的意思
    cout <<a <<endl;                    // 输出 a 的值
    a = a + 2;                          // 先取出 a 的值，加上 2，再把结果赋值给 a
    cout <<a <<endl;
    int b = a;                         // 定义变量 b，并把 a 的值赋给 b
    cout <<a <<" " <<b <<endl;
    double pi = 3.141592653589793;     // 浮点数（带小数部分的数）
    cout <<pi <<endl;                  // （默认）输出 6 位有效数字
    char c1 = 'a';                     //字符型数据
    cout <<c1 <<endl;
    c1 = c1 - 32;                      // 在计算机里，字符 'a' 和 'A' 的 "值" 相差 32
    cout <<c1 <<endl;
    return 0;
}
```

该程序的输出结果如下。

```
9
11
11 11
3.14159
a
A
```

### 变量的赋值

（1）"赋"是"赋予""给予"的意思，赋值就是赋给变量一个值，是通过等号（=）来实现的。这里的等号不是数学上的"相等"的含义，而是一种"动作"。代码"$a = 9$"的意思是给变量$a$赋予值"9"，也就是往变量$a$这个魔法盒里存储"9"这个值。

（2）使得$a$增加2，可以采用代码"$a = a + 2$"。这个等号如果解释成"相等"，显然这个式子是不成立的。这条语句的含义是：先取出$a$的值，加上2，再把结果赋值给$a$，因此$a$的值就改变了。

### 计算机中的两个重要部件——CPU和内存

要真正理解代码"$a = a + 2;$"，需要了解计算机中的两个重要部件——CPU和内存。

（1）CPU（中央处理器）：执行运算。

（2）内存：存储数据，程序中的变量就是在内存中分配存储空间。

代码"$a = a + 2$"的执行过程是：从内存中取出变量$a$的值，传送到CPU中执行"$a+2$"的运算，再通过赋值运算符"="把运算结果存入变量$a$中，因此$a$的值就改变了，如图2.3所示。

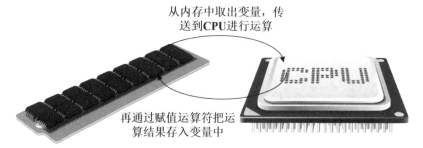

图2.3　CPU和内存

## 变量的神奇之处

（1）变量是用来存"值"的，变量有名字。

（2）变量的值可以改变，所以称为变量。

（3）变量的值是"取之不尽"的，即从变量里取出它的值（比如用来赋给其他变量）后，它的值不会减少也不会消失，不像口袋里的钱，用了就少了，甚至没有了。

（4）变量的值是"以新冲旧"的，即存入新的值后，之前的值就不存在了。

（5）变量有不同的"类型"，案例3中变量 $a$ 和 $b$ 的类型都是 int（整型），变量 $pi$ 的类型为 double（双精度浮点型）。

# 2.8 练习 1：长身高

【题目描述】

抱一出生时是50厘米，1～10岁分别长了25、12、8、8、7、6、6、6、6、6厘米，请问他现在有多高？

【分析】

我们可以用变量 $h$ 存储身高，变量 $h$ 的初始值为50厘米，在 $h$ 值的基础上加上1～10岁长的高度。在 C++ 语言里可以像数学上那样连加。再把计算结果通过赋值运算 "=" 存入变量 $h$ 中，最后输出变量 $h$ 的值即可。代码如下。

```
#include <bits/stdc++.h>
using namespace std;
int main( )
{
    int h = 50;                                    // 生下来的身高
    h = h + 25 + 12 + 8 + 8 + 7 + 6 + 6 + 6 + 6 + 6;   // 求现在的身高
    cout <<h <<endl;                               // 输出现在的身高
    return 0;
}
```

该程序的输出结果如下。

140

## 2.9 练习2：剩余座位

【题目描述】

二年级六个班的同学去电影院看电影，电影院有441个座位。其中，二年级一到三班有152人，四到六班有155人。请问还剩多少个座位？

【分析】

本题的求解步骤如下。

**第1步** 已知电影院有441个座位，假设用变量 *zuowei* 表示（或简写为 *zw*）。

**第2步** 把二年级一到六班的人数加起来，求得它们的和，假设用变量 *rs* 表示。

**第3步** 用电影院座位总数减去六个班的总人数，就是剩余的座位数，假设用变量 *sy* 表示。

**第4步** 输出变量 *sy* 的值。

代码如下。

```
#include <bits/stdc++.h>
using namespace std;
int main( )
{
    int zw = 441;                    // 总座位数
    int rs = 152 + 155;              // 学生人数
    int sy = zw - rs;                // 剩余座位数
    cout <<sy <<endl;
    return 0;
}
```

该程序的输出结果如下。

134

## 2.10 练习3：需要多少块砖

【题目描述】

有一个长方形的房间，长为12米，宽为8米。用边长为40厘米的地砖去铺，需要多少块地砖？

【分析】

长方形房间的示意图如图2.4所示，长为12米，换算成厘米是1200厘米，地砖边长是40厘米，所以我们可以求出每一行需要的砖块数；宽为8米，换算成厘米是800厘米，可以求出共有多少行，这样就可以求出总的砖块数。

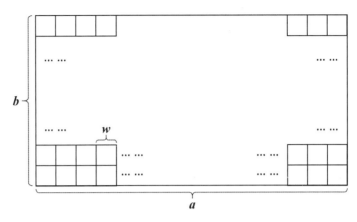

图2.4　长方形房间

在本题中，用变量 $a$ 和 $b$ 分别存储转换成厘米以后的长和宽，用变量 $w$ 存储砖块边长，则每一行有 $a/w$ 块砖，共有 $b/w$ 行，因此所需的砖块数是：$(a/w) \times (b/w)$。注意，这里需要通过加圆括号明确先执行两个除法，得到每一行的砖块数和行数，再做乘法；如果不加括号，得到的结果也是对的，因为除法和乘法的优先级是一样的，优先级详见第4章。代码如下。

```cpp
#include <bits/stdc++.h>
using namespace std;
int main( )
{
    int a = 1200;            // 把房间的长换算成厘米
    int b = 800;             // 把房间的宽换算成厘米
    int w = 40;              // 地砖的边长
    int n = (a/w)*(b/w);
    cout <<n <<endl;
    return 0;
}
```

该程序的输出结果如下。

600

 ## 2.11　拓展阅读：基本的数据类型

C++提供了丰富的数据类型，如表2.1所示。

表2.1　基本数据类型

| 数据类型 | 类型标识符 | 所占字节数 | 取值范围 |
|---|---|---|---|
| 短整型 | short [int] | 2（16位） | $-32768 \sim 32767$（$-2^{15} \sim 2^{15}-1$） |
| 无符号短整型 | unsigned short [int] | 2（16位） | $0 \sim 65535$（$0 \sim 2^{16}-1$） |
| 整型 | [signed] int | 4（32位） | $-2147483648 \sim 2147483647$（$-2^{31} \sim 2^{31}-1$） |
| 无符号整型 | unsigned int | 4（32位） | $0 \sim 4294967295$（$0 \sim 2^{32}-1$） |
| 长整型 | [signed] long long | 8（64位） | $-2^{63} \sim 2^{63}-1$ |
| 无符号长整型 | unsigned long long | 8（64位） | $0 \sim 2^{64}-1$ |
| 单精度浮点型 | float | 4 | 绝对值最小为1.18E-38，绝对值最大为3.40E+38 |
| 双精度浮点型 | double | 8 | 绝对值最小为2.23E-308，绝对值最大为1.80E+308 |
| 字符型 | [signed] char | 1 | $-128 \sim 127$ |
| | unsigned char | 1 | $0 \sim 255$ |
| 布尔型 | bool | 1 | 0或1（false或true） |

注意，类型标识符一列中的方括号可以省略，因此int就是signed int。

表1中"所占字节数"表示编译器分配给对应类型的存储空间大小。**字节**是计算机里存储数据的基本单位，详见下一节。"取值范围"规定了该类型数据的取值范围。例如，short类型的数据值的取值范围只能在$-32768 \sim 32767$，若在运算过程中超过了对应数据类型的取值范围，会造成数据的**溢出错误**。请注意，数据的溢出在编译和运行时并不报错，经常会让程序员不知道哪儿发生了错误，所以需要特别细心和认真对待数据类型。

 ## 2.12　计算机小知识："缺斤少两"的U盘

大家买的U盘，比如256G的U盘，其实际容量大约只有238G，这是不是"缺斤少两"呢？其实不是的。那原因是什么呢？让我慢慢道来。

就像重量、长度等度量单位一样，在计算机里，数据量和存储空间的大小也是有单位的。在计算机中，**存储数据的基本单位**是**字节**（Byte），1字节等于8位（二进制）。图2.5给出了两个字节的存储示意图。二进制**位**（bit）是**存储数据的最小单位**，每个二进制位存储0或1（二进制知识，详见第19章）。在计算机中，存储1个英文字母需要1个字节，存储1个中文汉字一般需要2个或4个字节。

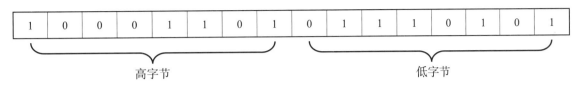

图 2.5 两个字节

在重量单位中，克（g）是很小的单位，实际应用时需要更大的单位，如千克（kg）、吨。同样，在数据存储单位中，位和字节是很小的单位。观察你的 U 盘、磁盘（如 D 盘）或内存，看看大小是多少。

常用的数据存储单位及换算关系如下。

1 字节（Byte）= 8 位（bit）

1KB（Kilobyte，千字节）= 1024 B = $2^{10}$B，1024 有时会近似于 1000。

1MB（Megabyte，兆字节）= 1024 KB = $2^{20}$B

1GB（Gigabyte，吉字节）= 1024 MB = $2^{30}$B

1TB（Terabyte，太字节）= 1024 GB = $2^{40}$B

原来 U 盘的显示容量之所以没有实际容量大，是因为 U 盘厂商在生产制造 U 盘时，是按 1000 来换算存储单位大小的，而在电脑里显示 U 盘容量时，是按 1024 来换算存储单位大小的。

因此，256GB 的 U 盘，实际字节数为 256×1000×1000×1000B = 256000000000B，显示的大小为 256000000000/(1024×1024×1024) = 238.42GB。

## 2.13 总结

本章需要记忆的知识点如下。

（1）在程序中，数据是以常量和变量两种形式存在的。

（2）要通过编程求解数学问题，首先就要引入变量，变量代表一个数据，最常见的数据就是整数。

（3）变量是用来存"值"的，变量的值可以改变，变量的值是"取之不尽"的，变量的值是"以新冲旧"的。

（4）C++提供了丰富的数据类型，不同类型所占字节数、取值范围都不同。

（5）变量有名字，称为变量名。

# 第 3 章
# 数据从何而来——输入

```
int n, x;
cin >>n >>x;
```

## 主要内容

◆ 介绍实现数据输入的 cin 语句。

◆ 介绍交换两个变量的方法。

◆ 介绍在线评测系统的工作原理。

3.1 更强大的程序

抱一在学第2章时发现，变量的初始值都是通过赋值运算符被"赋予"的，当初始值有变化时，要修改代码。例如，第2章案例1，求矩形的面积和周长，每一次都要赋值，这种方式是很不方便的。如果可以不修改程序，而是每次运行同一个程序，从键盘上输入不同的数据，能求出相应的答案，那样我们设计的程序就更强大了。

 3.2 案例1：求女生的人数

【题目描述】

某班有 $n$ 个学生，男生有 $x$ 人。输入 $n$ 和 $x$ 的值，求女生的人数。

【输入描述】

输入占一行，为两个整数 $n$ 和 $x$，用空格隔开，$20 \leqslant n \leqslant 100$，$0 \leqslant x \leqslant n$。

【输出描述】

输出一个整数，为求得的答案。

【样例输入】                                    【样例输出】

49 24                                         25

【分析】

对输入的 $n$ 和 $x$，求得答案为 $n-x$，输出即可。代码如下。

```cpp
#include <bits/stdc++.h>
using namespace std;
int main( )
{
    int n, x;
    cin >>n >>x;      // 输入语句
    cout <<n-x <<endl;
    return 0;
}
```

注意：

（1）输入/输出时不要"拖泥带水"。例如，本题在输入时，没有类似于"请输入学生总数：""请输入男生人数："这种提示信息，输出时也不能有类似于"女生人数为："这种提示信息。

本题的输入/输出很干脆：输入 $n$ 和 $x$，输出女生人数。

（2）数据范围是由出题人指定的。本题在输入描述里提到"$20 \leqslant n \leqslant 100$，$0 \leqslant x \leqslant n$"，程序不需要判断输入的 $n$ 和 $x$ 的值是否符合要求。这些范围是由出题人保证的。

### 实现数据输入的cin语句

cin是C++的输入语句。图3.1描述了C++通过cin实现数据输入的过程。

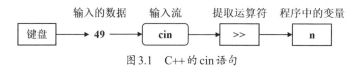

图3.1　C++的cin语句

为了叙述方便，常常把由cin和**提取运算符**"$>>$"实现输入的语句称为输入语句或cin语句。cin语句的一般格式如下。

**cin >> 变量1 >> 变量2 >> … >> 变量n;**

注意：

1. cout用的是"$<<$"，cin语句用的是"$>>$"。如何区分和记忆呢？ cin语句中的"$>>$"像一个向右的箭头，箭头指向变量，意味着输入的数据要保存到变量里。而cout语句中的"$<<$"，像一个向左的箭头，箭头指向cout，意味着待输出的数据是从cout"流出来"的。

2. cin语句在读入多个数据时是以空格、回车键、Tab键分隔开的，这3种符号统称为空白符。在本题中，先输入 $n$ 的值，按回车键，再输入 $x$ 的值，也是可以的。

## 3.3　案例2：时间换算（2）

【题目描述】

将 $h$ 小时 $m$ 分 $s$ 秒换算成秒数。例如，2小时16分21秒，换算成秒数是8181秒。

【输入描述】

输入占一行，为三个整数 $h$、$m$ 和 $s$，用空格隔开，$0 \leqslant h \leqslant 100$，$0 \leqslant m < 60$，$0 \leqslant s < 60$。

【输出描述】

输出一个整数，为求得的答案。

【样例输入1】　　　　　　　　　　　　　　　　【样例输出1】

```
2 16 21                              8181
```

【样例输入2】                               【样例输出2】

1 1 1                                      3661

【分析】

本题与第1章案例2的区别是：本章学了输入语句，输入不同的 $h$、$m$、$s$，都能求出总秒数。输入 $h$、$m$ 和 $s$，答案为 $3600 \times h + 60 \times m + s$，输出即可。代码如下。

```cpp
#include <bits/stdc++.h>
using namespace std;
int main( )
{
    int h, m, s;
    cin >>h >>m >>s;
    cout <<3600*h+60*m+s <<endl;
    return 0;
}
```

## 3.4  案例3：交换两个变量的值（1）

【题目背景】

有2个杯子，红色杯子里装了可乐，黄色杯子里装了果汁，怎么交换两个杯子里的饮料呢？允许使用一个空杯子。

在程序中经常需要交换两个变量 $u$ 和 $v$ 的值。可以采用的一种方法是通过**中间变量** $t$（或称为**临时变量**，一般用 $t$、$tmp$ 等变量名），先把 $u$ 的值暂时保存到 $t$ 中，然后把 $v$ 的值赋值给 $u$，最后把 $t$ 的值赋值给 $v$。

【题目描述】

交换两个变量 $u$ 和 $v$ 的值。

【输入描述】

输入占一行，为两个正整数 $u$ 和 $v$，用空格隔开，$u$ 和 $v$ 的取值不超过 int 型范围。

【输出描述】

输出占一行，为交换后 $u$ 和 $v$ 的值，用空格隔开。

【样例输入】                               【样例输出】

5 7                                        7 5

【分析】

本题需要用三条语句交换 $u$ 和 $v$ 的值。代码如下。

```cpp
#include <bits/stdc++.h>
using namespace std;
int main( )
{
    int u, v;              //定义两个整型变量
    cin >>u >>v;           //(a) 从键盘上输入数据
    int t;                 //用来保存变量 u 的值的临时变量
    // 以下三条语句用于交换 u 和 v 的值
    t = u;                 //(b)
    u = v;                 //(c)
    v = t;                 //(d)
    cout <<u <<" " <<v <<endl;
    return 0;
}
```

【分析】

在上面的程序中，要交换变量 $u$ 和 $v$ 的值，因此有赋值语句 "$u = v$;"，把变量 $v$ 的值赋值给变量 $u$，此时变量 $u$ 的值已经不是原来的值，而是变量 $v$ 的值了。因此，在语句（c）执行之前需要先把变量 $u$ 的值先保存到临时变量 $t$ 中，然后在语句（d）中把临时变量 $t$ 的值赋值给变量 $v$。交换 $u$ 和 $v$ 值的过程如图 3.2 所示，图 3.2 中的（a）、（b）、（c）、（d）分别对应程序中 4 条语句执行后的效果。

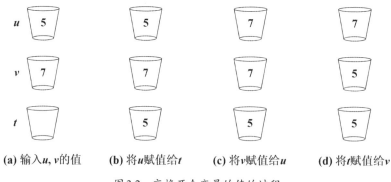

(a) 输入 $u, v$ 的值　　(b) 将 $u$ 赋值给 $t$　　(c) 将 $v$ 赋值给 $u$　　(d) 将 $t$ 赋值给 $v$

图 3.2　交换两个变量的值的过程

## 3.5　练习1：交换两个变量的值（2）

【题目背景】

案例 3 采用中间变量的方法交换 $u$ 和 $v$ 的值，现在我们不借助中间变量，而是通过灵活运用算

术运算符（＋和－）和赋值运算符（＝）来实现。

【题目描述】

交换两个变量 $u$ 和 $v$ 的值。

【输入描述】

输入占一行，为两个正整数 $u$ 和 $v$，用空格隔开，$u$ 和 $v$ 的取值不超过 int 型范围。

【输出描述】

输出占一行，为交换后 $u$ 和 $v$ 的值，用空格隔开。

| 【样例输入】 | 【样例输出】 |
|---|---|
| 5 7 | 7 5 |

【分析】

本题也需要用三条语句交换 $u$ 和 $v$ 的值。代码如下。

```
#include <bits/stdc++.h>
using namespace std;
int main( )
{
    int u, v;              //定义两个整型变量
    cin >>u >>v;           //(a) 输入语句
    u = u + v;             //(b) 此时 u 的值为 u 与 v 的和
    v = u - v;             //(c) 赋值后，v 的值为最初的 u 的值
    u = u - v;             //(d) 赋值后，u 的值为最初的 v 的值
    cout <<u <<" " <<v <<endl;
    return 0;
}
```

在上述代码中，先在语句（b）中把变量 $u$ 和变量 $v$ 的值加起来，赋值给变量 $u$。然后在语句（c）中将 $u$ 减去 $v$，得到的是原来 $u$ 的值，将这个值赋值给 $v$。在语句（d）中将 $u$ 减去 $v$，得到的是原来 $v$ 的值，将这个值赋值给 $u$。这样也实现了交换 $u$ 和 $v$ 两个变量的值。具体执行过程如图 3.3 所示，图 3.3 中的（a）、（b）、（c）、（d）分别对应程序中 4 条语句执行后的效果。

(a) 输入 $u$, $v$ 的值　　(b) 将 $u+v$ 赋值给 $u$　　(c) 将 $u-v$ 赋值给 $v$　　(d) 将 $u-v$ 赋值给 $u$

图 3.3　交换两个变量的值的过程（不借助中间变量）

【思考】

如果把本题代码中的加法改成乘法、减法改成除法，能否实现交换 $u$ 和 $v$ 的值？

# 练习2：求矩形的面积和周长（2）

**【题目描述】**

输入一个矩形的长和宽（单位：厘米），计算矩形的面积（单位：平方厘米）和周长（单位：厘米）。

**【输入描述】**

输入占一行，为两个正整数a和b，用空格隔开，分别表示矩形的长和宽，$20 \leq a, b \leq 100$。

**【输出描述】**

输出占一行，分别为矩形的面积和周长，用空格隔开。

| 【样例输入1】 | 【样例输出1】 |
|---|---|
| 10 20 | 200 60 |

| 【样例输入2】 | 【样例输出2】 |
|---|---|
| 20 20 | 400 80 |

**【分析】**

矩形的长和宽分别为a和b，则矩形的面积为$a \times b$，周长为$(a + b) \times 2$。本题与第2章案例1的区别是：本章学了输入语句，输入不同的a、b，都能求出面积和周长，输出即可。代码如下。

```
#include <bits/stdc++.h>
using namespace std;
int main( )
{
    int a, b;
    cin >>a >>b;
    cout <<a*b <<" " <<(a+b)*2 <<endl;
    return 0;
}
```

# 练习3：速度单位换算（1）

**【题目描述】**

已知汽车每秒行驶n米（n为整数），请问每小时行驶多少千米？输入n，输出结果。

【输入描述】

输入占一行，为一个正整数 $n$，$10 \leqslant n \leqslant 40$。

【输出描述】

输出占一行，为求得的答案（仅保留整数部分）。

| 【样例输入】 | 【样例输出】 |
| --- | --- |
| 12 | 43 |

【分析】

在本题中，输入"$n$ 米 / 秒"的速度，要转换成千米 / 小时。"$n$ 米 / 秒"的意思是每秒钟可以行驶 $n$ 米，由于 1 小时是 3600 秒，因此 1 小时可以行驶 $n \times 3600$ 米，再换算成千米就是 $n \times 3600 / 1000$，转换过程如图 3.4 所示。因此，$n$ 米 / 秒 $= n \times 3600 / 1000$ 千米 / 小时。

$$n \; \frac{米}{秒} = n \times 3600 \; \frac{米}{3600 秒} = n \times 3600 \; \frac{米}{小时} = n \times 3600 \div 1000 \; \frac{千米}{小时}$$

图 3.4 "米 / 秒"转换成"千米 / 小时"

在 C++ 语言中，整数相除得到的商不会保留小数部分，这种商称为**整数商**，而这正是本题需要的结果。如果希望得到的结果保留小数部分，在程序中必须表示成 $n*3600.0/1000$，C++ 程序在执行这个表达式时会将参与运算的数转换成浮点数再进行运算。关于浮点数及数据类型转换的知识详见第 5 章。代码如下。

```cpp
#include <bits/stdc++.h>
using namespace std;
int main( )
{
    int n;  cin >>n;
    cout <<n*3600/1000 <<endl;
    return 0;
}
```

## 3.8 拓展阅读：在线评测系统的工作原理

正确性是一个程序的基本要求。本书所有案例、练习、课后习题都部署在洛谷平台。洛谷能自动实时评测程序是否正确。那么在线评测系统如何评测程序是否正确呢？

其实，在线评测系统既不会"阅读"用户提交的程序，更不会去"分析"它是否正确。它采用一种非常简单的方法：通过输入 / 输出数据来评测程序的正确性。

　　具体来说，每道题目有1个或多个测试数据，在洛谷上称为测试点，这些测试数据都保存在文件里，每个测试点对应一个输入数据文件和一个正确的输出文件。在线评测系统接收到用户提交的程序后，先编译程序，如果编译出错，就报告编译错误；如果编译无误，就运行程序。在线评测系统会自动将cin、cout语句转换成从输入文件里读入数据，运行程序后，得到的输出结果保存到输出文件里。这样，每个测试点就有一个正确的输出文件，以及用户程序的输出文件。在线评测系统比对这两个输出文件是否完全一致，就知道用户程序在这个测试点上的运行结果对不对。如果完全一致，这个测试点就通过了，称为Accepted（AC）。如果不完全一致，在线评测系统会认为程序是错的，即答案错误Wrong Answer（WA）。当然，如果运行程序过程中出现错误或其他非正常的结果，会反馈其他评测结果。

　　从以上描述可以看出，在线评测系统在评测程序时是非常严格的，在输出时，大小写、空格、标点符号等问题都容易导致WA。

　　第1、2章由于还没有学输入，所有案例、练习和课后习题都没有输入，因此只有一个测试点，而且这个测试点只有输出文件，就是题目要求输出的内容。本章学了输入后，可以做到用多组数据（10组甚至20组）来评测用户程序是否正确，这样评测更加准确。在洛谷上提交代码时，可以看到每个测试点的评测结果，如图3.5所示。

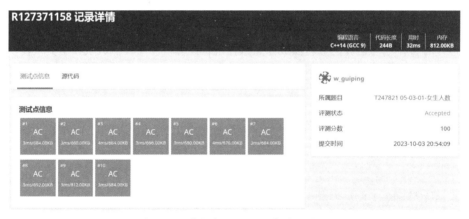

图3.5　用多组数据评测程序的正确性

除在线评测系统外，各类编程竞赛、算法竞赛、编程等级考试大多采用这种评测方式。

 **计算机小知识：人和计算机是怎么交互的**

　　如果要让计算机等智能设备为我们工作，我们需要将自己的想法和必要的信息告诉它们。现在，我们可以通过键盘、触摸屏、语音、手势等方式和计算机等智能设备进行交互。但是对于早期的计算机来说，这些方式都是不可想象的。那么在键盘出现之前，计算机科学家是如何和计算机交互的呢？或者说，计算机科学家是如何输入数据的呢？

早期曾经采用的一种输入方式是穿孔卡片，如图3.6所示。穿孔卡片就是一张纸质卡片。这种纸质卡片是被分为 $N$ 行 $M$ 列的格子，如12行80列。每个格子都可以选择打孔或不打孔，以此来表示不同的信息。

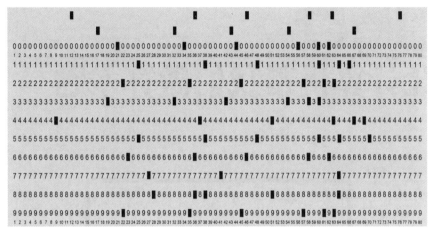

图3.6 穿孔卡片

## 3.10 总结

本章需要记忆的知识点如下。

（1）cin语句的一般格式如下。

**cin >> 变量1 >> 变量2 >> ··· >> 变量n;**

cin语句在读入多个数据时是以空格、回车键、Tab键这3种符号分隔开的。

（2）交换两个变量的值的方法。

（3）在线评测系统通过输入/输出数据评测程序的正确性。

# 第 4 章
## 让计算机帮我们做算术题

```
int n;
cin >>n;
cout <<n%10 <<endl;
cout <<n/10 <<endl
```

## 主要内容

- 介绍运算、运算符和表达式的概念。
- 掌握用算术运算符和算术表达式求解数学问题。
- 求商和余数。
- 介绍运算符的优先级和结合性。
- 介绍 C、C++ 名称的由来。

**从买酸奶说起**

抱一读四年级了，已经学了加、减、乘、除四种运算，致柔读幼儿园大班，也会一些简单的加法和减法。一天，吃过晚饭，妈妈带抱一和致柔逛U城天街。两个小朋友都想喝酸奶了。妈妈想训练一下抱一的计算能力，就给了他20元去超市买酸奶。抱一看到酸奶的价格是每盒3元，马上算出可以买6盒酸奶，还剩2元，因为根据以前学的除法，20÷3，得到的商为6，余数为2。完全正确。但妈妈想为难一下抱一。

妈妈：20元买8盒酸奶，如果钱全部花完了，那么每盒酸奶是多少钱呢？

抱一：20除以8，除不尽呀。

妈妈：20除以8，商是2（元），余数为4，4还可以继续除以8，得到的商是0.5（元），因此每盒酸奶是2.5元，也就是两元五角。

抱一："2.5"这种数我们还没学过呀，这不公平……

妈妈：2.5是小数，以后你就会学的。

 **运算、运算符和表达式**

在数学上，要根据已知数据得到结果，往往需要经过一些**运算**。加、减、乘、除这四种运算称为**算术运算**，用运算符+、−、×、÷来表示。

**运算**：加、减、乘、除。

**运算符**：+、−、×、÷。

在C++语言中，用"*""/"表示"×""÷"这两个运算符。此外，在C++语言中还有其他算术运算符，详见下一节。

所谓**表达式**，就是通过一些运算符将一些变量、常量等连接起来的式子。对表达式的理解，要特别注意以下两点。

（1）单个变量、单个常量是最简单的表达式。

（2）每个合法的表达式都有一个确定的值。

表达式和运算符有着密切的联系，表达式要通过运算符来实现，而运算符的作用是体现在表达式里的。

 **算术运算符和算术表达式**

C++为算术运算提供了7种算术运算符，如表4.1所示。

表4.1　C++的算术运算符

| 运算符 | 含义 | 说明 | 例子 |
|---|---|---|---|
| + | 加法 | 加法运算 | 5+3的结果为8 |
| − | 减法 | 减法运算 | 5−3的结果为2 |
| * | 乘法 | 乘法运算 | 5*3的结果为15 |
| / | 除法 | 两个整数相除的结果是整数，去掉小数部分 | 5/3的结果为1 |
| % | 模运算（取余运算） | 只适用于整数运算 | 5%3的结果为2 |
| ++ | 自增 | 适用于变量，使得变量的值增加1 | |
| -- | 自减 | 适用于变量，使得变量的值减小1 | |

在表4.1中，要特别注意除法运算和模运算。

（1）**除法运算**（/）：如果被除数和除数都是整数，得到的商则不保留小数，这种商称为**整数商**。如果希望得到的商包含小数部分，必须保证被除数和除数至少有一个是浮点数。商要不要保留小数部分，取决于求解问题的需求，如前面的例子——买酸奶。

用20元买酸奶，每盒酸奶3元，则可以买6盒，这里就是20/3，得到的整数商不保留小数部分；而用20元买了8盒酸奶，则每盒酸奶是2.5元，在C++程序里必须表示成20.0/8，商要保留小数部分。

（2）**模运算**，也称**取余运算**（%）：模运算$a\%b$的结果就是$a$除以$b$得到的余数，且必须保证$a$和$b$都是整数，也就是说取余运算只适用于整数。$a\%b$的结果，即余数，是小于$b$的。

# 4.4　商和余数

在数学上，一个整数$a$（称为被除数）除以另一个整数$b$（称为除数），即$a\div b$，会得到商和余数，且余数小于除数，其实余数的取值只可能为0，1，…，$b-1$中的一个。**当余数为0时，说明$a$能够被$b$整除，$a$是$b$的倍数。**

注意，商和余数分别要通过除法（/）和取余（%）运算得到。

商和余数的概念在数学中非常重要。例如，我们知道，一年有365天（平年）或366天（闰年），一个星期有7天，那么一年有多少个星期又多出几天呢？如图4.1所示，用365除以7，得到的商就表示有多少个星期，余数表示多出的、不足一个星期的天数。

```
      52                52  ←—— 商
   7/365            7/366
     35               35
     ——               ——
     15               16
     14               14
     ——               ——
      1                2  ←—— 余数
```

图4.1　一年有多少个星期

**4.5** 除以10、对10取余

在数学上，一个两位及以上的正整数除以10，得到的商就是去掉个位后得到的正整数（位数少一），余数就是这个正整数的个位数，如图4.2所示。

此外，一个三位数除以100，得到的商就是百位上的数字，余数就是不足100的部分，即去掉百位后剩下的两位数，如图4.2所示。

```
        7 6  ← 商                    7  ← 商
  10 / 7 6 3                  100 / 7 6 3
      7 0                           7 0 0
      ———                          ———————
      6 3                             6 3  ← 余数
      6 0
      ———
        3  ← 余数
```

图4.2　正整数除以10、100得到的商和余数

 **4.6** 案例1：时间换算（3）

【题目描述】

将秒数 $n$ 换算成 $h$ 小时 $m$ 分 $s$ 秒。例如，8181秒换算成时分秒是2小时16分21秒。

【输入描述】

输入占一行，为一个整数 $n$，代表秒数，$0 \leqslant n \leqslant 1000000$。

【输出描述】

输出占一行，为求得的答案，即三个整数 $h$、$m$ 和 $s$，用空格隔开。

| 【样例输入1】 | 【样例输出1】 |
|---|---|
| 8181 | 2 16 21 |

| 【样例输入2】 | 【样例输出2】 |
|---|---|
| 3661 | 1 1 1 |

【分析】

1小时是3600秒，用 $n$ 除以3600，得到的整数商就表示有几个小时；而 $n$%3600表示 $n$ 除以3600得到的余数，就是不足3600秒，即不足1小时，得到的结果再除以60，即 $(n\%3600)/60$，得到的商就表示有多少分钟；最后，将 $n$ 对60取余，得到的结果就是不足1分钟，就是秒数。代码如下。

```
#include <bits/stdc++.h>
using namespace std;
int main( )
{
    int n;  cin >>n;                      // 输入秒数
    cout <<n/3600 <<" " <<(n%3600)/60 <<" " <<n%60 <<endl;
    return 0;
}
```

## 通过加圆括号明确运算的执行顺序

一个表达式中如果有多种运算，则按运算符的优先级顺序执行，详见本章拓展阅读。在上述程序的"(n%3600)/60"运算中，%和/的优先级相同，可以不加圆括号，为了明确先执行取余运算再执行除法运算，特意加上了一对圆括号。

# 4.7  案例2：赋值运算符练习

【题目描述】

练习赋值运算符、复合的赋值运算符。

（1）定义变量 $a$、$b$、$c$、$d$、$e$，全部初始化为表达式"$2 + 3 * 5$"的值。

（2）变量 $a$ 自增2。

（3）变量 $b$ 自减3。

（4）变量 $c$ 在它的值的基础上乘以$(2+3)$。

（5）变量 $d$ 在它的值的基础上除以3。

（6）变量 $e$ 对5取余，把余数赋值给 $e$。

（7）输出变量 $a$、$b$、$c$、$d$、$e$ 的值。

在C++语言中，"$a = a + 2$"可以简写为"$a += 2$"，都表示把 $a$ 的值取出来，执行运算"$a+2$"，再把运算结果存入变量 $a$ 中，由此引出了**复合的赋值运算符**。详见以下程序。

```
#include <bits/stdc++.h>
using namespace std;
int main( )
{
    int a, b, c, d, e;
    a = b = c = d = e = 2 + 3 * 5;
```

```
a += 2;                    // 等价于 a = a + 2
b -= 3;                    // 等价于 b = b - 3
c *= 2+3;                  // 等价于 c = c * (2+3)
d /= 3;                    // 等价于 d = d / 3
e %= 5;                    // 等价于 e = e % 5
cout <<a <<endl;
cout <<b <<endl;
cout <<c <<endl;
cout <<d <<endl;
cout <<e <<endl;
return 0;
}
```

该程序的输出结果如下。

```
19
14
85
5
2
```

【分析】

在语句"$a = b = c = d = e = 2 + 3 * 5;$"中，算术运算符的优先级比赋值运算符的优先级高。而在表达式"$2 + 3 * 5$"中，先执行乘法，再执行加法，得到的结果为17。然后再执行赋值运算"$a = b = c = d = e = 17$"，赋值运算符是右结合性，详见本章拓展阅读，先执行"$e = 17$"，给变量e赋值，该赋值表达式的值就是被赋值后变量e的值，为17。所以继续执行"$a = b = c = d = 17$"，依次给变量d、c、b、a赋值17。

## 复合的赋值运算符

以"+="为例，"$a += 2$"其实是一种简洁写法，完整的写法是"$a = a + 2$"。从简洁写法还原成完整的写法，步骤是：首先将有下画线的"$a +$"移到"="右侧，然后在"="左侧补上变量名a，如图4.3所示。

$$a += 2 \implies = a + 2 \implies a = a + 2$$

图4.3 复合的赋值运算符的演化

如果赋值运算符右边是包含若干项的表达式，则相当于它有括号。例如，在案例2的程序中，

"$c *= 2 + 3$"等价于"$c = c * (2 + 3)$",因此赋值后,变量$c$的值为85。如果没加括号,得到的表达式为"$c = c * 2 + 3$",其结果是37,这是错误的。

# 4.8 案例3:报数游戏

【题目描述】

8个人围成一圈玩报数游戏,第1个人从1开始报数,第8个人报完8后,又回到第1个人从9开始报数,如此循环往复。输入一个正整数(如2022),问这个数是由第几个人报出的?

【输入描述】

输入占一行,为一个正整数$n$,$1 \leq n \leq 10000$。

【输出描述】

输出一个正整数,为求得的答案。

【样例输入】                                【样例输出】

2022                                        6

【分析】

如图4.4所示,圆圈中的数字代表这8个人的号码,边上的数字为他们依次报出来的数。报数的时候,如果每个人的报数比前一个人的报数大1,即报数的结果是:1, 2, 3, …,这是一个线性增长的序列。本题只有8个人,要求第8个人报数到8后,又回到第1个人从9开始报数,这构成了一个像钟表一样的环状数字序列。

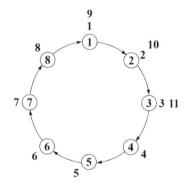

图4.4  报数游戏

假设输入的数$n$是第$j$个人报出来的,$n$和$j$的对应关系如表4.2所示。如果$n$是8的倍数,则$j = 8$;如果$n$不是8的倍数,则$j = n\%8$。这可以用第8章将要学的if语句实现。但现在我们希望用一个通用的式子把两种情况都表示出来。

表4.2  报的数字$n$和报数人的序号$j$的对应关系

| 报的数字$n$ | 1 | 2 | 3 | 4 | 5 | 6 | 7 | 8 | 9 | 10 | 11 | 12 | 13 | 14 | 15 | 16 | 17 | 18 | 19 | 20 |
|---|---|---|---|---|---|---|---|---|---|---|---|---|---|---|---|---|---|---|---|---|
| 报数人的序号$j$ | 1 | 2 | 3 | 4 | 5 | 6 | 7 | 8 | 1 | 2 | 3 | 4 | 5 | 6 | 7 | 8 | 1 | 2 | 3 | 4 |

取模运算可以使线性序列变成环状序列,在实际问题中经常要用到取模运算。为了求$j$,容易

想到的是将 $n$ 对 8 取余，即 $j = n\%8$。但是 $n\%8$ 的范围是 0, 1, …, 7。这不符合题目的要求。为了使取余的结果落入范围 1, 2, …, 8，将取余的结果加 1，即 $j = n\%8 + 1$；同时为了抵消这个加 1 的效果，必须在 $n$ 对 8 取余之前先减 1，即 $j = (n - 1)\%8 + 1$。可以举几个数来验证一下结果：当 $n = 1$ 时，求得 $j = 1$，是第 1 个人报出来的；当 $n = 10$ 时，求得 $j = 2$，是第 2 个人报出来的，结果正确。代码如下。

```cpp
#include <bits/stdc++.h>
using namespace std;
int main( )
{
    int n,  j;              // 定义变量
    cin >>n;
    j = (n-1)%8 + 1;        // 求模
    cout <<j <<endl;
    return 0;
}
```

【类比】

在本题中，8 个人围成一圈报数，有点类似于一根很长的软尺，从 1 厘米处的刻度开始，以 8 厘米为一圈，绕几圈，显然 9 厘米刻度会和 1 厘米刻度重合，如图 4.5 所示。那么 2022 厘米刻度会和哪个刻度重合呢？根据案例 3 的样例数据可知，2022 会和刻度 6 重合。

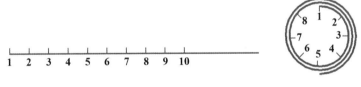

图 4.5　一根软尺绕几圈

## 4.9　练习 1：小实验——前置++ 和后置++

【题目描述】

前置++ 和后置++ 的用法。

（1）定义变量 $n1$ 和 $n2$，$n1$ 的初始值为 3。

（2）将 $n1$++ 赋值给 $n2$，输出 $n1$ 和 $n2$ 的值。

（3）将 $n1$ 重新赋值为 3，然后将 ++$n1$ 赋值给 $n2$，输出 $n1$ 和 $n2$ 的值。

```cpp
#include <bits/stdc++.h>
using namespace std;
```

```
int main( )
{
    int n1 = 3,  n2;
    n2 = n1++;                          //(1) "后置 ++" 运算符
    cout <<n1 <<" " <<n2 <<endl;
    n1 = 3;                             // 重新将 n1 赋值为 3
    n2 = ++n1;                          //(2) "前置 ++" 运算符
    cout <<n1 <<" " <<n2 <<endl;
    return 0;
}
```

该程序的输出结果如下。

4 3
4 4

【分析】

语句（1）使用了"后置++"运算符，其执行过程是先把$n1$的值赋值给$n2$，然后使得$n1$的值加1，因此程序首先输出"4 3"。之后，给$n1$重新赋值为3。语句（2）使用了"前置++"运算符，其执行过程是先使得$n1$的值加1，即$n1$的值变为4，然后把此时$n1$的值赋值给$n2$，因此程序的第2行输出是"4 4"。

## 前置++和后置++的用法

自增运算符"++"用于将整型或浮点型变量的值加1，只有一个操作数，称为**单目运算符**，并且该操作数必须是变量，而不能是常量或表达式等。自增运算符有两种用法。

用法1：变量名++，此时"++"称为"后置++"，先取出变量的值，参与运算，运算完后再使得该变量的值加1。

用法2：++变量名，此时"++"称为"前置++"，先使得该变量的值加1，再用值增加后的该变量参与运算。

这两种用法都会使得变量的值加1，但它们是有区别的，详见本题代码。

## 4.10 练习2：数字魔术——三位数还原

【背景知识】

任意一个三位数$x$，在这个三位数后面重复一遍，得到一个六位数，如467 → 467467，把这个数连续除以 7、11、13，最后得到的商就是输入的三位数。请编程验证。

【练习】

把 $x$ 变量的初始值改成其他三位数，经过处理后，看能不能还原出这个三位数。

【题目描述】

输入一个三位数，输出构造好的六位数，以及依次除以 7、11、13 后得到的结果。

【输入描述】

输入占一行，为一个正整数 $x$，$100 \leq x \leq 999$。

【输出描述】

输出四行，依次为构造好的六位数，以及除以 7、11、13 后得到的结果。

| 【样例输入】 | 【样例输出】 |
| --- | --- |
| 467 | 467467 |
| | 66781 |
| | 6071 |
| | 467 |

【分析】

定义变量 $x$，存储输入的三位数。在这个三位数后面重复一遍，得到一个六位数，这个数其实就是 $x \times 1000 + x$，将这个数存储在变量 $y$ 里。然后依次将这个数除以 7、11、13，存储中间结果并输出。代码如下。

```
#include <bits/stdc++.h>
using namespace std;
int main()
{
    int x;  cin >>x;          // 输入的三位数
    int y = x*1000+x;         // 构造出的六位数
    cout <<y <<endl;
    int y1 = y/7;             // 除以 7，得到的中间结果存储在 y1
    cout <<y1 <<endl;
    int y2 = y1/11;           // 再除以 11，得到的中间结果存储在 y2
    cout <<y2 <<endl;
    int y3 = y2/13;           // 再除以 13，得到的中间结果存储在 y3
    cout <<y3 <<endl;
    return 0;
}
```

【魔术揭秘】

这个数字魔术的原理其实很简单，因为 $7 \times 11 \times 13 = 1001$，任何一个三位数，如 345，乘以

1001，一定等于题目中所构造出来的六位数，即 $345 \times 1001 = 345345$。这是因为 $1001 = 1000 + 1$。

$345 \times 1001 = 345 \times (1000 + 1) = 345000 + 345 = 345345$。

因此，这个六位数连续除以 7、11、13，一定等于原始的三位数。

 ## 4.11 练习 3：三位数的数字之和

【题目描述】

输入一个三位数，输出它的百位、十位、个位上的数字之和。

【输入描述】

输入占一行，为一个正整数 $n$，$100 \leqslant n \leqslant 999$。

【输出描述】

输出占一行，为求得的答案。

| 【样例输入】 | 【样例输出】 |
| --- | --- |
| 467 | 17 |

【分析】

定义变量 $n$，存储输入的三位数。取 $n$ 个位上的数字，可以用 $n\%10$；取 $n$ 十位上的数字，可以用 $(n/10)\%10$；取 $n$ 百位上的数字，可以用 $n/100$。最后把 3 个数字加起来即可。代码如下。

```cpp
#include <bits/stdc++.h>
using namespace std;
int main()
{
    int n;  cin >>n;              // 输入的三位数
    cout <<n%10 + (n/10)%10 + n/100 <<endl;
    return 0;
}
```

## 4.12 拓展阅读：运算符的优先级和结合性

我们在小学数学中已经学过，一个算式里如果有加减运算，也有乘除运算，要先算乘除，再算加减。这就是运算符的优先级。事实上，运算符不仅有优先级，还有结合性。

在求解表达式时，先按运算符的优先级别高低次序执行。如果一个操作数两侧的运算符的优先级别相同，则按结合性中规定的"结合方向"进行运算。结合方向有两种：左结合性，即自左向右运算；右结合性，即自右向左运算。大部分运算符是左结合性。

例如，在表达式"$a + b * c$"中，先执行乘法运算"$b * c$"，再执行加法，把$a$的值与乘法运算的结果加起来。这是因为操作数$b$的左右两侧的运算符分别是加法运算符"+"和乘法运算符"*"，而乘法运算符"*"的优先级高于加法运算符"+"。

又如表达式"$a = b = 5$"等同于"$a = (b = 5)$"，即先执行"$b = 5$"的赋值表达式，然后把该表达式的值（就是变量$b$的值）赋值给变量$a$。这是因为操作数$b$的左右两侧都是赋值运算符"="，而赋值运算符"="的结合性是右结合性，所以先执行右边的赋值运算。

表4.3列出了常用的运算符的优先级和结合性。

表4.3  常用运算符的优先级和结合性

| 优先级 | 运算符 | 含义 | 结合性 |
|---|---|---|---|
| 高 ↓ 低 | ()<br>[ ] | 括号、函数调用<br>下标运算符 | 自左向右 |
| | ++<br>--<br>!<br>(Type) | 自增运算符<br>自减运算符<br>逻辑非运算符<br>强制类型转换运算符 | 自右向左 |
| | *<br>/<br>% | 乘法运算符<br>除法运算符<br>取余运算符 | 自左向右 |
| | +<br>− | 加法运算符<br>减法运算符 | 自左向右 |
| | <、<=、>、>= | 关系运算符 | 自左向右 |
| | ==<br>!= | 等于关系运算符<br>不等于关系运算符 | 自左向右 |
| | && | 逻辑与运算符 | 自左向右 |
| | ‖ | 逻辑或运算符 | 自左向右 |
| | = | 赋值运算符 | 自右向左 |
| | +=、-=<br>*=、/=、%= | 复合的赋值运算符 | 自右向左 |

注意，括号"()"也是一种运算符，而且优先级最高，如表4.3所示，这一点其实和数学上是一样的。因此，在表达式"$(a + b) * c$"中，要先执行括号里的加法运算$(a + b)$，再把运算结果乘以$c$。此外，有时为了明确先执行某种运算，可以人为地加上圆括号（不加括号，按照优先级，也是先执行这种运算），这可以增加程序的可读性，即先执行哪个运算一目了然，不需要记运算符的优先级。

**计算机小知识：C、C++名称的由来**

图4.6绘制出了C语言和C++语言发展的时间线。C语言之所以命名为C，是因为C语言源自B语言，而B语言则源自BCPL语言。

| BCPL语言<br>诞生 | B语言<br>诞生 | C语言<br>诞生 | 贝尔实验室开始<br>改良C语言 | 改良后的语言<br>正式被命名为C++ |
|---|---|---|---|---|
| **1967** | **1969** | **1972** | **1979** | **1983** |

图4.6 C语言和C++语言发展的时间线

1967年，剑桥大学的Martin Richards对CPL语言进行了简化，于是产生了BCPL语言。

1969年，Kenneth Lane Thompson以BCPL语言为基础，设计出很简单且很接近硬件的B语言（取BCPL的首字母），并且用B语言写了最初的Unix操作系统。

1972年，美国贝尔实验室的Dennis Mac Alistair Ritchie在B语言的基础上最终设计出了一种新的语言，并取了BCPL的第二个字母作为这种语言的名字，这就是C语言。

1973年初，C语言的主体完成。

C++语言是由C语言扩展升级而产生。C++语言在C语言的基础上，增加了面向对象等特性。这门语言在研究阶段曾被称为"new C"，之后更名为"C with Classes"。最后在1983年，它被命名为"C++"，取自于C语言中的"++"运算符，寓意着C++是从C语言演化扩展而来。

 **总结**

本章需要记忆的知识点如下。

（1）C++为算术运算提供了7种算术运算符：+、−、*、/、%、++、−−。

（2）整数相除，不保留小数部分，得到的商是整数商。如果要使得商保留小数部分，需要使用实数（在计算机里称为浮点数，详见下一章）。

（3）通过取余运算可以使线性序列构成环状序列。

（4）运算符有优先级和结合性，先按优先级顺序执行，优先级相同，再按结合性中规定的方向执行。

（5）两个整数相除，会得到商和余数。商和余数的概念在数学中非常重要。

（6）在C++语言里，商和余数分别是用/和%运算符得到的。注意，取余运算%只适用于整数，不能用于浮点数。

# 第 5 章

# 精确到小数的运算

```
double pi = 3.1415926;
cout <<fixed;
cout <<setprecision(4);
cout <<pi <<endl;
```

## 主要内容

- 介绍浮点数的概念。
- 输出浮点数时按照指定的格式和精度输出。
- 介绍 C++ 语言中的两种类型转换。

## 5.1 从"打折"说起

吃完晚饭，抱一、致柔和妈妈一起逛U城天街，看到一家服装店打出广告：全场8折。

抱一：妈妈，8折是什么意思呀，是乘以8，还是除以8呀？

妈妈：既不是乘以8，也不是除以8，而是乘以0.8。0.8是一个小数，比1要小，将衣服的总金额乘以0.8后，实际支付的金额要少一些，也就是要便宜一些。如果是打88折，就是乘以0.88。商家就是通过打折来吸引顾客的。

抱一：乘以0.8，为什么不说0.8折呢？

妈妈：这是生活中的一些习惯，"0.8折"读起来不方便，慢慢就演变成了"8折"。还有，买房子的时候，"首付三成"就是说先付房子总价的"百分之三十（30%）"，30%就是0.3，剩余部分每个月还一点点，还要算利息哦。

抱一：哦。生活中还真是处处有数学呀。

## 5.2 圆的周长及圆周率

我们知道，长方形的周长 = (长 + 宽) × 2，正方形的周长 = 边长 × 4。但是圆的周长应该怎么计算呢？古时候，人们就发现，无论圆多大，圆的周长除以圆的直径，得到的商是一样的，是一个无限小数，3.1415926……如图5.1所示。一个数除以另一个数，得到的商，在数学上也称为**比率**、**比值**。因此，圆的周长除以圆的直径，得到的商，称为**圆周率**，记为π。

1500多年前，我国古代数学家祖冲之计算出圆周率的值在3.1415926和3.1415927之间，是世界上第一位将圆周率的值计算到第7位小数的科学家。

圆的直径记为$d$，半径记为$r$，周长记为$c$，关于圆的周长、直径、半径，有以下公式。

$$\frac{c}{d} = \pi, \quad c = \pi \times d = 2 \times \pi \times r$$

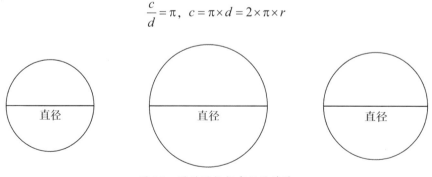

图5.1 圆的周长与直径的关系

计算圆的面积、球体的表面积和体积，都需要用到圆周率。

## 5.3 案例1：速度单位换算（2）

【题目描述】

已知汽车每小时行驶 $v$ 千米，请问每秒行驶多少米？输入 $v$，输出结果。

【输入描述】

输入占一行，为一个正整数 $v$，$10 < v \leqslant 120$。

【输出描述】

输出占一行，为求得的答案，保留小数点后2位数字。

| 【样例输入1】 | 【样例输出1】 |
|---|---|
| 100 | 27.78 |

| 【样例输入2】 | 【样例输出2】 |
|---|---|
| 60 | 16.67 |

【分析】

在本题中，输入"$v$ 千米/小时"的速度，要转换成米/秒。"$v$ 千米/小时"的意思是每小时可以行驶 $v$ 千米，先把千米换算成米，得到 $v \times 1000$ 米，由于1小时是3600秒，因此每秒钟可以行驶 $v \times 1000/3600$ 米，转换过程如图5.2所示。因此，$v$ 千米/小时 $= v \times 1000/3600$ 米/秒。

$$v \; \frac{千米}{秒} = v \times 1000 \; \frac{米}{小时} = v \times 1000 \; \frac{米}{3600 秒} = v \times 1000 \div 3600 \; \frac{米}{秒}$$

图5.2 "千米/小时"转换成"米/秒"

前面已经学过，两个整数相除，得到的商不保留小数。在上述公式中，$v$、1000、3600都是整数。因此，如果直接把这个公式表示成C++语言中的表达式，得到的结果将不保留小数。

显然，本题希望得到的商包含小数，因此要用浮点数除法。如果希望得到的商保留小数，必须保证被除数和除数至少有一个是浮点数。因此，本题可以把计算速度的表达式改成"$v * 1000.0/3600$"。另外，本题还需要把得到的结果保留到小数点后2位数字。代码如下。

```cpp
#include <bits/stdc++.h>
using namespace std;
int main( )
{
    int v;  cin >>v;
    double n = v*1000.0/3600;
    cout <<fixed <<setprecision(2) <<n <<endl;
```

```
    return 0;
}
```

### 输出浮点数时指定精度

注意，实现格式控制需要包含头文件iomanip，用了万能头文件就不用再包含这个头文件了。浮点数的精度控制比较复杂，对小学生来说，只要能对照以下例子按照题目要求的格式输出即可。

double a=123.456789012345;   // 对a赋初始值

（1）cout <<a;   // 输出123.457。

（2）cout <<setprecision(9) <<a;   // 输出123.456789。

（3）cout <<setprecision(6);   // 恢复默认格式 ( 精度为6 )。

（4）cout <<fixed <<a;   // 输出123.456789。

（5）cout <<fixed <<setprecision(8) <<a;   // 输出123.45678901。

第1个例子按默认格式输出（以小数形式输出，全部数字为6位）。第2个例子指定输出9位数字。第3个例子恢复默认格式，精度为6。第4个例子指定以固定小数位输出，默认输出6位小数。第5个例子指定输出8位小数。其中，fixed表示"固定的"，就是固定小数点的位置；set表示"设置"；precision表示"精度"，小数点后面位数越多越精确，因此精度就是指小数点后面的位数。

## 5.4 案例2：折扣

【题目描述】

妈妈去商场买衣服，满500元打8.8折，买一件上衣和一条裤子金额满500元，请问实际付多少钱？

【输入描述】

输入占一行，为两个整数，用空格隔开，分别为上衣和裤子的价格，范围在 [100, 1000]。测试数据保证上衣和裤子的价格总额满了500元。

数学上表示一个数的范围，可以用区间来表示。例如，如果一个数$a$的范围是 [100, 1000]，可表示为$100 \leqslant a \leqslant 1000$。

【输出描述】

输出占一行，为求得的答案，只保留整数部分。

【样例输入 1】　　　　　　　　　　　　　【样例输出 1】

　268 245　　　　　　　　　　　　　　　　　451

【样例输入 2】　　　　　　　　　　　　　【样例输出 2】

　239 293　　　　　　　　　　　　　　　　　468

【分析】

本题输入的上衣和裤子的价格为整数，价格之和要乘以折扣 0.88，得到的结果为浮点数。但本题在输出时只要求输出整数部分，怎么办呢？其实很简单，只需把得到的结果赋值给一个整型变量，就会自动舍去小数部分。代码如下。

```cpp
#include <bits/stdc++.h>
using namespace std;
int main( )
{
    int a, b;  cin >>a >>b;        // 上衣和裤子的价格
    int v = (a+b)*0.88;            // 得到的结果为浮点数，但赋值给整型变量，会舍去小数
    cout <<v <<endl;
    return 0;
}
```

取整和四舍五入的区别如下。

（1）将一个浮点数 $d$ 赋值给一个整型变量 $a$，只截取整数部分（直接抹去小数部分），不会进行四舍五入；如果要四舍五入，可以用 $a = d + 0.5$。例如，如果 $d = 3.1415926$，则 $a = d + 0.5$，取整后为 3；如果 $d = 3.5415926$，则 $a = d + 0.5$，取整后为 4。

（2）另外，在用 cout 语句输出一个浮点数并设置精度时会自动进行四舍五入。例如，对浮点数 3.1415926，如果用 cout 语句输出时保留小数点后 4 位数字，结果为 3.1416。

　**案例 3：求长方体的表面积和体积**

【题目描述】

已知一个长方体的长、宽、高分别为 $a$、$b$、$c$，如图 5.3 所示，求它的表面积和体积。

【输入描述】

输入占一行，为三个浮点数 $a$、$b$、$c$，用空格隔开，$0<a, b, c \leqslant 100$。

【输出描述】

输出占一行，为求得的表面积和体积，用空格隔开，保留小数点后 2 位数字。

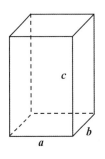

图 5.3　长方体

| 【样例输入 1 】 | 【样例输出 1 】 |
|---|---|
| 3.6 2.5 5.7 | 87.54 51.30 |

| 【样例输入 2 】 | 【样例输出 2 】 |
|---|---|
| 5 6 7 | 214.00 210.00 |

【分析】

在本题中，长方体的长、宽、高是浮点数，因此变量 $a$、$b$、$c$ 的类型应该定义为 double。计算长方体表面积的公式为表面积 $s = 2 \times (a \times b + b \times c + a \times c)$，计算体积的公式为 $v = a \times b \times c$。计算出表面积和体积后，在输出时需要保留小数点后 2 位数字。代码如下。

```cpp
#include <bits/stdc++.h>
using namespace std;
int main( )
{
    double a, b, c;  cin >>a >>b >>c;
    double s = 2*(a*b+b*c+a*c);              // 求表面积
    double v = a*b*c;                        // 求体积
    cout <<fixed <<setprecision(2) <<s <<" " <<v <<endl;
    return 0;
}
```

## 5.6 练习 1：分数→无限循环小数

【背景知识】

用电脑里的"计算器"算一下 1÷3 等于多少。1÷3 也可以表示成 1/3。

有些分数表示成小数将得到一个无限循环小数，就是小数部分由某一段数字重复无数次构成。示例如下。

$1/3 = 0.333333333333333333333333333333333 \cdots$

$1/7 = 0.142857\ 142857\ 142857\ 142857\ 142857 \cdots$

$1/11 = 0.09\ 09\ 09\ 09\ 09\ 09\ 09\ 09\ 09\ 09\ 09\ 09\ 09\ 09\ 09\ 09\ 09 \cdots$

$4/13 = 0.307692\ 307692\ 307692\ 307692\ 307692 \cdots$

【题目描述】

输入分数的分子与分母，用双精度浮点型数据类型表示该分数，保留小数点后 6 位数字。

【输入描述】

输入占一行，为两个正整数 $p$, $q$，$1 \leqslant p, q \leqslant 1000$。

【输出描述】

用双精度浮点型数据类型表示 $p/q$，保留小数点后 6 位数字。

| 【样例输入 1】 | 【样例输出 1】 |
|---|---|
| 1 11 | 0.090909 |

| 【样例输入 2】 | 【样例输出 2】 |
|---|---|
| 1 3 | 0.333333 |

【分析】

本题输入的是正整数，但可以保存到双精度浮点型（double）变量里，在输出答案时要保留小数点后 6 位数字。代码如下。

```
#include <bits/stdc++.h>
using namespace std;
int main( )
{
    double p, q;
    cin >>p >>q;
    double f = p/q;
    cout <<fixed <<setprecision(6) <<f <<endl;
    return 0;
}
```

注意：双精度浮点型数据类型的精度也是有限的，最多到小数点后 16 位数字。如果把程序中的 6 改成更大的值，如 29，则小数点 16 位后的值是不准确的。

 ## 5.7 练习 2：求正方形和圆的面积（1）

【题目描述】

已知一个正方形的边长和一个圆的直径相同，设为 $d$，如图 5.4 所示，求它们的面积。π 的值可以取 3.1415926。

【输入描述】

输入占一行，为一个浮点数 $d$，$0 < d \leqslant 100$。

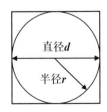

图 5.4　正方形和圆

【输出描述】

输出占一行，为正方形的面积和圆的面积，用空格隔开，保留小数点后2位数字。

| 【样例输入1】 | 【样例输出1】 |
|---|---|
| 10 | 100.00 78.54 |

| 【样例输入2】 | 【样例输出2】 |
|---|---|
| 5.5 | 30.25 23.76 |

【分析】

当圆的直径和正方形的边长相同时，圆可以嵌入正方形内。从直观上看，圆的面积小于正方形的面积。本题输入 $d$，通过计算并输出正方形和圆形的面积，可以在数值上看到这两个图形面积的差异。注意，圆的面积公式为：面积 $= \pi r^2$，其中 $r$ 为圆的半径，为直径 $d$ 的一半，用直径来表示就是，面积 $= \pi d^2/4$。代码如下。

```cpp
#include <bits/stdc++.h>
using namespace std;
int main( )
{
    double d;  cin >>d;
    double pi = 3.1415926;
    double s1 = d*d,  s2 = pi*d*d/4;
    cout <<fixed <<setprecision(2) <<s1 <<" " <<s2 <<endl;
    return 0;
}
```

## 5.8 练习3：计算球的表面积和体积

【题目描述】

已知一个球体的半径 $r$，如图5.5所示，求其表面积和体积。

【输入描述】

输入占一行，为一个浮点数，表示球体的半径 $r$，范围在 $[1, 100]$，即 $1 \leqslant r \leqslant 100$。

图5.5　球体

【输出描述】

输出占一行，为求得的答案，即表面积和体积，用空格隔开，保留小数点后2位数字。

| 【样例输入 1】 | 【样例输出 1】 |
|---|---|
| 2.5 | 78.54 65.45 |

| 【样例输入 2】 | 【样例输出 2】 |
|---|---|
| 9.3 | 1086.87 3369.28 |

【分析】

已知球体的半径为 $r$，则表面积和体积的公式如下。

$$表面积 = 4\pi r^2，体积 = 4\pi r^3/3$$

在本题中，$\pi$ 可以用 3.1415926。输入半径 $r$ 后，按上述公式计算球体的表面积和体积，输出答案即可。代码如下。

```cpp
#include <bits/stdc++.h>
using namespace std;
int main( )
{
    double pi = 3.1415926;
    double r;  cin >>r;
    double s = 4*pi*r*r,  v = 4*pi*r*r*r/3;
    cout <<fixed <<setprecision(2) <<s <<" " <<v <<endl;
    return 0;
}
```

## 5.9 拓展阅读：自动类型转换和强制类型转换

C++ 语言有两种类型转换：自动类型转换和强制类型转换。

### 1. 自动类型转换

在表达式中经常会出现不同类型数据之间的运算，如 $10 + 'a' + 1.5 - 8765.1234 * 'b'$。

不同类型的数据要先转换成同一类型，然后进行运算。其目的是尽量保证精度，不丢失数据。转换的原则是朝精度高的数据类型转换，如图 5.6 所示。自动类型转换是自动进行的。

横向向左的箭头表示必定的转换。例如，两个 float 型数据的运算，要把它们都转换成 double 型再运算。

纵向的箭头表示当运算对象为不同的类型时转换

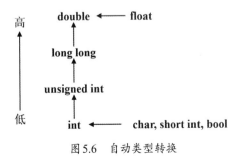

图 5.6　自动类型转换

的方向。例如，一个int型的数据加上一个double型的数据，先把int型的数据转换成double型，再相加。

假设一个圆的直径用整型变量 $d$ 表示，要求它的半径 $r$，如果用表达式 "$r = d/2$" 去求，则结果是错的。因为 $d$ 和 2 都是整数，不会进行自动类型转换。将表达式改成 "$r = d/2.0$"，结果就正确了，因为在执行运算 "$d/2.0$" 时，会把变量 $d$ 自动转换成double型。

2. 强制类型转换

除了自动类型转换，有时也需要将某种类型的数据强制转换成另一种类型。这种类型转换是通过强制类型转换运算符实现的，使用形式如下。

**(类型名)(表达式)** 或 **类型名(表达式)**。

例如，对3除以4，以下两种方法都可以得到商0.75。

```
int a = 3, b = 4;
double d1 = 1.0*a/b,  d2 = (double)(a/b);
```

自动类型转换就像小朋友由二年级升入三年级、由三年级升入四年级，是"自动进行"的；强制类型转换就像有的小朋友特别聪明，读完二年级后，跳级"强行"升入五年级。

 ## 5.10 计算机小知识：实数与浮点数

在数学上，包含小数部分的数称为实数。例如，5是整数，5.0是实数。实数在计算机里表示成浮点数。但是浮点数≠实数，因为计算机里存储的浮点数，其精度（就是小数部分的位数）是有限的。例如，圆周率是一个无限小数，3.1415926…，但在计算机里只能存储有限位的小数。

与浮点数相对的是定点数。在数学上就是用定点数表示实数，小数点位于个位后面。3.1415926、456.278、−27.45，这些都是定点数。

那什么是浮点数呢？以456.278为例，它可以表示成456.278×1、4.56278×100、0.456278×1000、45.6278×10等多种形式，小数点的位置是不固定的，即小数点是浮动的。

对上面三个实数，可以规范地表示成 $0.31415926×10^1$、$0.456278×10^3$、$−0.2745×10^2$，$10^1$、$10^3$、$10^2$ 分别是10、1000、100。这样每个实数就可以分成尾数（如0.456278）和阶码（如3）两部分来表示和存储，把尾数统一成小于1且小数点后第1位不为0。虽然这里尾数部分小数点是固定的，但在浮点数运算（加、减、乘、除）过程中，可能需要调整尾数和阶码。例如，比较两个浮点数大小时，先把它们的阶码调整成一样，那尾数越大的浮点数也就越大。所以浮点数的小数点是不固定的，因此称为浮点数。

当然，在计算机里，整数和浮点数都是以二进制（详见第19章）形式存储的。浮点数的表示方法远比上面描述的要更复杂。例如，浮点数的尾数和阶码都是用二进制表示的。

浮点数的概念比较复杂，小学生了解即可，重点掌握用double类型存储浮点数并进行相应的计算。

 **总结**

本章需要记忆的知识点如下。

（1）在程序中，如果参与运算的数都是整数，希望得到的商保留小数，就至少要把一个数改成浮点数的形式。

（2）掌握输出小数点后 *n* 位小数的方法。

（3）两种数据类型转换：自动类型转换和强制类型转换。

（4）在数学上，包含小数部分的数称为实数。实数在计算机里表示成浮点数。

# 第 6 章

# 拿来主义——
# 数学函数的使用

```
double x, y;
cin >>x >>y;
cout <<sqrt(x) <<endl;
cout <<cbrt(x) <<endl;
cout <<pow(x, y) <<endl;
```

## 主要内容

- ♦ 介绍常用数学函数的使用方法。
- ♦ 求两个浮点数的整数商和余数。

## 6.1　从工具箱玩具说起

周六中午，抱一上完编程课回来，坐在电脑前愁眉苦脸，不愿搭理凑上来想和他一起玩的致柔。

致柔：哥哥，别对着电脑了，快来和我玩工具箱玩具吧！

抱一：工具箱？这不是小时候爸爸给我买的吗？我都好久没玩了。

致柔：是呀，你看，有好多工具哟，有锯子、螺丝刀。咦，这是什么工具呀？

抱一：这叫扳手，用来拧六角螺丝的。

于是抱一和致柔开心地玩起了工具箱玩具。

小朋友们，你们小时候也玩过如图 6.1（a）所示的这种工具箱玩具吧，特别是男孩子。琳琅满目、各式各样的工具，跟真的差不多。实际上，工人师傅们工作的时候往往也是把各种工具装在箱子里，如图 6.1（b）所示。

（a）工具箱玩具　　　　　　　　（b）工人师傅的工具箱

图 6.1　工具箱玩具和工人师傅的工具箱

编程求解数学问题时，除了需要用到算术运算符，有时还需要调用数学函数。C++语言和其他编程语言借鉴了工具箱的做法，把很多功能相似的函数放在一起，构成一个个函数库。C++语言以头文件作为调用这些函数的入口。数学函数库的头文件是cmath，用了万能头文件就不用再包含这个头文件了。

## 6.2　平方和平方根、立方和立方根

大家在背九九乘法表时，除了 $1\times1=1$、$1\times2=2$、$1\times3=3$…以外，是不是最喜欢背 $2\times2=4$、$3\times3=9$、$4\times4=16$、$5\times5=25$、$6\times6=36$ 呀？

$5\times5$ 可以记为 $5^2$，也可以记作5^2，读作"5的平方"，相当于一个边长为5的正方形的面积。

一般，2个$a$相乘，即$a \times a$，称为$a$的**平方**，记为$a^2$。易知，当$a > 1$时，$a^2 > a$。例如，$5^2 = 5 \times 5 = 25$，$1.2^2 = 1.2 \times 1.2 = 1.44$。

$5 \times 5 \times 5$可以记为$5^3$，也可以记作5^3，读作"5的立方"，相当于一个边长为5的立方体的体积。一般，3个$a$相乘，即$a \times a \times a$，称为$a$的**立方**，记为$a^3$。同样，当$a > 1$时，$a^3 > a$。例如，$5^3 = 125$，$1.2^3 = 1.2 \times 1.2 \times 1.2 = 1.728$。

**平方根是平方的相反运算**。如果有$a^2 = x$，则$\sqrt{x} = a$，所以$\sqrt{x}$求的是"谁的平方等于$x$"。因此，$\sqrt{25} = 5$，$\sqrt{1.44} = 1.2$。我们可以想象一下，两个相同的小怪兽相乘，就是小怪兽的平方，会得到一个大怪兽。平方根运算，就像把大怪兽关起来，问你是哪个小怪兽自己乘以自己得到的？如图6.2（a）所示。

**立方根是立方的相反运算**。如果有$a^3 = x$，则$\sqrt[3]{x} = a$，所以$\sqrt[3]{x}$求的是"谁的立方等于$x$"。因此，$\sqrt[3]{125} = 5$，$\sqrt[3]{1.728} = 1.2$。类似地，我们也可以想象一下，三个相同的小怪兽相乘，就是小怪兽的立方，会得到一个更大的怪兽。立方根运算，就像把这个大怪兽关起来，问你是哪个小怪兽自己乘三次得到的？如图6.2（b）所示。

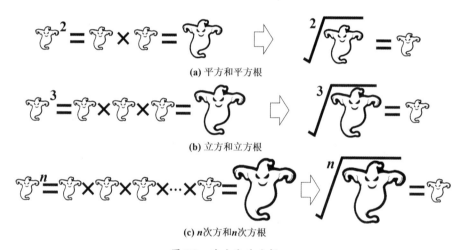

**(a)** 平方和平方根

**(b)** 立方和立方根

**(c)** $n$次方和$n$次方根

图6.2 次方和次方根

推而广之，对正整数$n$，$n$个$a$相乘，即$a \times a \times \cdots \times a$（共有$n$个$a$），称为$a$的**$n$次方**，记为$a^n$。如果有$a^n = x$，则$\sqrt[n]{x} = a$，所以$\sqrt[n]{x}$求的是"谁的$n$次方等于$x$"，如图6.2（c）所示。

更一般的形式是"$a^b$"，$b$不限于整数，$a$称为**底数**，$b$称为**指数**，$a^b$的值称为**幂**。

##  6.3 案例1：勾股定理（1）

【背景知识】

勾股定理，是一个基本的几何定理：直角三角形的两条直角边的平方和等于斜边的平方。假设

两条直角边为 $a$ 和 $b$，斜边为 $c$，则有 $a^2 + b^2 = c^2$，如图 6.3 所示。中国古代称直角三角形为勾股形，并且直角边中较小者为勾，另一长直角边为股，斜边为弦，所以称这个定理为勾股定理。在中国，周朝时期的商高提出了"勾三股四弦五"的勾股定理的特例。因此，勾股定理也称为"商高定理"。

【题目描述】

已知一个直角三角形的两条直角边的长度，求斜边的长度。

【输入描述】

输入占一行，为两个整数 $a$ 和 $b$，用空格隔开，分别为两条直角边的长度，范围在 $[10, 100]$。

$a^2 + b^2 = c^2$

【输出描述】

输出占一行，为求得的答案，保留小数点后 2 位数字。

图 6.3  勾股定理

| 【样例输入1】 | 【样例输出1】 |
| --- | --- |
| 13 17 | 21.40 |

| 【样例输入2】 | 【样例输出2】 |
| --- | --- |
| 29 93 | 97.42 |

【分析】

本题输入两条直角边 $a$ 和 $b$ 的长度，求斜边 $c$ 的长度。由 $c^2 = a^2 + b^2$，可以先计算出 $x = a^2 + b^2$，则 $c^2 = x$，从而 $c = \sqrt{x}$，因此需要调用 sqrt() 函数求平方根。代码如下。

```
#include <bits/stdc++.h>
using namespace std;
int main( )
{
    int a, b;  cin >>a >>b;
    double x, c;
    x = a*a+b*b;
    c = sqrt(x);
    cout <<fixed <<setprecision(2) <<c <<endl;
    return 0;
}
```

知识点

## 常用数学函数的使用方法

在程序中如果要使用数学函数，首先要把头文件 cmath 包含进来，或者用万能头文件。其次要注意调用数学函数的方法和形式。

以常用的 sqrt 函数为例加以说明，它的功能是求 $x$ 的平方根，sqrt 函数的形式如下。

```
double sqrt( double x );
```

函数名 sqrt 是 square root 的简写，表示平方根；函数名后面圆括号内是一个 double 型的**参数**，表示在调用 sqrt 函数时，需要带一个数据 $x$；函数名前面有 double 类型说明符，表示该函数执行完毕会返回一个 double 型的数据，即 $\sqrt{x}$ 的结果。

求立方根可以调用 cbrt() 函数。cbrt 函数的形式如下。

```
double cbrt( double x );
```

函数名 cbrt 是 cube root 的简写，表示立方根。在调用 cbrt 函数时，需要带一个数据 $x$，该函数执行完毕会返回一个 double 型的数据，即 $\sqrt[3]{x}$ 的结果。

另一个常用的函数是 pow 函数，它的功能是求 $x^y$。当 $y$ 为整数时，$x^y$ 表示 $y$ 个 $x$ 相乘。例如，$2^5 = 2×2×2×2×2 = 32$，$1.5^3 = 1.5×1.5×1.5 = 3.375$。事实上，$y$ 不仅可以是整数，还可以是小数，甚至可以是负数。我们只需知道调用 pow($x$, $y$) 可以求出 $x$ 的 $y$ 次方，不需要知道它是怎么计算的。pow 函数的形式如下。

```
double pow( double x, double y );
```

函数名 pow 是 power 的简写，表示幂，计算得到的 $x^y$ 就叫幂；函数名后面圆括号内用逗号隔开的是两个 double 型的**参数**，在调用 pow 函数时，需要带两个数据；函数名前面有 double 类型说明符，表示该函数执行完毕会返回一个 double 型的数据，即 $x^y$ 的结果。

注意，求 $x$ 的立方根还可以用 pow($x$, 1.0/3)。这是因为在数学上 $\sqrt[3]{x} = x^{\frac{1}{3}} = x^{1/3}$。

例如，要对 2.5 开 3 次方根，即要求 $2.5^{1/3}$，可以使用下面的代码。

```
double x = 2.5, y = 1.0/3, z; //注意不能写成1/3，否则 y 的值为 0
z = cbrt(x);                  // 对 x 开 3 次方根，并把结果赋值给变量 z
//z = pow(x, y);             // 求 x 的 y 次方，并把结果赋值给变量 z
```

注意，初学者容易将函数调用写成如下的形式，这些都是错误的。

```
z = double pow(x, y);      //(×)
z = double pow(double x, double y);    //(×)
```

### C++ 提供的常用的数学函数

头文件 cmath 包含很多数学函数，而且大部分数学函数涉及较难的数学知识。对小学生来说，只需掌握表6.1所示的几个数学函数。下面补充介绍一下这些函数涉及的数学知识。

（1）绝对值。数有正负之分，正数前面有正号(+)，但可以省略，因此我们平时表示的数都是省略了正号；负数前面有负号(-)。在生活中负数很常见，例如，负二楼可以表示为-2，零下4摄氏度的温度可以表示为-4℃，支出2.5元可以记为-2.5等。正数的绝对值就是它本身，负数的绝对值就是去掉负号后得到的正数。在数学上，$x$的绝对值可以用符号$|x|$表示。因此，$|5| = 5$，$|-5|=5$。

（2）取整。如果我们想得到浮点数对应的整数，需要通过取整来实现。取整有两种，向下取整和向上取整。以3.14为例，向上取整得到4，向下取整得到3。在C++语言里，向上取整要用ceil函数实现；向下取整要用floor函数实现。

表6.1　常用的数学函数

| 函数 | 功能 |
| --- | --- |
| int abs(int x) | 求整型参数$x$的绝对值 |
| double fabs(double x) | 求双精度浮点型参数$x$的绝对值 |
| double ceil(double x) | 向上取整 |
| double floor(double x) | 向下取整 |
| double pow(double x, double y) | 求$x$的$y$次幂（次方） |
| double sqrt(double x) | 求$x$的平方根 |
| double cbrt(double x) | 求$x$的立方根 |

## 6.4　案例2：2的$n$次方

【题目描述】

$n$个2相乘，记为$2^n$，或2^n，读作2的$n$次方。2的$n$次方在计算机里非常重要。

在本题中，输入$n$，计算2的$n$次方并输出。

【输入描述】

输入占一行，为一个整数$n(0 \leqslant n \leqslant 16)$。

【输出描述】

输出占一行，为2^n。

【样例输入1】　　　　　　　　　　　　　【样例输出1】

1　　　　　　　　　　　　　　　　　　　2

【样例输入2】　　　　　　　　　　　　　【样例输出2】

3　　　　　　　　　　　　　　　　　　　　8

【分析】

计算$2^n$可以用pow( )函数实现。代码如下。

```cpp
#include <bits/stdc++.h>
using namespace std;
int main( )
{
    int n;  cin >>n;
    cout <<pow(2, n) <<endl;
}
```

注意：2的$n$次方跟二进制（详见第19章）密切相关，而理解一些程序和算法的工作原理又需要理解二进制，所以同学们要熟练掌握以下2的$n$次方（$2^n$）以及$2^n-1$。指数增长是非常快的，你能记住最后一个数吗？

$2^0 = 1$；$2^1 = 2$；$2^2 = 4$；$2^3 = 8$；$2^4 = 16$；$2^5 = 32$；$2^6 = 64$；$2^7 = 128$；

$2^8 = 256$；$2^8 - 1 = 255$；$2^{10} = 1024$；$2^{16} = 65536$；$2^{16} - 1 = 65535$

$2^{31} = 2147483648$；$2^{32} = 4294967296$；$2^{63} = 9223372036854775808$

$2^{64} = 18446744073709551616$

# 6.5　案例3：立方体边长和球体直径

【题目描述】

已知立方体和球体的体积均为$V$，如图6.4所示，求正方体的边长$a$和球体的直径$d$。

【输入描述】

输入占一行，为一个整数$V$，范围是$[10, 100000]$。

【输出描述】

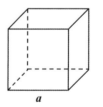

图6.4　立方体和球体

输出占一行，为正方体的边长$a$和球体的直径$d$，用空格隔开，保留小数点后3位数字。

【样例输入1】　　　　　　　　　　　　　【样例输出1】

10　　　　　　　　　　　　　　　　　　　2.154 2.673

【样例输入2】 【样例输出2】

| 200 | 5.848 7.256 |

【分析】

正方体体积 $V = a^3$，球体的体积 $V = 4\pi r^3 / 3$，$r$ 为球体的半径，且直径 $d = 2r$。由此可得 $a = \sqrt[3]{V}$，$d = 2 \times \sqrt[3]{3V / 4\pi}$。求立方根需要调用 cbrt 函数或 pow() 函数。代码如下。

```cpp
#include <bits/stdc++.h>
using namespace std;
int main( )
{
    int V;  cin >>V;
    double pi = 3.1415926;
    //double a = pow( V, 1.0/3 );    // 正方体的边长 a（用 pow 函数求解）
    double a = cbrt( V );            // 正方体的边长 a（用 cbrt 函数求解）
    //double d = 2*pow( 3*V/(4*pi), 1.0/3 );    //计算球体的直径 d（用 pow 函数求解）
    double d = 2*cbrt( 3*V/(4*pi) );     // 计算球体的直径 d（用 cbrt 函数求解）
    cout <<fixed <<setprecision(3) <<a <<" " <<d <<endl;   // 输出小数点后 3 位
    return 0;
}
```

## 6.6 练习1：求正方形和圆的面积（2）

【题目描述】

已知一个正方形和一个圆的面积均为 $s$，如图 6.5 所示，求正方形的边长和圆的直径。

【输入描述】

输入占一行，为一个浮点数 $s$，$0 < s \leqslant 10000$。

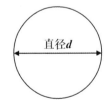

图 6.5　正方形和圆

【输出描述】

输出占一行，为正方形的边长和圆的直径，用空格隔开，保留小数点后 2 位数字。

【样例输入1】 【样例输出1】

| 100 | 10.00 11.28 |

【样例输入2】 【样例输出2】

| 212.5 | 14.58 16.45 |

【分析】

正方形的面积为 $s = a^2$，其中 $a$ 为正方形的边长，因此 $a = \text{sqrt}(s)$。此外，圆的面积 $s = \pi r^2$，其中 $r$ 为圆的半径，因此 $r = \text{sqrt}(s/\pi)$，圆的直径 $d = 2 \times r = 2 \times \text{sqrt}(s/\pi)$。输入面积，计算出正方形的边长和圆的直径并输出。代码如下。

```
#include <bits/stdc++.h>
using namespace std;
int main( )
{
    double pi = 3.1415926;
    double s;  cin >>s;                 // 输入面积
    double a = sqrt(s);
    double d = 2*sqrt(s/pi);
    cout <<fixed <<setprecision(2) <<a <<" " <<d <<endl;
    return 0;
}
```

## 6.7　练习2：浮点数不能精确表示

【题目背景】

3 个 4 相乘，$4 \times 4 \times 4$，结果为 64，即 $4^3 = 64$，那对 64 开 3 次方根，即 $\sqrt[3]{64}$ 或 $64^{1/3}$，得到的应该是 4 吧，我们试试看。

【题目描述】

用 pow 函数将 64.0 开三次方根，分别赋值给一个整型变量和浮点型变量，再输出，观察结果，对浮点型变量保留小数点后 8 位数字。

【分析】

由于浮点数无法精确表达，pow(64.0,1.0/3) 的值可能为 3.9999999999999996，而不是 4，因此赋值给一个整型变量时会截取整数部分，因此得到的是 3。但赋值给一个浮点型变量时，因为这个值非常接近于 4，或者说计算机区分不了 3.9999999999999996 和 4，所以 $f$ 的值为 4.00000000。另外，两个浮点型数据严格来说是不能直接判断是否相等的，只要它们的差小于一个很小的值，就认为是相等的。注意，本题如果用 cbrt() 函数求 64 的立方根，能得到准确的结果。代码如下。

```
#include <bits/stdc++.h>
using namespace std;
int main( )
{
    int n = pow(64.0, 1.0/3);
```

```
    double f = pow(64.0, 1.0/3);
    cout <<n <<endl;
    cout <<fixed <<setprecision(8) <<f <<endl;
    return 0;
}
```

该程序的输出结果如下。

```
3
4.00000000
```

 **6.8　练习3：浮点数的整数商和余数**

【题目背景】

用8.0元去买酸奶，每盒酸奶是2.5元，请问能买几盒？还剩多少钱？这就是要求一个浮点数对另一个浮点数的整数商和余数。

【题目描述】

输入两个浮点数，求它们的整数商和余数。

【输入描述】

输入占一行，为两个浮点数$a$、$b$，$(0<a, b \leqslant 10000)$，用一个空格隔开。

【输出描述】

输出占一行，为一个整数与浮点数，为$a$和$b$的整数商和余数，余数保留两位小数。

| 【样例输入1】 | 【样例输出1】 |
| --- | --- |
| 34.7 12.9 | 2 8.90 |

| 【样例输入2】 | 【样例输出2】 |
| --- | --- |
| 12.2 54.2 | 0 12.20 |

【分析】

注意，在C++语言中，取余运算符%对浮点数不适用。要得到两个浮点数$a$和$b$的整数商和余数，只能先做除法，得到一个浮点型的商，再取商的整数部分，有两种实现方法。

（1）用floor()函数实现，$k = floor(a/b)$，$k$为整型变量。floor函数的功能是向下取整，如floor(3.1415926) = 3。

（2）将$a/b$的结果赋值给一个整型变量$k$，因为$a/b$的结果是一个浮点数，赋值时截取整数部分

赋值给 $k$，同样也达到了求整数商的效果。

浮点数 $a$ 除以 $b$ 得整数商后，可以进一步求余数，为 $a - b \times k$。代码如下。

```cpp
#include <bits/stdc++.h>
using namespace std;
int main( )
{
    double a , b ;
    cin >>a >>b;
    int k = floor(a/b);              //(1) 用 floor 函数实现
    //int k = a/b;                   //(2) 浮点数赋值给整型变量，截取整数部分
    cout<<k <<" ";
    cout <<fixed <<setprecision(2) <<(a-b*k) <<endl;
    return 0;
}
```

## 6.9 计算机小知识：复制粘贴是由谁提出来的？

在洛谷等平台提交代码需要用到复制、粘贴操作。复制、粘贴是计算机里非常重要的操作。有了复制、粘贴操作，人们使用计算机的效率就大大提高了。而且，在早期个人电脑还没有普及的年代，复制、粘贴功能的提出进一步促进了电脑走进普通人的生活。

那么，发明复制、粘贴功能的人是谁呢？是计算机科学家拉里·特斯勒。

在 20 世纪 70 年代，个人电脑还未出现，也没有图形化的操作系统，电脑操作很不方便。如果要进行文本编辑，全靠输入一些命令来实现。在 1973 年，拉里·特斯勒发明了复制、粘贴操作，大大节省了文字编辑的工作时间。后来出现了图形化操作系统，复制、粘贴操作也顺理成章成为图形化操作系统里非常重要的操作。

## 6.10 总结

本章需要记忆的知识点如下。

（1）熟练掌握常用数学函数的使用，如 sqrt、cbrt、pow 等。

（2）求两个浮点数 $a$ 和 $b$ 的整数商，假设为 $k$（整型变量），要用 $k = \mathrm{floor}(a/b)$，或者将 $a/b$ 的结果赋值给 $k$，即 $k = a/b$；$a$ 除以 $b$ 的余数为 $a - b \times k$。

# 第 7 章
## 一路前行——顺序结构

```
int m, n, x, y;
cin >>m >>n;
x = 2*m - n/2;
y = n/2 - m;
cout <<x <<" " <<y;
```

## 主要内容

◆ 引入算法的概念。

◆ 引入程序控制结构的概念，并介绍最简单的程序控制结构——顺序
结构。

**从"把大象放进冰箱"说起**

抱一：妹妹，我考你一个问题，把大象装进冰箱要分几步？

致柔：这个问题太难了！我回答不了。

抱一：分三步呀。第1步：把冰箱门打开。第2步：把大象装进去。第3步：把冰箱门关上。

致柔：我们家的冰箱能装得下一头大象吗？（说完还用手势比画了一下，表示大象很大很大）

抱一：呃……我说的不是我们家的冰箱，而是马戏团里很大很大的冰箱。那我再考考你，接下来，把长颈鹿放进冰箱，要分几步？

致柔：我不知道。

抱一得意地笑：分四步呀。第1步：把冰箱门打开。第2步：把大象推出来。第3步：把长颈鹿放进去。第4步：把冰箱门关上。

致柔：可是，有这么高的冰箱吗？

抱一：我们的关注点好像不一样……那我再考你一个问题，动物园开运动会，哪个动物没来呀？

致柔：我不和你玩了。

 **算法就是求解问题的步骤**

**算法**就是求解问题、完成任务的步骤。算法必须具体地指出在执行时每一步应当怎么做。

由两个或更多的步骤，完成一个完整的任务的过程，称为**流程**。

前面"把大象放进冰箱"的3个步骤就构成了一个算法。那么这个算法设计得好不好呀？不好吧，连致柔都发现，它没有考虑大象能不能装进冰箱。

接下来主要讨论计算机领域的算法，**算法就是用计算机程序求解问题的步骤**。

 **程序控制结构**

算法步骤构成的结构称为**程序控制结构**。有三种基本的程序控制结构：**顺序结构**、**分支结构**（也称为**选择结构**）、**循环结构**。多种程序控制结构甚至可以一个套另一个，这就是程序控制结构的嵌套，将在第13章和第15章介绍。

最常见的也是最简单的程序控制结构是顺序结构。**顺序结构**是指程序的代码自上而下、依次执行，没有其他分支。因此"把大象装进冰箱"的算法就是一个顺序结构，如图7.1所示。后面还会学到分支结构和循环结构。顺序结构里每一行代码都要执行，分支、循环结构里有些代码可能不会执行。

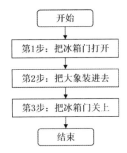

图 7.1 "把大象放进冰箱"的流程

为了规范地描述流程图，计算机科学家规定了一些常用的符号，如表7.1所示。

表7.1 流程图基本符号

| 符号 | 含义 | 符号 | 含义 |
|---|---|---|---|
| ⬭ | 起止框，表示算法的开始和结束 | ▭ | 处理框，表示初始化或赋值等操作 |
| ▱ | 输入输出框，表示数据的输入输出操作 | ◇ | 判断框，表示根据一个条件决定执行两种不同操作中的其中一个 |
| ↓→ | 流程线，表示流程的方向 | ○ | 连接点，用于流程的分页连接 |

因此，表示流程的一般方法如下。

（1）用圆角矩形表示流程的开始和结束。

（2）用矩形表示操作。

（3）用平行四边形表示输入/输出。

（4）用菱形表示条件判断。

（5）用带箭头的直线表示流程的走向。

 **7.4** **案例1：三角形的面积**

【数学知识】

在解三角形的过程中，其中一个比较难的问题是如何利用三角形的三条边直接求出三角形面积。

如果已知一个直角三角形两条直角边的长度分别为 $a$ 和 $b$，可以很容易求出这个直角三角形的面积为 $a \times b/2$。

但是如果已知一个普通三角形的3条边的边长为a、b、c，怎么求它的面积呢?

上述问题可以用海伦公式（或称为海伦—秦九韶公式）求解。相传这个公式最早是由古希腊数学家阿基米德提出的，但人们常常以古希腊的数学家海伦命名这个公式，称此公式为海伦公式。

我国南宋时期数学家秦九韶在1247年独立提出了"三斜求积术"，虽然它与海伦公式形式上有所不同，但与海伦公式完全等价，填补了中国数学史中的一个空白，从中可以看出我国古代已经具有很高的数学水平。

【题目描述】

输入三角形3条边的边长a、b、c（假定输入的3条边长可以构成三角形），如图7.2（a）所示，根据海伦公式 $S = \sqrt{p \times (p-a) \times (p-b) \times (p-c)}$ 求三角形的面积，其中 $p = (a+b+c)/2$。

【输入描述】

输入占一行，为a、b、c的值（均为大于0的浮点数），用空格隔开，范围为[1,100]。

【输出描述】

输出占一行，为三角形的面积，保留小数点后2位数字。

| 【样例输入】 | 【样例输出】 |
|---|---|
| 3.4 6.5 5.5 | 9.35 |

【分析】

本题程序的流程图如图7.2（b）所示。从流程图可以看出，从输入三角形边长到根据公式计算三角形面积，再到输出面积，程序从上到下顺序执行，没有其他分支，所以是顺序结构。

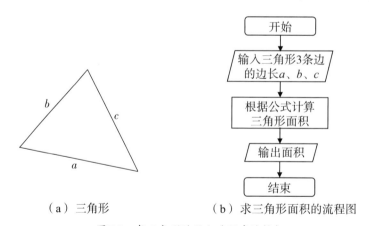

（a）三角形　　　　　　（b）求三角形面积的流程图

图7.2　求三角形的面积（顺序结构）

代码如下。

```
#include <bits/stdc++.h>
using namespace std;
int main( )
```

```
{
    double a, b, c, s, p;
    cin >>a >>b >>c;                             // 输入三角形三条边的边长
    p = (a+b+c)/2;
    s = sqrt( p*(p-a)*(p-b)*(p-c) );             // 计算三角形面积
    cout <<fixed <<setprecision(2) <<s <<endl;   // 输出面积
    return 0;
}
```

### 顺序结构程序的步骤

从案例1及后续案例可以看出，编程解题时的顺序结构程序一般包含以下四个步骤。

（1）定义需要用的变量。

（2）赋值或输入数据。

（3）根据题目要求进行计算或处理。

（4）用cout语句输出答案，类似数学上写答案。

# 7.5 案例2：鸡兔同笼问题（1）

【题目描述】

我国古代数学名著《孙子算经》中记载了一道数学趣题——"鸡兔同笼"问题。

今有雉兔同笼，上有三十五头，下有九十四足，问雉兔各几何？

这道题的意思是：笼子里有若干只鸡和兔。从上面数，有35个头；从下面数，有94只脚。鸡和兔各有几只？

在本题中，输入头的数目 $m$ 和脚的数目 $n$，求鸡的数目和兔的数目。

【输入描述】

输入占一行，为 $m$ 和 $n$ 的值（均为正整数），用空格隔开。输入数据保证求得的鸡的数目和兔的数目是有效的。

【输出描述】

输出占一行，为鸡的数目和兔的数目，用空格隔开。

【样例输入】                          【样例输出】

35 94                                 23 12

【分析】

设笼中鸡的数目是 $x$ 只，兔的数目是 $y$ 只，则可以得到以下两个等式。

$x + y = m$      头的数目

$2x + 4y = n$      脚的数目

这两个等式其实构成了一个方程组，解方程组得：$x = 2 \times m - n/2$，$y = n/2 - m$。注意，低年级学生可以不纠结怎么解这个方程组。

本题的输入数据保证求得的鸡的数目和兔的数目是有效的，因此不用判断 $n$ 是否为偶数、$n/2$ 是否大于 $m$ 这些情况。

由此，可以根据输入的 $m$ 和 $n$ 的值，求出鸡的数目 $x$ 和兔的数目 $y$。代码如下。

```cpp
#include <bits/stdc++.h>
using namespace std;
int main( )
{
    int m, n;                    // 头的数目和脚的数目
    int x, y;                    // 求得的鸡的数目和兔的数目
    cin >>m >>n;
    x = 2*m - n/2;
    y = n/2 - m;
    cout <<x <<" " <<y <<endl;
    return 0;
}
```

## 7.6 案例3：获奖比例

【题目描述】

已知 CCF CSP-J/S（CCF CSP 非专业级别的软件能力认证）初赛参赛人数为 $n1$，进入复赛的人数为 $n2$，以及复赛获奖人数为 $n3$。求进入复赛的比例和复赛获奖的比例。

【输入描述】

输入占一行，为三个正整数 $n1$、$n2$、$n3$，用空格隔开，输入数据保证 $n1 \geq n2$ 且 $n2 \geq n3$。

【输出描述】

输出占一行，为求得的进入复赛的比例和复赛获奖的比例，保留小数点后 2 位数字。

【样例输入】              【样例输出】

82123 26531 17965           32.31% 21.88%

【分析】

本题涉及分数→小数→百分数。下面举一个例子进行说明。

假设本来有 12 个学生上课，但实际只有 9 人来上课，我们可以说 $\frac{9}{12}$ 的学生来上课了。$\frac{9}{12}$ 是分数，可以化简为 $\frac{3}{4}$。$\frac{3}{4}$ 也可以理解为除法，3÷4，这里说的除法是指浮点数的除法，结果为 0.75，这是小数。小数转换成百分数要乘以 $\frac{100}{100}$，$\frac{100}{100}$ 是 1，所以数值不变，$\frac{100}{100}$ 中的分母演变成百分号，分子要乘到小数中。因此，$\frac{3}{4} = 0.75 \times 100\% = 75\%$。

根据题意，进入复赛的比例为 $(n2/n1) \times 100\%$，复赛获奖的比例为 $(n3/n1) \times 100\%$。注意，"%" 没有包含在计算结果里，必须以字符串的形式输出。由于 $n1$、$n2$、$n3$ 都是整整，计算代码要写成 $(1.0 * n2/n1) * 100$ 或 $100.0 * n2/n1$ 才能得到正确的结果。代码如下。

```cpp
#include <bits/stdc++.h>
using namespace std;
int main( )
{
    int n1, n2, n3;  cin >>n1 >>n2 >>n3;
    cout <<fixed <<setprecision(2);
    cout <<(1.0*n2/n1)*100 <<"% " <<(1.0*n3/n1)*100 <<"%" <<endl;
    return 0;
}
```

## 7.7 练习1：预测孩子的身高

【题目描述】

根据父母的身高，预测他们孩子的身高。

$$男孩身高(厘米) = (父亲身高 + 母亲身高) \times 1.08/2$$

$$女孩身高(厘米) = (父亲身高 + 0.923 \times 母亲身高)/2$$

输入父母的身高（单位：厘米），分别输出男孩和女孩的身高，保留小数点后 1 位数字。

【输入描述】

输入占一行，为两个正整数，用空格隔开，分别表示父亲和母亲的身高（单位：厘米）。

【输出描述】

输出占一行，为男孩和女孩的身高（单位：厘米），保留小数点后 1 位数字，用空格隔开。

【样例输入】                                【样例输出】

170 165                                      180.9 161.1

【分析】

本题求解步骤如下。

**第1步** 输入父亲和母亲的身高。

**第2步** 求男孩和女孩的身高。

**第3步** 输出男孩和女孩的身高。代码如下。

```cpp
#include <bits/stdc++.h>
using namespace std;
int main( )
{
    double f, m;                        // 父亲和母亲的身高
    double s, d;                        // 男孩和女孩的身高
    cin >>f >>m;
    s = (f + m)*0.54;
    d = 0.5*(f + 0.923*m);
    cout <<fixed <<setprecision(1) <<s <<" " <<d <<endl;
    return 0;
}
```

## 7.8 练习2：华氏温度转摄氏温度

【背景知识】

摄氏温度和华氏温度是两种常用的温度表示方法。我们通常所说的室温26℃、体温36.5℃，都是指摄氏温度。摄氏温度 $C$ 和华氏温度 $F$ 的转换公式是：$C = (F - 32)/1.8$。

【题目描述】

输入华氏温度，转换成摄氏温度并输出。

【输入描述】

输入占一行，为一个浮点数，表示华氏温度，范围为 $[-100, 100]$。

【输出描述】

输出占一行，为转换后的摄氏温度，保留小数点后2位数字。

【样例输入】                                【样例输出】

```
100                                        37.78
```

【分析】

本题求解步骤如下。

**第1步** 输入华氏温度。

**第2步** 转换成摄氏温度。

**第3步** 输出转换后的摄氏温度。代码如下。

```
#include <bits/stdc++.h>
using namespace std;
int main( )
{
    double C, F;  cin >>F;
    C = (F-32)/1.8;
    cout <<fixed <<setprecision(2) <<C <<endl;
    return 0;
}
```

## 7.9  练习3：比赛成绩

【题目描述】

CCF CSP-J/S比赛一般有四道题目。每道题目的满分是100分。每道题目有若干个测试数据（一般是10个、20个、25个，即能整除100，因此每个测试数据的得分是一个整数），参赛选手每通过一个测试数据就能得到相应的得分，而且通常每个测试数据的得分是一样的。

输入四道题目测试数据个数，以及参赛选手每个题目通过的测试数据数目，计算得分。

【输入描述】

输入占两行，第一行为4个整数$n1$、$n2$、$n3$、$n4$（取值为10、20或25），用空格隔开，分别表示四道题目测试数据数目。第二行也是4个整数$m1$、$m2$、$m3$、$m4$，用空格隔开，分别表示某个参赛选手每个题目通过的测试数据数目。测试数据保证是有效的，比如$m1$不会超过$n1$。

【输出描述】

输出占一行，为一个整数，表示选手的得分。

【样例输入】                                【样例输出】

```
20 10 25 20                                118
8 7 2 0
```

【分析】

第一道题每个测试数据的得分是$100/n1$，题目保证$n1$能整除100。因此，该选手第一道题的得分是$m1 \times 100/n1$。其他题目的得分可以采用类似的方法计算。注意不能写成$m1/n1 \times 100$，否则只要$m1<n1$，得分就是0分，这是不对的。代码如下。

```cpp
#include <bits/stdc++.h>
using namespace std;
int main( )
{
    int n1, n2, n3, n4;  cin >>n1 >>n2 >>n3 >>n4;
    int m1, m2, m3, m4;  cin >>m1 >>m2 >>m3 >>m4;
    int ans = m1*100/n1 + m2*100/n2 + m3*100/n3 + m4*100/n4;
    cout <<ans <<endl;
    return 0;
}
```

## 7.10 计算机小知识：三种基本的程序控制结构

1966年，Bohra和Jacopini提出了顺序结构、分支结构、循环结构这三种基本的程序控制结构。这三种基本的程序控制结构并不是C++语言特有的。事实上，几乎每种编程语言都支持三种基本的程序控制结构。这些程序控制结构是结构化程序设计的核心内容。结构化程序设计是软件设计的第三次革命。

## 7.11 总结

本章需要记忆的知识点如下。

（1）算法就是用计算机程序求解问题的步骤。

（2）流程图中常用符号的含义。

（3）顺序结构是自上而下、依次执行程序中的每一行代码。用顺序结构实现的程序一般包含以下步骤：定义变量，赋值或输入数据，根据题目要求进行计算或处理，输出答案。

# 第 8 章

# 分支结构——if 语句

```
if(x>y)
     cout <<x <<endl;
else
     cout <<y <<endl;
```

## 主要内容

- 介绍实现条件判断的分支结构，包括单分支、双分支和多分支。
- 介绍 C++ 语言中的 if 语句。
- 求一组数最大值（或最小值）的方法。

**抱一和妈妈谈"条件"**

妈妈：抱一，你这次数学考试成绩如果超过95分，我就奖励你一个玩具。

抱一：那要是没考到呢？

妈妈：要是没考到，就要做100道计算题。

抱一：我不要玩具，也不要做计算题。如果我这次考试分数比上次高，你就带我和妹妹去看电影，可以吗？

妈妈：可以。

抱一：耶！

致柔：耶！哥哥加油！

 **条件判断和分支结构**

在生活中经常需要进行判断，根据判断条件的多少，分支结构可分为单分支、双分支和多分支。详见以下例子。

（1）单分支的例子。如果这次数学考试成绩在95分以上，就奖励一个玩具，如图8.1（a）所示，菱形表示条件判断，从菱形引出了两条线，意味着有两个出口，分别表示条件满足和不满足，但是条件不满足时，不执行任何操作。所以，这是**单分支**的条件判断。

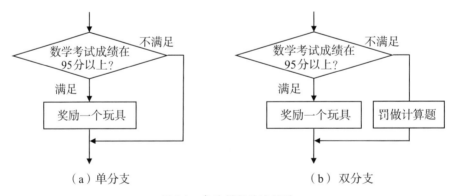

（a）单分支　　　　　　　　　　　（b）双分支

图8.1　条件判断的流程图

（2）双分支的例子。如果这次数学考试成绩在95分以上，就奖励一个玩具；否则就罚做计算题，如图8.1（b）所示。同样，条件判断的结果只有两种情况：条件满足（用true表示）或不满足（用false表示）。条件满足时执行某种操作，条件不满足时执行另一种操作。注意，两种操作只会执行其中的一种。这是**双分支**的条件判断。

（3）多分支的例子。去商场买东西，如果购物满500元，就打6折；如果满400元，就打7折；如果满300元，就打8折；如果满200元，就打9折。这是**多分支**的条件判断。

 **8.3** **C++语言中的分支结构**

条件判断要通过**分支结构**（也称为**选择结构**）来实现。在C++语言中，分支结构是用if语句实现的。

根据条件判断的分支数，if语句有3种形式。

（1）单分支的if语句：if…，当条件不满足时，不执行任何操作。

（2）双分支的if语句：if…else…，相当于"如果……；否则……"。

（3）多分支的if语句：if…else if…else…，其中else if可以有多个。

另外，在C++语言中，switch语句也可以实现多分支结构。

本章介绍单分支和双分支的if语句，第10章介绍多分支的if语句和switch语句。

表8.1列出了3种形式的if语句，对语法格式、执行过程作了对比，并给出了实例。

表8.1　3种形式的if语句对比

| | 单分支 | 双分支 | 多分支 |
|---|---|---|---|
| 语法格式 | if(表达式) 语句 | if(表达式) 语句1<br>else 语句2 | if(表达式1) 语句1<br>else if(表达式2) 语句2<br>else if(表达式3) 语句3<br>…<br>else if(表达式m) 语句m<br>else 语句m+1 |
| 执行过程 | 先计算表达式，如果表达式的值为真（不为0），则执行if结构中的语句，否则不执行。其流程图如图8.2（a）所示 | 先计算表达式，如果表达式的值为真（不为0），则执行语句1，否则执行语句2。其流程图如图8.2（b）所示 | 先计算表达式1，如果表达式的值为真（不为0），则执行语句1，整个if结构执行完毕；如果表达式1的值为假（0），则继续判断表达式2的值是否为真，如果为真，则执行语句2，整个if结构执行完毕；如果表达式2的值为假（0），则继续判断表达式3……其流程图如图8.2（c）所示 |
| 例子 | if(x>y)<br>　cout <<x <<endl; | if(x>y)<br>　cout <<x <<endl;<br>else<br>　cout <<y <<endl; | if( m≥500 )　m1 = m*0.6;<br>else if( m≥400 )　m1 = m*0.7;<br>else if( m≥300 )　m1 = m*0.8;<br>else if( m≥200 )　m1 = m*0.9;<br>else　m1 = m; |

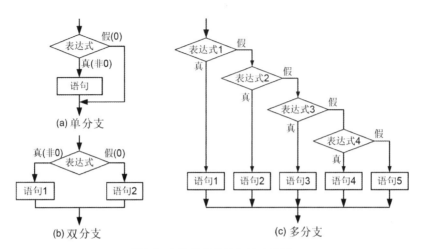

图 8.2　3 种形式 if 语句的流程图

# 8.4　案例1：加分

【题目描述】

这次数学考试的满分是100分。此外，试卷上还有一道很难的应用题，满分为10分，答对了可以加分，但总分不能超过100分。例如，试卷得分为92分，应用题完全答对了，加10分，总分为100分。输入试卷得分和应用题得分，输出最终总分。

【输入描述】

输入占一行，为两个正整数 $n1$ 和 $n2$，用空格隔开，分别表示试卷得分和应用题得分。

【输出描述】

输出占一行，为一个正整数，代表最终总分。

| 【样例输入】 | 【样例输出】 |
| --- | --- |
| 97 8 | 100 |

【分析】

输入试卷得分 $n1$ 和应用题得分 $n2$，将它们加起来，如果超过100分，就要修改为100分，这需要用单分支的 if 语句实现。代码如下。

```
#include <bits/stdc++.h>
using namespace std;
int main( )
{
```

```
    int n1, n2, n;  cin >>n1 >>n2;
    n = n1 + n2;
    if(n > 100)                      // 如果加分后超过了 100 分,则改为 100 分
        n = 100;
    cout <<n <<endl;
    return 0;
}
```

 **8.5**　案例2:求三个数的最大值

【题目描述】

输入三个整数,求它们的最大值。

【输入描述】

输入占一行,为三个整数,用空格隔开。

【输出描述】

输出占一行,为三个整数中的最大值。

| 【样例输入1】 | 【样例输出1】 |
| --- | --- |
| 78 99 56 | 99 |

| 【样例输入2】 | 【样例输出2】 |
| --- | --- |
| 86 12 57 | 86 |

【分析】

在程序中经常需要求两个数或三个数甚至多个数的最大值(或最小值)。可以采用"摆擂台"的思想实现。具体方法是:先定义变量$mx$,初始值为第一个数;然后将剩下的每个数都跟当前$mx$的值进行比较,如果该数比$mx$的值大,则将$mx$的值更新为该数;最后求得的$mx$就是所有数中的最大值。代码如下。

```
#include <bits/stdc++.h>
using namespace std;
int main( )
{
    int a, b, c;
    cin >>a >>b >>c;
    int mx = a;
    if( b>mx )   mx = b;
```

```
    if( c>mx )  mx = c;
    cout <<mx <<endl;
    return 0;
}
```

注意：

1. 以上程序中两个if语句是独立的，相互之间没有联系，不能合并成if…else…。

2. 求最大值时，也可以将mx的初始值设置为一个很小的值。例如，假设a、b、c是正整数，则可以将mx初始化为-1，接下来需要依次将a、b、c都和mx进行比较。

3. 求最大值时，mx变量的初始值要么取第一个数，要么取一个很小的数。

 **求一组数最大值mx(或最小值mn)的方法——摆擂台**

（1）先假设第一个数是最大值（或最小值），或将mx初始化为一个很小的值（或将mn初始化为一个很大的值）；

（2）把剩余的每个数都拿来比较，如果比当前mx（或mn）还要大（或小），则更新。

## 8.6 案例3：四边形的判断（方法1）

【题目描述】

输入四条边的长度a、b、c、d，判断能否构成四边形。

【输入描述】

输入占一行，为a、b、c、d的值(均为小于100的正整数)，用空格隔开。

【输出描述】

输出占一行，如果a、b、c、d能构成一个四边形，输出yes，否则输出no。

【样例输入1】 　　　　　　　　　　　　【样例输出1】

3 4 5 6 　　　　　　　　　　　　　　yes

【样例输入2】 　　　　　　　　　　　　【样例输出2】

1 2 3 7 　　　　　　　　　　　　　　no

【分析】

判断四条边能否构成四边形的一种方法是：先找出最长的一条边，然后判断其余三条边的长度之和是否大于最长边的长度，如果大于，就能构成四边形；反之就不能构成四边形，如图8.3所示。

（a）四条边不能构成四边形的例子　　　　（b）最长的边大于其他三条边的长度之和

图8.3　四边形的判断

对输入的四条边 $a$、$b$、$c$、$d$，首先求它们的和 $s = a + b + c + d$。然后求四条边中最长的一条边，用变量 $mx$ 表示，其他三条边的长度之和为 $s - mx$。因此只需判断 $s - mx$ 是否大于 $mx$ 即可。代码如下。

```cpp
#include <bits/stdc++.h>
using namespace std;
int main( )
{
    int a, b, c, d;
    cin >>a >>b >>c >>d;
    int s = a+b+c+d;                        // 四条边之和
    int mx = a;                             // 求最长边
    if(b>mx)   mx = b;
    if(c>mx)   mx = c;
    if(d>mx)   mx = d;
    if(s-mx > mx)  cout <<"yes" <<endl;     //s-mx 就是其他三条边的长度之和
    else  cout <<"no" <<endl;
    return 0;
}
```

注意：本题的代码只能求出 $a$、$b$、$c$、$d$ 的最大值 $mx$ 是多少，并不知道最大值是 $a$、$b$、$c$、$d$ 中的哪个数。如果要求输出最大值是哪个数，则必须用数组（详见第16章）来存储这些数，并且在求最大值过程中要记录最大值的下标。本题采用一种巧妙的方法求出了其他三条边的长度之和：用四条边的长度总和减去最长边的长度（$mx$ 的值）。

## 8.7 练习1：3的倍数（方法1，取余运算符）

【题目描述】

输入一个整数，判断是否为3的倍数。

【输入描述】

输入占一行，为一个整数 $a$。

【输出描述】

如果该整数是3的倍数，输出 yes，否则输出 no。

【样例输入1】                    【样例输出1】

264                                yes

【样例输入2】                    【样例输出2】

17                                 no

【分析】

判断3的倍数用程序实现很简单，只需要将输入的整数$a$对3取余数，即$a\%3$。如果余数为0，则说明是3的倍数；反之就不是3的倍数。所以，本题需要用双分支的if语句实现。代码如下。

```cpp
#include <bits/stdc++.h>
using namespace std;
int main( )
{
    int a;  cin >>a;
    if(a % 3 == 0)  cout <<"yes" <<endl;
    else  cout <<"no" <<endl;
    return 0;
}
```

## 8.8　练习2：找座位

【题目描述】

四年级（5）班有49个同学和49张课桌。横向为一行，纵向为一列。如果一行有7个学生，刚好排成7行，因为$7 \times 7 = 49$。假设学号为1号的同学坐在第1行第1列，其他学生按学号一行行地就座，如图8.4所示。输入学号（如29、38等），请问该学生的位置在哪里，即位于第几行、第几列？

| 1 | 2 | 3 | 4 | 5 | 6 | 7 |
|---|---|---|---|---|---|---|
| 8 | 9 | 10 | 11 | 12 | 13 | 14 |
| 15 | 16 | 17 | 18 | 19 | 20 | 21 |
| 22 | 23 | 24 | 25 | 26 | 27 | 28 |
| 29 | 30 | 31 | 32 | 33 | 34 | 35 |
| 36 | 37 | 38 | 39 | 40 | 41 | 42 |
| 43 | 44 | 45 | 46 | 47 | 48 | 49 |

图8.4　座位排列

【输入描述】

输入一个学号$n$，$1 \leqslant n \leqslant 49$。

【输出描述】

输出该学号的行和列，用空格隔开，行和列均从1开始编号。

【样例输入1】                    【样例输出1】

28                                4 7

【样例输入2】                          【样例输出2】

33                                   5 5

【分析】

将输入的学号 $n$ 除以7，会得到商和余数，商表示前面有多少"整"行，余数表示不足一行的座位数。因此行号就是商 +1，列号就是余数。

此外，还要判断一种特殊情形：如果 $n$ 能被7除尽（$n\%7==0$），则只有整行，因此行号就是商，列号就是7，这需要用 if 语句实现。代码如下。

```cpp
#include <bits/stdc++.h>
using namespace std;
int main( )
{
    int n;  cin >>n;
    int r = n/7 + 1;              // 行号是 n 除以 7 得到的商 +1
    int c = n % 7;                // 列号就是 n 对 7 的余数
    if(n%7==0){                   // 特殊情况：如果 n 刚好是 7 的倍数
        r = n/7;  c = 7;
    }
    cout <<r <<" " <<c <<endl;
    return 0;
}
```

注意：if 语句的每个分支，如果需要执行的语句不止一条，一定要用花括号括起来。

 **8.9** **练习3：要不要开空调**

【题目描述】

室温低于15℃或高于30℃，就开空调。输入一个温度值（整数），判断是否要开空调。

【输入描述】

输入占一行，为一个正整数 $t$，表示温度。

【输出描述】

如果要开空调，输出 yes；如果不要开空调，输出 no。

【样例输入】                          【样例输出】

39                                   yes

【分析】

本题需要用双分支的if语句实现，但是条件比较复杂，需要用逻辑运算符连接两个条件。

在本题中，当室温在[15, 30]范围内时，不要开空调。室温低于15℃或高于30℃，就要开空调。如果用一个数轴表示温度，则可以很清晰地表示本题中的条件，如图8.5所示。

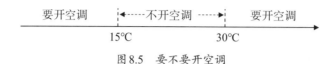

图8.5 要不要开空调

设保存温度的变量为 $t$，$t$ 在 $[15, 30]$ 范围内表示 $t \geq 15$ 且 $t \leq 30$，这2个条件需要用逻辑运算符 and 连接，当条件满足时，不要开空调。代码如下。

```
#include <bits/stdc++.h>
using namespace std;
int main( )
{
    int t;   cin >>t;
    if(t >= 15 and t <= 30)  cout <<"no" <<endl;
    else  cout <<"yes" <<endl;
    return 0;
}
```

注意：本题的逻辑也可以表示成"室温低于15℃或高于30℃，就要开空调；否则就不开空调"，条件为 $t < 15$ 或 $t > 30$，这2个条件需要用逻辑运算符 or 连接。同学们可以试着用这种思路重写本题的代码。

## 8.10 总结

本章需要记忆的知识点如下。

（1）单分支if语句的格式如下。

**if (表达式) 语句**

（2）双分支if语句的格式如下。

**if (表达式) 语句1**

**else 语句2**

（3）求一组数最大值(或最小值)的方法。

# 第 9 章

## 条件怎么形成——
## 关系表达式和逻辑表达式

```
if(a+b>c and b+c>a and a+c>b)
    cout <<"yes" <<endl;
else
    cout <<"no" <<endl;
```

## 主要内容

- ⬥ 介绍关系运算符和逻辑运算符，以及关系表达式和逻辑表达式。
- ⬥ 介绍布尔（bool）型数据。

**又高又壮的同学**

妈妈：抱一，请用"又……又……"造一个句子。

抱一：我今天又开心又不开心。

妈妈：认真点!

抱一：好吧。我们班有个同学长得又高又壮。咦，妹妹，你们班有没有又高又壮的同学呀?

致柔：我们班有壮的同学，有高的同学，但就是没有又高又壮的同学。

 **判断和多个判断**

上一章介绍了实现条件判断的if语句，条件通常表示某种关系是否满足。例如，"3大于5"是否满足，"变量$a$的值等于变量$b$的值"是否满足等。数学上可以用<、≤、≥、>、=、≠这6种符号来表示关系。在C++语言中，对应的**关系运算符**如表9.1所示。注意，在C++语言中，由于"="已经用于表示赋值，所以用"=="表示相等的关系运算符。

表9.1　C++语言中的关系运算符

| 关系运算符 | 数学符号 | 运算符含义 | 关系运算符 | 数学符号 | 运算符含义 |
|---|---|---|---|---|---|
| < | < | 小于 | > | > | 大于 |
| <= | ≤ | 小于或等于 | == | = | 等于 |
| >= | ≥ | 大于或等于 | != | ≠ | 不等于 |

注意，"≤"表示"小于或等于"，因此，"3≤3"的结果是true。

关系运算只有两种情况：满足（用true表示）或不满足（用false表示）。例如，"3 < 5"的结果为true，"3 > 5"的结果为false。

稍微复杂一点的判断，可能涉及多个条件，可能是要求**多个条件同时满足**。例如，"语文成绩大于95"和"数学成绩大于95"同时满足。也可能是**多个条件只要有一个满足即可**。例如，"语文成绩大于95"或"数学成绩大于95"。这时，多个条件就需要通过**逻辑运算符**连接起来。C++语言中有3种逻辑运算符，如表9.2所示。

逻辑判断的结果也只有两种情况：多个条件满足逻辑关系（为true）或不满足逻辑关系（为false）。例如，"3<5 and 27>22"的结果为true，"3>5 or 27>22"的结果也为true；"5 < 3 and 27 > 22"的结果为false，"3 > 5 or 27 < 22"的结果也为false。

早期C++语言只能用&&、||、! 表示逻辑"与""或"和"非"，现在也支持用and、or和not来表示。

表9.2　C++语言中的逻辑运算符

| 逻辑运算符 | 用法 | 运算符含义 |
|---|---|---|
| 逻辑与：&& 或 and | 条件1 && 条件2<br>条件1 and 条件2 | 条件1和条件2都满足（为true）才算满足（为true） |
| 逻辑或：\|\| 或 or | 条件1 \|\| 条件2<br>条件1 or 条件2 | 条件1和条件2只要有一个满足（为true）就算满足（为true） |
| 逻辑非：! 或 not | !条件<br>not 条件 | 条件满足（为true），则"! 条件"就是不满足（为false）；条件不满足（为false），则"! 条件"就是满足（为true） |

## 9.3　逻辑"与"和逻辑"或"的例子

生活中经常看到多个条件的例子，要注意区别用逻辑"与"还是用逻辑"或"。

（1）星期一或星期五打篮球。假设用 $n$ 表示星期几，取值为1～7，这里的"或"应该用 $n==1 \parallel n==5$。

（2）成绩在80到90之间。假设用 $s$ 表示成绩，这里的条件应该表示成：$s>=80 \&\& s<=90$。

（3）大写字母的判断。假设用 $c$ 表示一个字符，这里的条件应该表示成：$c>='A' \&\& c<='Z'$。

（4）大月的判断。大月有31天，假设用 $m$ 表示月份，判断大月的条件应该表示成：$m==1 \parallel m==3 \parallel m==5 \parallel m==7 \parallel m==8 \parallel m==10 \parallel m==12$。

（5）根据一个人的年龄判断他是不是儿童。儿童指上小学年龄、即6～12岁年龄阶段的孩子。假设用 $a$ 表示年龄，这里的条件应该表示成：$a>=6$ and $a<=12$。

（6）判断一个数是不是在某个范围。如果一个数 $n$，$n$ 大于或等于60，而且 $n$ 小于或等于100，在数学上可以表示成 $60 \leqslant n \leqslant 100$ 或 $n$ 位于 $[60, 100]$ 区间，在程序中应该表示成条件：$n>=60$ and $n<=100$。注意，数学上的条件"$60 \leqslant n \leqslant 100$"在C++程序中不能表示成"$60<=n<=100$"，这个表达式的执行过程为，先执行 $60<=n$，假设结果为 $f$，$f$ 可能为true（其实就是1）或false（其实就是0），再判断 $f<=100$ 是否成立，事实上这个关系表达式肯定是成立的。因此，无论 $n$ 取什么值，"$60<=n<=100$"的值都是true，这显然是错的。

## 9.4　布尔型数据

前面我们学过整型数据、浮点型数据和字符型数据。此外，还有一类数据，它的取值只有两种情形，要么为true，要么为false，true和false首字母要小写。这种数据称为**布尔型数据**或**逻辑型数据**。

因此，关系表达式和逻辑表达式的值都是bool型数据。通俗地讲，"条件符合""关系满足""式子是对的"，就是true，否则就是false。

布尔型数据分为**布尔型常量**和**布尔型变量**。布尔型常量有两个，就是true和false。

布尔型变量要用类型标识符bool来定义，它的值只能是true和false之一。示例代码如下。

```
bool f1, f2 = false;   //定义逻辑变量 f1 和 f2，并使 f2 的初始值为 false
f1 = true;             //将逻辑常量 true 赋值给逻辑变量 f1
```

编译系统在处理逻辑型数据时，将false视为0，将true视为1，在内存中占一个字节，而不是将字符串"false"和"true"存放在内存中。因此，逻辑型数据可以与数值型数据进行转换，如图9.1所示。具体如下。

（1）如果逻辑型数据与其他数值型数据一起参与算术运算，则true为1，false为0。例如，假设变量$f$是逻辑型变量，它的值为true，那么赋值语句"$a = 2 + f + false;$"执行完后，$a$的值为3。

（2）将一个表达式的值赋值给一个逻辑型变量，则只要表达式的值为非0，就按"真(true)"处理，如果表达式的值为0，按"假(false)"处理。示例代码如下。

```
bool f1 = 123 + 25;    //赋值后 f1 的值为 true，即为 1
bool f2 = 0.0;         //赋值后 f2 的值为 false，即为 0
```

（3）当一个表达式用作条件时，如if语句中的条件或循环中的条件，只要表达式的值不为0，就视为true，只有表达式的值为0或0.0，才是false。

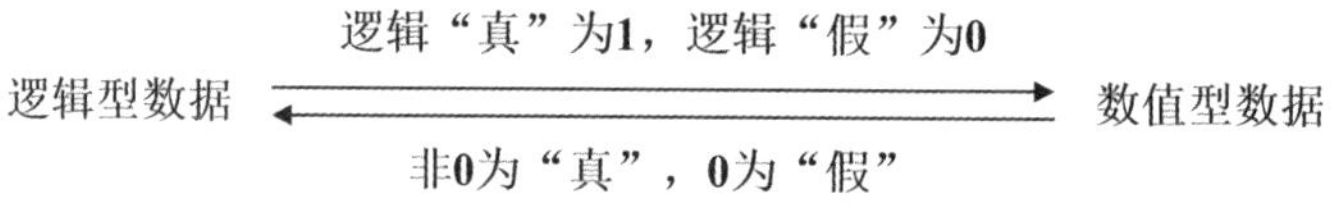

逻辑"真"为1，逻辑"假"为0

逻辑型数据 ⟷ 数值型数据

非0为"真"，0为"假"

图9.1　数值型数据和逻辑型数据的转换

# 9.5 案例1：语文和数学都考95分以上

【题目描述】

妈妈说，如果抱一期末考试语文考了95分以上，而且数学也考了95分以上，他就会得到一个大的奖品。输入语文和数学的考试成绩，判断是否有奖品。

【输入描述】

输入占一行，为两个正整数$a$和$b$，分别表示语文成绩与数学成绩。

【输出描述】

如果能得到奖品，输出yes，否则输出no。

【样例输入】 【样例输出】

99 98                                      yes

【分析】

本题表达条件判断的逻辑表达式为 $a > 95$ and $b > 95$。代码如下。

```cpp
#include <bits/stdc++.h>
using namespace std;
int main( )
{
    int a, b;
    cin >>a >>b;
    if(a > 95 and b > 95)  cout <<"yes" <<endl;
    else  cout <<"no" <<endl;
    return 0;
}
```

## 9.6 案例2：三角形的判断

【题目描述】

输入三条边的长度(为正整数)，判断能否构成一个三角形。

【输入描述】

输入占一行，为三个正整数 $a$、$b$、$c$（均小于100），用空格隔开。

【输出描述】

如果 $a$、$b$、$c$ 代表的边长能构成三角形，输出 yes，否则输出 no。

【样例输入1】 【样例输出1】

3 4 5                                      yes

【样例输入2】 【样例输出2】

3 4 8                                      no

【分析】

如果任何两条边的长度之和都大于第三条边，则能构成三角形。$a+b>c$、$a+c>b$ 和 $b+c>a$ 要同时满足才能构成三角形，所以它们之间是逻辑"与"的关系。代码如下。

```
#include <bits/stdc++.h>
using namespace std;
int main( )
{
    int a, b, c;
    cin >>a >>b >>c;
    if(a+b>c and a+c>b and b+c>a)
        cout <<"yes" <<endl;
    else  cout <<"no" <<endl;
    return 0;
}
```

## 9.7 案例3：闰年的判断

【背景知识】

闰年的2月有29天，平年的2月只有28天。闰年一年有366天，平年一年有365天。那么，年份为什么有闰年和平年之分呢？闰年和平年又是怎么判断的呢？

历史上，古罗马的天文学家一开始计算出每年有365.25天。因为0.25×4=1，所以每过4年，需要额外地加上1天来保持日历与季节一致。因此，一个年份只要是4的倍数就是闰年，在这一年中，2月有29天。

后来，古罗马的天文学家发现每年不是365.25天，而是365.2425天。因为0.2425×400 = 97，所以，每400年有97个闰年。以2001～2400这400个年份为例，4的倍数有100个，多了3个，怎么办呢？天文学家想了个办法，把2100、2200、2300年设定为平年，但是2400年还是闰年，这样就"凑够"了97个闰年。

因此，闰年的规则被修改为年份是4的倍数一般都是闰年，但年份是100的倍数时，必须是400的倍数才是闰年。

【题目描述】

输入一个年份，判断是否为闰年。

【输入描述】

输入占一行，为一个正整数$y$，$1900 \leqslant y \leqslant 9999$，代表一个年份。

【输出描述】

如果$y$为闰年，输出yes，否则输出no。

【样例输入 1】　　　　　　　　　　　【样例输出 1】

2020　　　　　　　　　　　　　　　yes

【样例输入 2】　　　　　　　　　　　【样例输出 2】

1900　　　　　　　　　　　　　　　no

【分析】

根据本题的背景知识可知，符合以下条件之一的年份为闰年：① 能被 4 整除，但不能被 100 整除；② 能被 400 整除。例如，2004 年、2000 年是闰年，2005 年、2100 年是平年。

我们可以根据本题中的背景知识来理解闰年的判定，也可以按以下思路来理解。以图 9.2 为例，假设整个圆代表所有年份构成的集合。

用条件（1）"能否被 4 整除"，将整个集合一分为二，其中子集（Ⅰ）表示不能被 4 整除，该子集代表的年份不是闰年。对圆中剩下的部分，再施加条件（2）"能否被 100 整除"，又一分为二，其中子集（Ⅱ）表示的年份能被 4 整除，但不能被 100 整除，是闰年。对圆中剩下的部分，再施加条件（3）"能否被 400 整除"，又一分为二，其中子集（Ⅲ）表示的年份能被 400 整除，是闰年；子集（Ⅳ）表示的年份能被 100 整除，但不能被 400 整除，不是闰年。因此在图 9.2 中，子集（Ⅱ）和（Ⅲ）表示的年份是闰年，子集（Ⅰ）和（Ⅳ）表示的年份是平年。

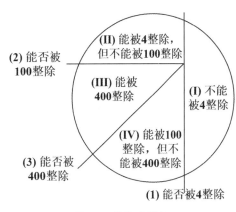

图 9.2　闰年的判断

注意：集合的概念是在小学三年级数学上册引入的，但没有给出集合的正式定义和子集的概念。一般，把具有共同性质的一些东西，汇集成一个整体，就形成一个集合。组成集合的事物称作元素。由集合的一部分元素构成的一个新的、小的集合，就是子集。例如，某小学三年级所有学生构成了一个集合，记为 $A$；而三年级（5）班所有学生也构成了一个集合，记为 $B$，则 $B$ 是 $A$ 的子集。

假设用变量 $y$ 代表输入的年份，可用下面的逻辑表达式来判定闰年。如果该表达式的值为 true，则 $y$ 是闰年；如果该表达式的值为 false，则 $y$ 是平年。

$$(y \% 4 == 0 \text{ and } y \% 100\ != 0) \text{ or } y \% 400 == 0$$

代码如下。

```
#include <bits/stdc++.h>
using namespace std;
int main( )
{
    int y;  cin >>y;
```

```
    if((y % 4 == 0 and y % 100 != 0) or y % 400 == 0)
        cout <<"yes" <<endl;
    else  cout <<"no" <<endl;
    return 0;
}
```

## 9.8 练习1：复杂的逻辑判断

【题目描述】

妈妈说，如果抱一期末考试，语文考了95分以上，而且数学也考了95分以上，就会得到一个大的奖品；或有一门课考了满分100分，也可以得到一个大的奖品。编写程序，输入语文和数学考试成绩，判断是否有奖品。

【输入描述】

输入占一行，为两个整数，用空格隔开，范围为 $[0, 100]$。

【输出描述】

如果能得到奖品，输出 yes，否则输出 no。

| 【样例输入1】 | 【样例输出1】 |
|---|---|
| 92 100 | yes |

| 【样例输入2】 | 【样例输出2】 |
|---|---|
| 92 94 | no |

【分析】

考虑以下情形。

（1）如果期末考试，语文考了96分，数学考了98分，能得到奖品吗？

（2）如果语文考了94分，数学考了99分，能得到奖品吗？

（3）如果语文考了100分，数学考了92分，能得到奖品吗？

假设保存语文和数学成绩的变量分别为 $a$ 和 $b$，则本题的逻辑条件为 $(a > 95$ and $b > 95)$ or $(a==100$ or $b==100)$，如果该条件满足，输出 yes，否则输出 no。代码如下。

```
#include <bits/stdc++.h>
using namespace std;
int main( )
{
    int a, b;
    cin >>a >>b;
```

```
if((a > 95 and b > 95) or (a==100 or b==100))
    cout <<"yes" <<endl;
else  cout <<"no" <<endl;
return 0;
}
```

## 9.9 练习2：四边形的判断（方法2）

【题目描述】

输入四条边的长度 $a$、$b$、$c$、$d$，判断能否构成四边形。

【输入描述】

输入占一行，为 $a$、$b$、$c$、$d$ 的值(均为小于100的正整数)，用空格隔开。

【输出描述】

输出占一行，如果 $a$、$b$、$c$、$d$ 能构成一个四边形，输出 yes，否则输出 no。

| 【样例输入1】 | 【样例输出1】 |
|---|---|
| 3 4 5 6 | yes |

| 【样例输入2】 | 【样例输出2】 |
|---|---|
| 1 2 3 7 | no |

【分析】

判断四边形的另一种方法是：三条边的长度之和大于第四条边，则能构成四边形。$a+b+c>d$、$a+b+d>c$、$a+c+d>b$、$b+c+d>a$ 这四个条件要同时成立才能构成四边形，因此它们之间是逻辑"与"的关系。代码如下。

```
#include <bits/stdc++.h>
using namespace std;
int main( )
{
    int a, b, c, d;
    cin >>a >>b >>c >>d;
    if(a+b+c>d and a+b+d>c and a+c+d>b and b+c+d>a)
        cout <<"yes" <<endl;
    else  cout <<"no" <<endl;
    return 0;
}
```

## 9.10 练习3：身高达标吗

【题目描述】

9岁男孩的正常身高范围在129cm到140cm之间，输入一个9岁男孩的身高（假设为正整数），判断身高是否达标。

【输入描述】

输入占一行，为一个正整数$h$，表示一个9岁男孩的身高。

【输出描述】

如果身高达标，输出yes，否则输出no。

【样例输入】                               【样例输出】

132                                         yes

【分析】

如果$h < 129$ or $h > 140$，身高就不达标，输出no，否则输出yes。所以本题需要用双分支的if语句实现。代码如下。

```cpp
#include <bits/stdc++.h>
using namespace std;
int main( )
{
    int h;  cin >>h;
    if(h < 129 or h > 140)  cout <<"no" <<endl;
    else  cout <<"yes" <<endl;
    return 0;
}
```

【思考】

能否换一种思路来表达本题的条件？如果$h >= 129$且$h <= 140$，身高达标；否则身高不达标。

## 9.11 计算机小知识：Bug和Debug

Bug一词的原意是"臭虫""虫子"。在电脑系统或程序中，如果隐藏着的一些未被发现的缺陷或问题，人们也叫它"Bug"，这是怎么回事呢？原来，第一代计算机由许多庞大且昂贵的真空管组成，并利用大量的电力来使真空管发光。可能正是由于计算机运行产生的光和热，引得一只小虫子钻进了一支真空管内，导致整个计算机无法正常工作。研究人员费了很长时间，总算发现原因所在，把这只小虫子从真空管中取出后，计算机又恢复正常。后来，Bug这个名词就沿用下来，用来表示电脑系统或程序中隐藏的错误、缺陷、漏洞等问题。

例如，本章学了关系运算符"=="后，同学们应该知道，以下if语句存在一个Bug。

```
if(a=1)  ......  // 如果"a 等于 1"，......
```

注意，Bug不是指编译错误。一个程序如果存在编译错误，根本不能运行。Bug是指程序中存在的逻辑错误，即在某些特定的情况下，程序可能会触发隐藏的错误，从而导致程序运行结果不正确，甚至根本不能运行。

与Bug相对应，人们将发现Bug并加以纠正的过程叫作"Debug"（中文称作"调试"）。

 **9.12 总结**

本章需要记忆的知识点如下。

（1）6种关系运算符和3种逻辑运算符。

（2）关系表达式和逻辑表达式的值都是布尔（bool）型数据。

（3）判断闰年的条件。

# 第 10 章
# 多分支与 switch 语句

```
if(m>=500)  d = 0.6;
else if(m>=400) d = 0.7;
else if(m>=300) d = 0.8;
else if(m>=200) d = 0.9;
else  d = 1.0;
```

## 主要内容

♦ 介绍多分支结构的实现，包括 if…else if…else 和 switch 语句。

# 10.1 又见"打折"

抱一、致柔和爸爸妈妈一起在 U 城天街散步，这时有人递过来一张传单，抱一接过来一看，原来是一家服装店的促销广告，上面写着：换季大甩卖，购物满 500 元，打 6 折；满 400 元，打 7 折；满 300 元，打 8 折；满 200 元，打 9 折。

抱一：爸爸，这又是打 9 折，又是打 8 折，到底是打几折呀？

爸爸：不管买了多少钱的衣服，只会按一种折扣来打折。举个例子，如果买了 367 元的衣服，就是打 8 折。

抱一：可是，367 元也满了 200 元呀，为什么不打 9 折呢？

爸爸：一图胜千言，我给你画一个流程图就清楚了。

爸爸不知道从哪里掏出一支笔，在传单上画了如图 10.1 所示的流程图。

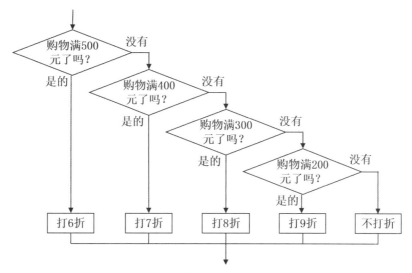

图 10.1 商场打折的流程图

爸爸：不管购物金额是多少元，这个多分支结构只执行其中一个分支。前面的条件不满足才有机会执行后面的条件。例如，如果买了 367 元的衣服，第 1 个条件和第 2 个条件都不满足，才会判断第 3 个条件，第 3 个分支的完整条件，其实是"购物金额 < 400 且 购物金额 ≥ 300"，但这个条件不能表示成"购物金额 < 400 and 购物金额 ≥ 300"，因为"购物金额 < 400"的判断条件是多余的。

抱一：我似乎懂了。

爸爸：多分支结构就像高速公路一样，每到一个出口，都要判断是否需要下高速，如果下高速，那后面的路就不会走了。如果第一个出口没有下高速，就继续前行到第二个出口，再判断要不要下高速，如果在第二个出口下高速了，那后面的路也不会走了，依次类推。

抱一：哦，这下我真懂了。

**案例1：商场打折**

【题目描述】

去商场买东西，如果购物满500元，打6折；如果满400元，打7折；如果满300元，打8折；如果满200元，打9折；如果低于200元，不打折。

输入购物金额，按照以上规则打折，求折扣后的金额。

【输入描述】

输入占一行，为一个正整数（小于1000），表示购物金额。

【输出描述】

输出占一行，为折扣后的金额，保留小数点后一位数字。

| 【样例输入1】 | 【样例输出1】 |
| --- | --- |
| 387 | 309.6 |

| 【样例输入2】 | 【样例输出2】 |
| --- | --- |
| 900 | 540.0 |

【分析】

本题可以用多分支的if语句实现。代码如下。

```cpp
#include <bits/stdc++.h>
using namespace std;
int main( )
{
    int m;                                    // 输入金额
    double m1;                                // 折扣后的金额
    cin >>m;
    if(m>=500)  m1 = m*0.6;
    else if(m>=400)   m1 = m*0.7;
    else if(m>=300)   m1 = m*0.8;
    else if(m>=200)   m1 = m*0.9;
    else   m1 = m;
    cout <<fixed <<setprecision(1) <<m1 <<endl;
    return 0;
}
```

## 10.3 案例2：CCF CSP-J/S比赛成绩

【题目描述】

已知CCF CSP-J/S比赛的满分是400分。某年某省CCF CSP-J一等奖分数线是248分，二等奖分数线是100分，三等奖分数线是70分。输入某个学生的CCF CSP-J成绩，输出获奖等级。

【输入描述】

输入占一行，为一个整数，代表一个CCF CSP-J成绩，范围在0~400之间。

【输出描述】

输出对应的获奖等级，用A、B、C、D分别代表一等奖、二等奖、三等奖和没有获奖。

| 【样例输入1】 | 【样例输出1】 |
| --- | --- |
| 300 | A |

| 【样例输入2】 | 【样例输出2】 |
| --- | --- |
| 66 | D |

【分析】

注意理解分数线的概念。"一等奖分数线是248分"表示分数大于或等于248分，就是一等奖。本题可以用多分支if结构实现。代码如下。

```cpp
#include <bits/stdc++.h>
using namespace std;
int main( )
{
    int s;  cin >>s;
    if(s>=248)  cout <<"A" <<endl;        //一等奖
    else if(s>=100)  cout <<"B" <<endl;   //二等奖
    else if(s>=70)  cout <<"C" <<endl;    //三等奖
    else  cout <<"D" <<endl;              //没有获奖
    return 0;
}
```

## 10.4 switch 语句

除了if语句，switch语句也可以用来实现多分支选择结构，而且用switch语句处理多分支选择，形式更简洁。switch 语句的一般形式如下。

**switch( 表达式 )**

**{**

    **case 常量表达式 1：语句 1;**

    **case 常量表达式 2：语句 2;**

    ...

    **case 常量表达式 n：语句 n;**

    **default：语句 n + 1;**

**}**

例如，某公司根据客户的信用等级 $c$（取值为 1～5）来计算折扣 $d$，等级越高，折扣越大。这里可以用 switch 语句来实现（注意，该 switch 语句存在逻辑错误，下面会说明）。代码如下。

```
switch( c )
{
    case 1: d=0.98;
    case 2: d=0.88;
    case 3: d=0.78;
    case 4: d=0.68;
    case 5: d=0.58;
}
```

（1）switch 后面括号内的"表达式"，允许为任何类型（算术表达式、关系表达式、逻辑表达式等），但是其值必须是整型或字符型。case 后面的常量表达式的值也必须是整型或字符型。

（2）当 switch 表达式的值与某一个 case 子句中的常量表达式的值相匹配时，就执行此 case 子句中的内嵌语句；若所有的 case 子句中的常量表达式的值都不能与 switch 表达式的值匹配，就执行 default 子句的内嵌语句。default 子句可以没有，如上面的例子。

（3）在执行 switch 语句时，程序会根据 switch 表达式的值找到与之匹配的 case 子句，并从此 case 子句开始执行，不再进行判断。例如，在上面的例子中，若信用等级 $c$ 的值等于 3，则最终求得的折扣 $d$ 为 0.78。

因此，在执行一个 case 子句后，应该根据需要使流程跳出 switch 结构，即终止 switch 语句的执行。可以用一个 **break 语句**来达到此目的。修改后的代码如下。

```
switch( c )
{
    case 1:  d = 0.98;  break;
    case 2:  d = 0.88;  break;
    case 3:  d = 0.78;  break;
    case 4:  d = 0.68;  break;
    case 5:  d = 0.58;  break;
}
```

最后一个子句也可以不加break语句。这时若信用等级$c$的值等于3，则求得的折扣$d$为0.78，这是正确的。各分支加了break语句后的switch结构流程图如图10.2所示。

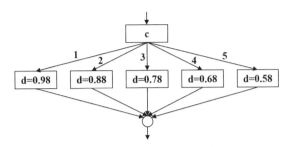

图 10.2 　switch 结构流程图

上述switch语句其实等价于以下多分支if语句。

```
if( c==1 )  d = 0.98;
else if( c==2 )  d = 0.88;
else if( c==3 )  d = 0.78;
else if( c==4 )  d = 0.68;
else  d = 0.58;
```

（4）在case子句中可以包含一个以上执行语句，而且可以不用花括号括起来，会自动按顺序执行该case子句中所有的执行语句。

（5）多个case可以共用一组执行语句，此时需要在这一组case的最后一个case里加break语句。示例代码如下。

```
... :
case 1:
case 2:
case 3: d = 0.78; break;
...
```

则信用等级为1、2、3的客户，折扣都是0.78。

## 10.5　案例3：VIP顾客等级

【题目描述】

某商场根据VIP顾客的等级给予不同的折扣。一共分为4个等级。1级顾客打98折，2级顾客打88折，3级顾客打78折，4级顾客打68折。输入顾客的等级和购物金额，求实际支付的金额。

【输入描述】

输入数据占一行，为两个正整数$r$和$m$，分别表示一个顾客的等级和购物金额，$r$取值为1、2、3、

4；$m$小于10000。

【输出描述】

输出占一行，为一个浮点数，表示顾客实际支付金额，保留小数点后1位数字。

| 【样例输入1】 | 【样例输出1】 |
|---|---|
| 1 688 | 674.2 |

| 【样例输入2】 | 【样例输出2】 |
|---|---|
| 3 6666 | 5199.5 |

【分析】

本题可以用多分支的if语句实现，但这里尝试着用switch语句实现。

switch语句的本质就是用圆括号内表达式的值去匹配每个case分支后面的常量，如果匹配上，就执行case分支里的执行语句。因此，本题的switch语句后面圆括号内就是$r$，每个case分支就对应不同顾客等级，将购物金额乘以不同的折扣得到实际支付金额。代码如下。

```cpp
#include <bits/stdc++.h>
using namespace std;
int main( )
{
    int r, m;
    double m1;
    cin >>r >>m;
    switch(r){
        case 1:  m1 = m*0.98;  break;   //1级顾客
        case 2:  m1 = m*0.88;  break;   //2级顾客
        case 3:  m1 = m*0.78;  break;   //3级顾客
        case 4:  m1 = m*0.68;  break;   //4级顾客
    }
    cout <<fixed <<setprecision(1) <<m1 <<endl;
    return 0;
}
```

# 10.6 练习1：百分制成绩转五级制成绩

【题目描述】

输入一个成绩(假设为0～100的浮点数)，如果大于或等于90分，输出"A"；(否则)如果大于或等于80分，输出"B"；(否则)如果大于或等于70分，输出"C"；(否则)如果大于或等于60分，输出"D"；否则输出"E"。

【输入描述】

输入占一行，为一个浮点数 s，范围在 0～100 之间，代表成绩。

【输出描述】

输出对应的五级制成绩。

| 【样例输入】 | 【样例输出】 |
| --- | --- |
| 82 | B |

【分析】

根据成绩转换的规则，可以画出如图10.3所示的流程图。

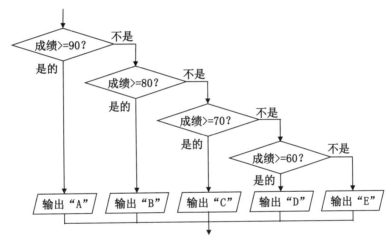

图10.3　百分制成绩转五级制成绩的流程图

本题可以用多分支的 if 语句实现。这里同样要注意，当执行到第3个分支时，一定是第1个和第2个分支的 if 条件都不满足。因此，第3个 if 分支的完整条件，其实是 "$s < 80$ and $s >= 70$"。但这个 if 条件不能表示成 "$s < 80$ and $s >= 70$"，因为 "$s < 80$" 的判断是多余的。代码如下。

```
#include <bits/stdc++.h>
using namespace std;
int main( )
{
    double s;  cin >>s;
    if(s>=90)  cout <<"A" <<endl;
    else if(s>=80)  cout <<"B" <<endl;
    else if(s>=70)  cout <<"C" <<endl;
    else if(s>=60)  cout <<"D" <<endl;
    else  cout <<"E" <<endl;
```

```
    return 0;
}
```

# 10.7 练习2：9岁男孩的身高标准

【题目描述】

根据9岁男孩的身高标准（见表10.1），输入一个9岁男孩的身高（浮点数，单位：厘米），判断是超高、标准、偏矮还是矮小。

表10.1　9岁男孩的身高标准

| 年龄 | 身高（厘米） | | | | 体重（公斤） | | | |
|---|---|---|---|---|---|---|---|---|
| | 矮小 | 偏矮 | 标准 | 超高 | 偏瘦 | 标准 | 超重 | 肥胖 |
| 9岁 | 123.9 | 129.6 | 135.4 | 141.2 | 25.50 | 30.46 | 36.92 | 45.52 |

【输入描述】

输入占一行，为一个浮点数 h，代表男孩的身高。

【输出描述】

输出占一行，为字符 A、B、C、D，分别表示"超高""标准""偏矮"和"矮小"。

| 【样例输入】 | 【样例输出】 |
|---|---|
| 136 | B |

【分析】

本题可以用多分支的 if 语句实现。注意，应该先判断"超高"，条件为"$h >= 141.2$"；如果"超高"条件不成立，则继续判断"标准"，条件为"$h >= 135.4$"，依次类推。

如果要从"矮小"开始判断，则条件为"$h < 129.6$"；如果"矮小"条件不成立，则继续判断"偏矮"，条件为"$h < 135.4$"，依次类推。代码如下。

```cpp
#include <bits/stdc++.h>
using namespace std;
int main( )
{
    double h;  cin >>h;
    if(h>=141.2)  cout <<"A" <<endl;
    else if(h>=135.4)  cout <<"B" <<endl;
    else if(h>=129.6)  cout <<"C" <<endl;
```

```
    else  cout <<"D" <<endl;
    return 0;
}
```

  **练习 3：巧虎机器人（初级版）**

【题目描述】

巧虎机器人位于一个网格状的地图上，如图 10.4 所示。

已知巧虎机器人的位置 $(x, y)$，$x$ 表示行，$y$ 表示列。巧虎机器人可以接收到指令 N、E、S、W，分别表示向北（North）、东（East）、南（South）、西（West）走一个方格。

【输入描述】

输入数据占一行，为两个整数 $x$、$y$ 和一个字符 $c$（取值为 N、E、S、W），用空格隔开。假设地图很大，输入数据也保证巧虎机器人不会出边界。

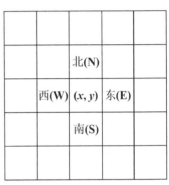

图 10.4　巧虎机器人

【输出描述】

输出占一行，为两个整数，用空格隔开，表示巧虎机器人执行收到的指令后的行和列。

| 【样例输入 1】 | 【样例输出 1】 |
| --- | --- |
| 2 3 E | 2 4 |

| 【样例输入 2】 | 【样例输出 2】 |
| --- | --- |
| 2 3 N | 1 3 |

【分析】

switch 语句中圆括号内的表达式的值不仅可以是整型，也可以是字符型。在本题中，需要根据输入的表示方向的字符（N、E、S、W），执行不同的语句，也可以用 switch 语句实现。

此外，本题还涉及网格状地图的处理。迷宫、棋盘往往是 $n$ 行 $m$ 列规则的网格状地图，教室的座位往往也排成规则的行和列。地图中每一个格子称为一个方格。可以用 $(r, c)$ 表示网格中一个方格的坐标，$r$ 表示行（row），$c$ 表示列（column）；或用 $(x, y)$ 表示，$x$ 表示行，$y$ 表示列。网格中一个位置 $(x, y)$ 的四个相邻位置的坐标如下。

（1）上，$(x-1, y)$，即行坐标要减 1，列坐标不变。

（2）右，$(x, y+1)$，即行坐标不变，列坐标要加 1。

（3）下，$(x+1, y)$，即行坐标要加1，列坐标不变。

（4）左，$(x, y-1)$，即行坐标不变，列坐标要减1。

代码如下。

```cpp
#include <bits/stdc++.h>
using namespace std;
int main( )
{
    int x, y;  char c;
    cin >>x >>y >>c;
    switch(c){
        case 'N':  x--;  break;  //北 (North)
        case 'E':  y++;  break;  //东 (East)
        case 'S':  x++;  break;  //南 (South)
        case 'W':  y--;  break;  //西 (West)
    }
    cout <<x <<" " <<y <<endl;
    return 0;
}
```

## 10.9 计算机小知识：C++的版本

同学们，我们在洛谷上提交代码时，可以选择不同的C++版本，如图10.5所示。C++语言为什么还有版本之分呢？

实际上，一门编程语言不是一成不变的，而是在不断发展的，它会借鉴其他编程语言的一些优良特性。当一门编程语言发展到一定阶段后，就需要进行标准化，以形成一个稳定的版本。

图 10.5　提交代码时可以选择C++的版本

C++语言的标准化工作由标准化组织ISO/IEC负责，每个版本都有一个对应的国际标准。以下是C++语言的几个重要版本及其变迁。

C++98：该版本于1998年发布，是第一个国际标准化的C++版本。它包括了C++语言的基本特性和标准库。

C++11：该版本于2011年发布，引入了许多新特性，如自动类型推导、Lambda表达式、智能指针等。这些特性提供了更便捷、更安全的编程方式。

C++14：该版本于2014年发布，对C++11进行了一些细微的改进，如更强大的类型推导、二进制字面值等。

C++17：该版本于2017年发布，引入了许多新特性，如结构化绑定、折叠表达式、并行算法等。它还对语言和标准库进行了一些改进和扩展。

C++20：该版本于2020年发布，引入了许多新特性，如概念、协程、基于范围的for循环等。它进一步扩展了C++语言的功能和灵活性。

除了以上几个版本外，C++还在不断发展和演进。每个新版本都会对C++语言进行改进和扩展，以满足不断变化的编程需求。

需要注意的是，一些来源于C语言且在C++里曾经被使用过的函数在新的版本中不再允许被使用，如gets函数在C++11开始被废弃，并在C++11之后的C++标准中被移除。

## 10.10 总结

本章需要记忆的知识点如下。

（1）多分支if语句的格式如下。

if (表达式1) 语句1

else if (表达式2) 语句2

else if (表达式3) 语句3

…

else if (表达式m) 语句m

else 语句m +1

（2）switch语句的格式如下。

switch ( 表达式 )

{

    case 常量表达式1：语句1

    case 常量表达式2：语句2

    …

    case 常量表达式n：语句n

    default：语句n+1

}

# 第 11 章
## 知道要反复执行多少次 ——for 循环

```
int s = 0;
int n; cin >>n;
for(int i=1; i<=n; i++)
    s = s + i;
```

## 主要内容

- 介绍循环的概念。
- 介绍 for 循环的用法。
- 介绍数列的概念以及相关问题。
- 介绍用程序实现数学上的递推。

**11.1** 循环就是重复

又到周五了。每到周五，抱一总是不由自主地想起周末要上的编程课。爸爸说，从这周开始要学循环了，**循环就是重复**。可是，到底是怎样重复的呢？

上午大课间做广播体操的时候，第三套全国小学生广播体操《七彩阳光》的旋律在操场上空响起。预备节过后是伸展运动，抱一惊讶地发现，伸展运动的8个八拍，是4个八拍重复了2次。

放学回家，过马路的时候，抱一又发现，马路边控制行人通行的红绿灯是按"红灯、绿灯"两个步骤不停地切换，这不也是循环吗？

吃过晚饭，休息了一会儿，抱一和致柔想在小区踢球，可是足球气压不够，需要打气。爸爸用打气筒打了20下。抱一试了一下，气压够了，于是开心地和致柔去踢球了。

踢完球回来，抱一想了一下，刚才爸爸给足球打气打了20下，也是重复的动作呀。

由于循环结构和选择结构都包含条件判断，要注意区分这两种结构的流程图。在"给足球打气"的例子中，重复打20下，如图11.1（a）所示，只要条件满足，就会一直重复执行下去，直至条件不成立，这是循环结构。而在图11.1（b）中，判断"足球气压够不够"，如果不够，给足球打气，然后整个程序控制结构就结束了；如果气压够，不执行任何操作；这是选择结构。

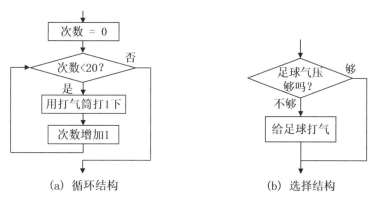

图11.1　给足球打气

 **11.2** 循环结构

程序中重复执行的步骤要用**循环结构**实现。重复执行的若干个步骤是一个整体，称为**循环体**。

在C++语言中，有以下两种循环。

（1）如果明确知道要重复多少次，适合用**for循环**实现。

（2）如果不知道要重复多少次，而是根据一个条件来决定是否继续重复执行，适合用**while循**

环或 **do-while 循环**实现，将在下一章介绍。

## 11.3 数列及相关问题

一般地，我们把按照确定的顺序排列的一列数称为**数列**，数列中的每一个数叫作这个数列的**项**。数列的第一个位置上的数叫作这个数列的第 1 项（通常也叫作首项），第二个位置上的数叫作这个数列的第 2 项，依次类推，第 $n$ 个位置上的数叫作这个数列的第 $n$ 项。

数列的例子如下。

$1, 2, 3, \cdots, n, \cdots$

$1, 3, 5, 7, 9, \cdots, 2n-1, \cdots$

$1, 2, 4, 8, 16, 32, 64, 128, \cdots, 2^n, \cdots$

**等差数列**是指从第 2 项起，每一项与它的前一项的差都等于同一个常数的一种数列。这个常数叫作等差数列的公差，公差通常用 $d$ 表示。例如，$1, 3, 5, 7, 9, \cdots, 2n-1$ 就是一个等差数列，公差 $d$ 为 2。所谓"等差"，就是后一个数减前一个数得到的差是相等的。

**等比数列**是指从第 2 项起，每一项与它的前一项的比值（就是后一个数除以前一个数得到的商）等于同一个常数的一种数列。这个常数叫作等比数列的公比，公比通常用字母 $q$ 表示（$q \neq 0$）。等比数列的首项 $a_1 \neq 0$。例如，$1, 2, 4, 8, 16, 32, 64, 128, \cdots$，就是一个等比数列，公比 $q$ 为 2。所谓"等比"，就是后一个数跟前一个数的比值是相等的。

数列相关问题包括求数列的第 $n$ 项、数列前 $n$ 项和。

（1）根据数列各项的规律，由已知的第 1 项（或第 1、2 项等），推算出第 $n$ 项的值。

（2）求数列前 $n$ 项和 $S_n = a_1 + a_2 + \cdots + a_n$，$a_i$ 为数列中的项。

## 11.4 在程序中实现数学上的递推

**递推**是指从已知的初始条件出发，依据某个关系式，逐次推出所要求的各个中间结果及最后结果。例如，在等比数列中，已知首项 $a_1$ 和公比 $q$，后一项是前一项的 $q$ 倍，由此可得 $a_2 = a_1 \times q$，$a_3 = a_2 \times q$，$a_4 = a_3 \times q$，...，$a_{n+1} = a_n \times q$，从而可以求出等比数列的任意一项。

但是这种递推在程序实现时面临一个现实的困难：在程序中不可能定义这么多变量，$a1$, $a2$, $a3$, $\cdots$, $an$。借助本章学的循环和变量的值具有"以新冲旧"的特点，只需要定义很少的变量就能递推出很多项。

注意，本章及后续章节很多案例都涉及在程序中实现数学上的递推。

# 11.5 案例1：输出广播体操的口令

【题目描述】

输出广播体操一节八拍的口令。

【分析】

一节八拍的口令，每拍前面的口令从"一"到"八"依次递增，后面的口令都是一样的，为"二三四五六七八"。这里用阿拉伯数字代替汉字数字。注意，每拍前面的数字是变化的，从1变化到8，用整型变量 $i$ 表示，变量 $i$ 其实是循环中的循环变量；后面的"2345678"可以以数字字符串的形式输出，也可以输出整数2345678。

本题明确知道要重复执行8次，所以用for循环来实现。代码如下。

```
#include <bits/stdc++.h>
using namespace std;
int main( )
{
    for(int i=1; i<=8; i++)              //i是循环变量
        cout <<i <<"2345678" <<endl;
    return 0;
}
```

该程序的输出结果如下。

```
12345678
22345678
32345678
42345678
52345678
62345678
72345678
82345678
```

## for 循环

for语句的一般格式如下。

**for( 表达式1; 表达式2; 表达式3)**

　　**循环体语句**

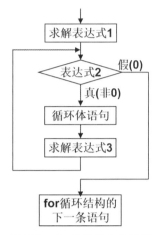

注意，如果循环体包含多条代码，则需要用花括号括起来。

它的执行过程如下（见图11.2）。

（1）先求解表达式1。

（2）对表达式2进行判断，若其值为真（值为非0），则执行for语句的循环体语句，然后执行第（3）步。若为假（值为0），则结束循环，转到第（5）步。

（3）求解表达式3。

（4）转回第（2）步继续执行。

（5）循环结束，继续执行for循环下面的语句。

在使用for循环语句时，一定要注意for语句的4个部分（3个表达式和循环体语句）的执行顺序和次数。例如，表达式1最先执行，且只执行一次；循环体语句先于表达式3执行。

图 11.2　for循环结构流程图

## 循环变量

在循环里，有一种变量，它的值在每次循环后都会发生变化，而且往往通过这种变量控制循环执行次数，这种变量称为循环变量。例如，在案例1中，变量 $i$ 就是循环变量。

## for循环常用的格式

for循环很灵活，有很多种写法。但是for循环最简单也是最容易理解的，其格式如下。

**for( 循环变量赋初始值；循环条件；修改循环变量 )**

　　**循环体语句**

## 11.6　案例2：求1+2+3+…+ $n$（1）

【背景知识】

德国著名数学家高斯在上小学时，老师出了一道难题：把1到100的整数写下来，然后把它们加起来。

不一会儿，高斯就给出了答案：5050。老师吃了一惊。高斯解释他是如何计算的：$1 + 100 = 101$，$2 + 99 = 101$，$3 + 98 = 101$，…，$49 + 52 = 101$，$50 + 51 = 101$，一共有50对和为101的数，所

以答案是 $50 \times 101 = 5050$。

在本题中，我们不采用高斯的方法，而是利用计算机强大的计算能力直接把 $1 + 2 + 3 + \cdots + n$ 算出来。

【题目描述】

输入正整数 $n$ 的值，求 $1 + 2 + 3 + \cdots + n$ 的结果并输出。

【输入描述】

输入占一行，为正整数 $n$ 的值，$1 \le n \le 10000$。

【输出描述】

输出占一行，为 $1 + 2 + 3 + \cdots + n$ 的结果。

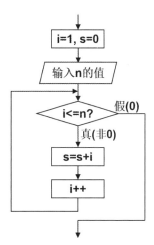

| 【样例输入】 | 【样例输出】 |
| --- | --- |
| 100 | 5050 |

【分析】

本题要求 $1 + 2 + 3 + \cdots + n$，只需反复把 $i$ 的值加起来，$i$ 从 1 变化到 $n$，可以用 for 循环实现，其流程图如图 11.3 所示。代码如下。

图 11.3　用 for 循环实现累加的流程图

```
#include <bits/stdc++.h>
using namespace std;
int main( )
{
    int i = 1, s = 0;   //i是循环变量，s是求和的变量
    int n; cin >>n;
    for( ; i<=n; i++)   // 循环变量可以在循环前初始化，表达式1可以省略，但分号不能省
        s = s + i;
    cout <<s <<endl;
    return 0;
}
```

注意，**在循环里定义的变量，不能在循环外使用**。在本题中，由于在 for 循环后面要输出 $s$ 的值，因此必须在 for 循环前定义变量 $s$，不能在 for 循环的表达式 1 中定义变量 $s$。

## 11.7　案例 3：求阶乘

【背景知识】

同学们，你们能求出以下乘积吗？

$1 \times 2$

$1 \times 2 \times 3$

$1 \times 2 \times 3 \times 4$

$1 \times 2 \times 3 \times 4 \times 5$

观察以上乘积，有什么规律？

在数学上，对一个正整数 $N$，$N$ 的**阶乘**，记为 $N!$，定义为 $N! = 1 \times 2 \times 3 \times \cdots \times N$。

【题目描述】

输入正整数 $N$，求 $N$ 的阶乘。

【输入描述】

输入占一行，为一个正整数 $N$，$1 \leqslant N \leqslant 20$。

【输出描述】

输出占一行，为求得的 $N!$。

| 【样例输入1】 | 【样例输出1】 |
|---|---|
| 5 | 120 |

| 【样例输入2】 | 【样例输出2】 |
|---|---|
| 20 | 2432902008176640000 |

【分析】

阶乘增长很快，13! 就已经超出了 int 的范围，20 以内的阶乘可以用 long long 型存储。求 $N!$ 只需把 $1 \sim N$ 乘起来，可以用 for 循环很容易地实现。本题用变量 $F$ 来表示阶乘的值。注意，$F$ 的初始值必须设置为 1。代码如下。

```cpp
#include <bits/stdc++.h>
using namespace std;
int main( )
{
    int N;  cin >>N;
    long long F = 1;                    // F 的初始值必须设置为 1
    for(int i=1; i<=N; i++)
        F = F*i;
    cout <<F <<endl;
    return 0;
}
```

【解析】

在本题中，如果输入的 $N$ 为 5，则 for 循环的执行过程如表 11.1 所示。

表11.1 "求阶乘"的for循环执行过程

|  | 循环前 $F$ 的值 | 循环前 $i$ 的值 | 循环后 $F$ 的值 | 执行表达式3后 $i$ 的值 |
|---|---|---|---|---|
| 第1轮循环 | 1 | 1 | 1 | 2 |
| 第2轮循环 | 1 | 2 | 2 | 3 |
| 第3轮循环 | 2 | 3 | 6 | 4 |
| 第4轮循环 | 6 | 4 | 24 | 5 |
| 第5轮循环 | 24 | 5 | 120 | 6 |

如表11.1所示,每次执行循环体 $F = F*i$ ,在 $F$ 原来值的基础上乘以 $i$ ,最终 $F=1×2×3×\cdots×N$ 。最后, $i$ 的值增长到6,循环条件 $i<=N$ 不成立,结束循环。

## 11.8 练习1:求 $n$ 个数的和

【题目描述】

输入 $n$ 个整数,求它们的和。

【输入描述】

输入占两行,第一行为一个正整数 $n$ , $3 \le n \le 1000$ 。

第二行为 $n$ 个整数,用空格隔开。

【输出描述】

输出占一行,为求得的答案。答案不超过int型范围。

| 【样例输入】 | 【样例输出】 |
|---|---|

```
10                                      1164
79 -8 66 102 712 90 8 13 -55 157
```

【分析】

在本题中,输入一个个整数,并把它们加起来,所以需要用循环实现。但是整数的个数( $n$ 的值)是一个变量,循环该怎么写呢?实际上, $n$ 虽然是一个变量,但只要 $n$ 的值输入后, $n$ 的值就是确定的,当然可以用循环实现,而且用for循环更方便。代码如下。

```cpp
#include <bits/stdc++.h>
using namespace std;
int main( )
{
    int n, a, s = 0;          //s:求和的变量
```

```
    cin >>n;
    for(int i=1; i<=n; i++){  // 输入 n 个数并求和
        cin >>a;              // 循环体有多条语句，必须用花括号括起来
        s = s + a;
    }
    cout <<s <<endl;
    return 0;
}
```

## 11.9 练习2：求1 ~ $n$ 范围内3的倍数的和

【题目描述】

求1～$n$范围内3的倍数的和。

【输入描述】

输入占一行，为一个正整数$n$，$1 \leqslant n \leqslant 1000$。

【输出描述】

输出占一行，为求得的3的倍数和。

| 【样例输入1】 | 【样例输出1】 |
|---|---|
| 20 | 63 |

| 【样例输入2】 | 【样例输出2】 |
|---|---|
| 100 | 1683 |

【分析】

3的倍数构成数列3, 6, 9, 12, 15,…，而且这个数列是一个等差数列，公差是3。本题其实就是要求该数列前面若干项的和，最后一项不超过$n$。定义变量$an$表示这个数列中的每一项，$an$的初始值为3。每次把$an$的值加起来之后，通过$an = an + 3$，就可以递推出下一项。注意，本题不是要循环$n$次，而是要保证$an <= n$，因此循环条件是$an <= n$。代码如下。

```
#include <bits/stdc++.h>
using namespace std;
int main( )
{
    int n;  cin >>n;
```

```
int an = 3,  s = 0;    // an 表示第 n 项, s 表示求得的和
for( ; an<=n; an+=3)  // 表达式 1 空缺, 但分号不能省略
    s = s + an;
cout <<s <<endl;
return 0;
}
```

在本题中, 如果输入的 n 为 20, 则 for 循环的执行过程如表 11.2 所示。

表 11.2 "求 3 的倍数的和"的 for 循环执行过程

|  | 循环前 s 的值 | 循环前 an 的值 | 循环后 s 的值 | 执行表达式 3 后 an 的值 |
|---|---|---|---|---|
| 第 1 轮循环 | 0 | 3 | 3 | 6 |
| 第 2 轮循环 | 3 | 6 | 9 | 9 |
| 第 3 轮循环 | 9 | 9 | 18 | 12 |
| 第 4 轮循环 | 18 | 12 | 30 | 15 |
| 第 5 轮循环 | 30 | 15 | 45 | 18 |
| 第 6 轮循环 | 45 | 18 | 63 | 21 |

如表 11.2 所示, 最后一轮循环 (第 6 轮循环) 加到变量 s 里的 an 值是 18, 此时 s 的值为 63, 执行表达式 3 后 an 的值递增到 21, 因此下一次判断循环条件时不成立, 退出 for 循环。

## 11.10  练习 3: 求数列前 n 项和

【题目描述】

数列的第 1 项为 81, 此后各项均为它前一项的正平方根, 统计并输出该数列前 n 项之和。保留小数点后 6 位数字。

【输入描述】

输入占一行, 为一个正整数 n, 5 ≤ n ≤ 30。

【输出描述】

输出占一行, 为求得的答案。

【样例输入】                    【样例输出】

5                                96.048125

【分析】

该数列前5项依次为81、9、3、1.732051、1.316074。在本题中，需要累加该数列前 $n$ 项的和，但并不需要定义多个变量来表示每一项，只需要定义一个变量 $an$，初始时表示第1项，累加 $an$ 当前的值后，利用 $an$ 递推到下一项，直至前 $n$ 项累加完毕。

代码如下。

```cpp
#include <bits/stdc++.h>
using namespace std;
int main( )
{
    double an = 81, s = 0;                    //an 数列的每一项，s 为前 n 项和
    int n;   cin >>n;
    for( int i=1; i<=n; i++ ){               // 累加前 n 项和
        s += an;
        an = sqrt( an );
    }
    cout <<fixed <<setprecision(6) <<s <<endl;
    return 0;
}
```

在本题中，如果输入的 $n$ 为5，则for循环的执行过程如表11.3所示。

表11.3 "求数列前 $n$ 项和"的for循环执行过程

|  | 循环前 $s$ 的值 | 循环前 $an$ 的值 | 循环后 $s$ 的值 | 执行表达式3后 $an$ 的值 |
|---|---|---|---|---|
| 第1轮循环 | 0.000000 | 81.000000 | 81.000000 | 9.000000 |
| 第2轮循环 | 81.000000 | 9.000000 | 90.000000 | 3.000000 |
| 第3轮循环 | 90.000000 | 3.000000 | 93.000000 | 1.732051 |
| 第4轮循环 | 93.000000 | 1.732051 | 94.732051 | 1.316074 |
| 第5轮循环 | 94.732051 | 1.316074 | 96.048125 | 1.147203 |

## 11.11 计算机小知识：计算机的运算速度有多快

同学们，计算机的运算速度非常快，适合做重复性的工作。本章学习的循环，就是充分利用计算机的这个特点，把程序中重复的步骤用循环实现。那么计算机1秒能执行多少次运算呢？

衡量1台计算机的运算速度主要有以下单位。

（1）Hertz（赫兹，Hz）。赫兹是指每秒钟发生的周期性事件的次数。例如，风扇每秒钟转1圈，

就是1赫兹。在计算机中，赫兹常用来表示处理器（CPU）的时钟频率，即每秒钟处理器振荡的次数。例如，1 GHz表示处理器每秒钟可以进行$10^9$（十亿）次振荡，即$10^9$次计算。

（2）FLOPS（每秒浮点运算次数）。FLOPS是指每秒钟能够进行的浮点运算次数。浮点运算是一种涉及小数的数值计算，经常用于科学计算等领域。在高性能计算领域常使用FLOPS来度量计算机的运算速度。例如，1 TFLOPS表示每秒钟能够进行$10^{12}$（一万亿）次浮点运算。

（3）MIPS（每秒百万条指令数）。MIPS是指每秒钟能够执行的百万条指令数。指令是计算机程序中的基本操作单位，每个指令都需要处理器执行相应的操作。1 MIPS表示每秒钟能够执行$10^6$（百万）条指令。

以上单位只是描述计算机运算速度的一些常见指标，实际上计算机性能的评估涉及多个方面，如存储速度、网络带宽等。

目前，超级计算机的运算速度可以达到每秒亿亿次运算。例如，我国研制的"神威·太湖之光"超级计算机，安装了40960个处理器，其运算速度最快可达每秒12.5亿亿次。

家用电脑CPU的时钟频率一般是1～3GHz。1 GHz就是每秒十亿次运算，如果每次运算能完成两个浮点操作，每秒就能完成二十亿次浮点操作，就是2 GFLOPS。如果是双核CPU，时钟频率是2.5 GHz，理论上能达到每秒50亿次运算，大约是上百亿次浮点操作。

## 11.12  总结

本章需要记忆的知识点如下。

（1）循环就是重复。如果一个算法流程包含了重复的步骤，就需要用循环实现。要重复执行的若干个步骤是一个整体，称为循环体。

（2）for循环适用于知道要循环多少次的情形。

（3）for循环的语法格式一般如下。

**for( 表达式1; 表达式2; 表达式3)**

　　**循环体语句**

# 第 12 章

## 依条件而循环——
## while 循环和 do-while 循环

```
int i = 1, s = 0;
int n; cin >>n;
while(i<=n){
    s = s + i;  i++;
}
```

## 主要内容

- 介绍 C++ 语言另外两种循环——while 循环和 do-while 循环。
- 介绍永真循环的概念。

**12.1 给足球打气的两种方式**

周五放学回家，吃过晚饭，抱一和致柔又想去小区踢球。上周五爸爸给足球打了气。过了一周，足球的气压又有一点点不够了。这次爸爸给足球打气很小心，先用手指按了一下，发现气压差一点点，于是打一下气；打完又按了一下，还是差一点点，又打一下气，如此反复，直到足球的气压够了才停下来。

抱一发现，这次给足球打气，和上次给足球打气 20 下，虽然都是重复打气的动作，但方式不一样。上次给足球打气 20 下，明确要重复 20 次，这对应 for 循环，如图 12.1（a）所示。这次打气，由于不知道要打多少下，每次都是先按一下，看气压够不够，不够再打一下，如图 12.1（b）所示。也就是说，每次打气时根据一个条件判断一下，如果条件满足，才重复执行打气的动作，直到条件不满足为止，这对应 while 循环。

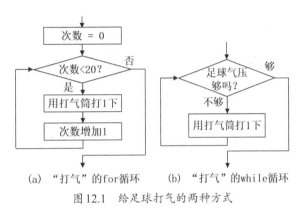

(a) "打气"的 for 循环    (b) "打气"的 while 循环

图 12.1　给足球打气的两种方式

 **12.2 while 循环和 do-while 循环**

在 C++ 语言中，除了 for 循环，还有另外两种循环——while 循环和 do-while 循环。注意，在实际应用中 do-while 循环几乎不用，因此了解即可。

1. while 循环

while 循环的一般形式如下。

**while（表达式）**
　　**循环体**

其执行过程是：如果充当条件判断的表达式为真（非 0），执行循环体语句；循环体执行完后又返回到循环条件判断处；如果循环条件仍然成立，重复上述过程；如果循环条件不成立，则整个循环结构执行完毕，其流程图如图 12.2 所示。

2. do-while 循环语句

do-while 循环语句的一般形式如下。

**do**

　　**循环体**

**while (表达式);**　　//注意，这里的分号不可省略

　　注意：do-while循环在while (表达式)后面要加分号，while循环则不能加分号。

　　其执行过程是：先执行一次循环体语句，然后判别充当条件判断的表达式；如果表达式为真（非0），返回重新执行循环体语句，如此反复，直到表达式的值等于0为止，此时循环结束，其流程图如图12.3所示。

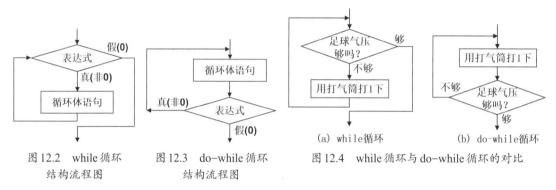

　　图12.2　while循环　　　　图12.3　do-while循环　　　图12.4　while循环与do-while循环的对比
　　　　　结构流程图　　　　　　　结构流程图

　　这里以"给足球打气"为例对while循环和do-while循环做个简单的对比。打气一般有两种习惯：先检查（气压够不够）再打气；或先打气再检查。"先检查再打气"的方式总是先判断足球气压够不够，如果不够，则用打气筒打一下，相当于while循环，如图12.4（a）所示。而"先打气再检查"的方式是先打气，然后判断足球气压够不够，如果不够，则再打一次气，相当于do-while循环。do-while循环的逻辑有时是不合理的。比如在打气的例子中，如果一开始足球的气压已经很足了，按照do-while循环的逻辑总是要打一次气。

　　【思考】

　　while循环和do-while循环在什么情况下效果是一样的？在什么情况下，do-while循环是不合理的？

 ## 12.3　永真循环、死循环

　　while循环是根据某个条件来判断是否要继续循环下去的，如果这个条件为true，则继续执行下去。但是，如果这个条件永远为true呢？很不幸，这种循环永远都不会结束，因此，我们称之为**永真循环**或**死循环**。

　　注意，永真循环（或死循环）不是while循环特有的；在for循环中，如果循环条件一直成立，也会陷入死循环。

　　例如，在以下案例1中，如果把while循环体里的"*i*++"这行代码注释掉，则因为*i*的值不会发

生改变，一直为初始值1，从而 $i <= n$ 这个循环条件永远成立，这个程序永远不会结束，除非强行终止或关闭运行窗口。

但有的时候，我们可以在while循环里设置break语句，使程序在满足某个条件时退出while循环，详见第14章中的案例。所以，永真循环可以用，但要谨慎使用。

 ## 12.4 案例1：求1+2+3+…+$n$（2）

【题目描述】

输入正整数$n$的值，求1+2+3+…+$n$的结果并输出。

【输入描述】

输入占一行，为正整数$n$的值，$1 \leqslant n \leqslant 10000$。

【输出描述】

输出占一行，为1+2+3+…+$n$的结果。

| 【样例输入】 | 【样例输出】 |
| --- | --- |
| 100 | 5050 |

【分析】

本题需要把1, 2, 3, …的值加起来，我们可以用一个变量$i$来代表需要求和的数。$i$的初始值为1，每次递增1，这样$i$的值就是1, 2, 3, …，然后把$i$的值加起来。用while循环实现时，$i$就是循环变量，需要在while循环前面设置$i$的初始值为1；在循环体里，每次循环，$i$的值都会递增1；循环条件就是 $i <= n$。

用while循环和do-while循环实现的代码如下，流程图分别如图12.5和图12.6所示。

while循环代码如下。

```
#include <bits/stdc++.h>
using namespace std;
int main( )
{
    int i = 1, s = 0;   // 循环变量初始化
    int n; cin >>n;
    while(i<=n){
        s = s + i;
        i++;   // 改变循环变量的值
    }
    cout <<s <<endl;
```

图12.5 用while循环实现累加的流程图

```
        return 0;
}
```

do-while循环代码如下。

```
#include <bits/stdc++.h>
using namespace std;
int main( )
{
    int i = 1, s = 0;
    int n; cin >>n;
    do{
        s = s + i;
        i++;
    }while(i<=n);
    cout <<s <<endl;
    return 0;
}
```

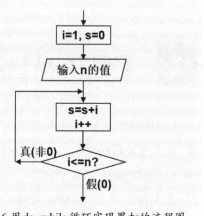

图12.6 用do-while循环实现累加的流程图

### while循环和for循环对比

while循环和for循环其实是等价的，也就是说，能用for循环求解的问题，肯定也能用while循环实现，反之亦然。但是for循环更简洁，而在用while循环时，往往要在循环前给循环变量赋初始值，且要修改循环体内循环变量的值，如表12.1所示，因此while循环的循环体往往不止一行代码，需要用花括号括起来。

表12.1　for循环和while循环的对比

| for循环 | while循环 |
| --- | --- |
| for ( 循环变量赋初始值 ; 循环条件 ; 修改循环变量 )<br>　循环体语句 ; | 循环变量赋初始值 ;<br>while ( 循环条件 ){<br>　循环体语句 ;<br>　修改循环变量 ;<br>} |

## 12.5 案例2：前 $n$ 项和超过 $m$

【背景知识】

我们可以用for循环或while循环计算 $1 + 2 + 3 + \cdots + n$，当 $n$ 为100时，结果为5050。现在我们

想知道，给定一个值，如10000，$1 + 2 + 3 + \cdots + n$，求加到第几项会达到或超过10000？

【题目描述】

输入一个正整数$m$，记$s = 1 + 2 + 3 + \cdots + n$，求加到第几项时，$s$的值会达到或超过$m$（$s \geq m$）？对输入的$m$值，本题要求解的是前$n$项和$s$首次达到或超过$m$时的$n$和$s$。

【输入描述】

输入占一行，为一个正整数$m$，$10 \leq m \leq 1000000$。

【输出描述】

输出占一行，为求得的$n$和$s$，用空格隔开。

| 【样例输入1】 | 【样例输出1】 |
|---|---|
| 30 | 8 36 |

| 【样例输入2】 | 【样例输出2】 |
|---|---|
| 10000 | 141 10011 |

【分析】

在本题中，加到多少项$s$才会达到或超过$m$，事先不知道，只能不断累加，直到$s \geq m$，因此要用while循环实现。循环条件是$s < m$，当退出循环时$s$首次达到或超过$m$。在循环里把循环变量$i$的值累加到$s$中。代码如下。

```cpp
#include <bits/stdc++.h>
using namespace std;
int main( )
{
    int s = 0, i = 1;
    int m;  cin >>m;
    while(s<m){
        s += i;
        i++;
    }
    cout <<i-1 <<" " <<s <<endl;    // 循环结束时，i 多加了 1，所以要减 1
    return 0;
}
```

【解析】

在本题中，如果输入的$m$为30，则while循环的执行过程如表12.2所示。

表12.2 "前 $n$ 项和超过 $m$" 的 while 循环执行过程

|  | 循环前 $s$ 的值 | 循环前 $i$ 的值 | 循环后 $s$ 的值 | 循环后 $i$ 的值 |
|---|---|---|---|---|
| 第1轮循环 | 0 | 1 | 1 | 2 |
| 第2轮循环 | 1 | 2 | 3 | 3 |
| 第3轮循环 | 3 | 3 | 6 | 4 |
| 第4轮循环 | 6 | 4 | 10 | 5 |
| 第5轮循环 | 10 | 5 | 15 | 6 |
| 第6轮循环 | 15 | 6 | 21 | 7 |
| 第7轮循环 | 21 | 7 | 28 | 8 |
| 第8轮循环 | 28 | 8 | 36 | 9 |

如表12.2所示，最后加到变量 $s$ 里的 $i$ 值是8，此时 $s$ 的值为36，因此下一次循环不会执行；退出 while 循环时 $i$ 的值为9，因此最后加进来的数是 $i-1$。

**理解循环条件和循环变量的终值**

（1）题目要求的是 $s$ 达到或超过 $m$，言下之意是"只要 $s$ 小于 $m$ 就循环下去"，因此循环条件是 $s < m$。

（2）循环结束时，循环变量 $i$ 多加了1，所以正确的 $i$ 值要减1。

## 12.6 案例3：输出整数的每一位数

【题目描述】

输入一个正整数，逆序输出每一位数字。

【输入描述】

输入占一行，为一个正整数 $n$。

【输出描述】

输出占一行，按相反的顺序输出每一位数字，数字之间用空格隔开。

| 【样例输入】 | 【样例输出】 |
|---|---|
| 4315 | 5 1 3 4 |

【分析】

所谓逆序，就是按相反的顺序，先输出个位上的数字，再输出十位上的数字……

前面学过，一个正整数对10取余，得到的是个位；除以10，位数少一位（个位没有了）。反复进行这样的处理，就可以取得每一位数字，顺序刚好是题目要求的"逆序"。

假设输入的是4位数，如4315，反复先对10取余(得到的就是当前的个位)并输出，再除以10，这样每轮循环后剩下的数依次为431、43、4、0，当剩下的数为0时，结束while循环。这里最先得到的是个位，其次是十位，也就是按相反的顺序输出每一位的数字。

代码如下。

```cpp
#include <bits/stdc++.h>
using namespace std;
int main( )
{
    int n;  cin >>n;
    while(n > 0){
        cout <<n%10 <<" ";        // n%10 为取余数，即取得现在的个位
        n = n/10;                 // 不保留小数的除法
    }
    cout <<endl;
    return 0;
}
```

【解析】

在本题中，如果输入的 n 为4315，则while循环的执行过程如表12.3所示。

表12.3 "取整数的每一位数"的while循环执行过程

|  | 循环前 n 的值 | n%10 的值 | 循环后 n 的值 |
|---|---|---|---|
| 第1轮循环 | 4315 | 5 | 431 |
| 第2轮循环 | 431 | 1 | 43 |
| 第3轮循环 | 43 | 3 | 4 |
| 第4轮循环 | 4 | 4 | 0 |

## 取一个正整数的每一位数字

如上面的解析所示，输入的正整数 n 为4315，采用**"反复对10取余再除以10"**的方法，n 依次变化为431 → 43 → 4 → 0，此后循环条件不成立，循环结束。

通过循环反复取一个正整数的每一位数字，有点像通过拉杆挂钩吃到桶装薯片中的薯片。如图12.7所示，每次都只吃最上面的薯片，吃完一片，通过拉杆，把下面的薯片拉上来，直到吃完每一片薯片。

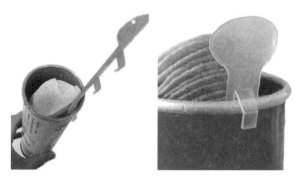

图 12.7　桶装薯片的拉杆挂钩

通过循环反复取一个正整数的每一位数字，也像砍甘蔗。一根很长的甘蔗削皮后，砍成一节节。每一节就相当于正整数的一位数字。

## 12.7　练习1: 数列1, 1, 2, 1, 2, 3, 1, 2, 3, 4,…的第$n$项

【题目描述】

求数列1, 1, 2, 1, 2, 3, 1, 2, 3, 4,…的第$n$项。

【输入描述】

输入占一行，为$n$的值，$1 \leqslant n \leqslant 10000$。

【输出描述】

输出占一行，为该数列第$n$项的值。

| 【样例输入】 | 【样例输出】 |
| --- | --- |
| 12 | 2 |

【分析】

本题求解的关键是要确定第$n$项是第几组的第几个数。如图12.8所示，该数列有这样的特点：它是由长度分别为1, 2, 3, 4, 5, 6,…的子数列构成的，长度为$j$的子数列为1, 2, 3, …, $j$。假设前面若干个完整的子数列总长度（数的个数）为$k$，则$k$的值分别为1, 1 + 2, 1 + 2 + 3, 1 + 2 + 3 + 4,…。

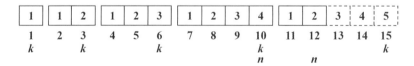

图 12.8　数列1, 1, 2, 1, 2, 3

对于输入的$n$值，第$n$项落在哪个子数列（落在哪一组），最后那个子数列一定满足：$k$首次大

于或等于 $n$。因此只需在 while 循环中通过累加 $1 + 2 + 3 + 4 + \cdots$ 求出 $k$ 的值，循环条件是 $k < n$，这样退出 while 循环时一定是 $k$ 首次大于或等于 $n$。

此外，当退出 while 循环时，如果 $k = n$，则第 $n$ 项就是最后一个完整子数列的最后一项，为 $j$，但由于 $j$ 在 while 循环会加 1，所以 $j$ 要减 1；否则，如果 $k > n$，则要减去多余的数，多余的数是 $k - n$，就是最后一个子序列 $1, 2, 3, \cdots, j - 1$ 还多了 $k - n$ 个数，因此答案是 $j - 1 - (k - n)$。实际上这两种情形的答案可以统一为 $j - 1 - (k - n)$，因为当 $k = n$ 时，$j - 1 - (k - n) = j - 1$。代码如下。

```cpp
#include <bits/stdc++.h>
using namespace std;
int main( )
{
    int n;  cin >>n;
    int j = 1,  k = 0;
    while(k < n){     // 退出 while 循环时 ,k==n 或 k>n
        k = k + j;    // k 是每个 j 值的累加
        j = j + 1;    // j = 1, 2, 3, ...
    }
    int ans;     // 本题的答案
    if(k==n)  ans = j - 1;
    else  ans = j-1 - (k - n);     // 要减去多余的数
    cout <<ans <<endl;
    return 0;
}
```

## 12.8 练习2：3的倍数（方法2，求各位和）

【题目描述】

输入一个正整数，判断是否为3的倍数。

【输入描述】

输入占一行，为一个正整数 $n$。

【输出描述】

如果 $n$ 是3的倍数，输出 yes，否则输出 no。

| 【样例输入】 | 【样例输出】 |
| --- | --- |
| 147869235 | yes |

【分析】

判断一个整数 $n$ 是否为3的倍数，最简单的方法就是将 $n$ 对3取余。此外，也可以采用数学上的方法实现，但比较麻烦。在数学上要判断一个整数是否为3的倍数，要把整数$n$的每一位数字的和求出来，如果这个和是3的倍数，则原整数就是3的倍数。而且，判断这个和是否为3的倍数，也是通过取余实现的。代码如下。

```cpp
#include <bits/stdc++.h>
using namespace std;
int main( )
{
    int n;  cin >>n;
    int s = 0;                  //统计每一位数字之和
    int t = n;                  //临时变量：如果不想改变n的值，可以借助临时变量
    while(t){
        s += t%10;  t = t/10;
    }
    if(s % 3 == 0)  cout <<"yes" <<endl;
    else  cout <<"no" <<endl;
    return 0;
}
```

 **倍数的判断**

注意，在数学上判断倍数比较麻烦，特别是当数比较大时，所以数学家总结出一些倍数的规律。例如，2、3、4、5的倍数具有以下规律。

2的倍数：个位是0、2、4、6、8。

3的倍数：每一位数字的和是3的倍数。例如，8502，$8+5+0+2=15$，所以8502是3的倍数。

4的倍数：末尾2位数是4的倍数。例如，85124是4的倍数，114就不是。

5的倍数：个位为0或5。

但是，在程序中判断一个数$a$是否为$b$的倍数，非常简单。不管$a$、$b$的值多大，只需要将$a$对$b$取余，并判断余数是否为0，当然$a$、$b$不能超出数据类型的范围。

## 12.9 练习3：等比数列第几项超过$m$

【题目描述】

输入一个等比数列的首项$a1$，公比$q$，求该数列的第几项超过（大于）$m$。

【输入描述】

输入占一行，为三个正整数 $a1$、$q$ 和 $m$，输入数据保证 $q > 1$, $m > a1$。

【输出描述】

输出占一行，为首次超过 $m$ 的这一项及它的序号。注意，首项 $a1$ 的序号为 1。

| 【样例输入】 | 【样例输出】 |
| --- | --- |
| 1 2 100 | 128 8 |

【分析】

用 $an$ 表示第 $n$ 项的值，其初始值为 $a1$，用 $n$ 代表 $an$ 的序号，其初始值为 1。循环条件是 $an<=m$，所以当循环结束时，一定是 $an$ 首次超过 $m$。代码如下。

```
#include <bits/stdc++.h>
using namespace std;
int main( )
{
    int a1, q, m, an, n;   //an:第 n 项, n:第 n 项的序号
    cin >>a1 >>q >>m;
    an = a1;  n = 1;
    while(an<=m){
        an = an*q;  n++;
    }
    cout <<an <<" " <<n <<endl;
    return 0;
}
```

注意，本题在输出 $n$ 时不能减 1，因为本题要求的是首次超过 $m$ 时的这一项和它的序号。

## 12.10 总结

本章需要记忆的知识点如下。

（1）while 循环的一般形式如下。

**while (表达式)**

**循环体**

（2）注意区分 while 循环和 for 循环。

（3）如果循环条件永远成立，循环永远不会结束，这种循环称为永真循环或死循环。永真循环要慎用。

# 第 13 章

## 一个结构套另一个结构——结构的嵌套

```
while(n > 0){
    n = n/2;
    if(n%2==1)  n--;
    day++;
}
```

## 主要内容

- 介绍在循环结构中嵌套分支结构，在分支结构中嵌套循环结构。
- 介绍计数器和累加器的概念。

**13.1** **俄罗斯套娃玩具——嵌套**

周五晚上，抱一做完作业，想起明天要上编程课。

抱一：爸爸，明天编程课学什么呀?

爸爸：明天编程课学程序控制结构的嵌套。

抱一：什么是嵌套呢?

爸爸：你玩过俄罗斯套娃玩具吗?

抱一：似乎没有玩过。

爸爸：那你上网搜索一下。

于是抱一打开电脑，上网搜索了一下，查到了俄罗斯套娃的资料，并朗读起来。

抱一：俄罗斯套娃是俄罗斯特产的木制玩具，一般由多个图案一样的空心木娃娃一个套一个组成，最多可达十多个，通常为圆柱形，底部平坦可以直立。颜色有红色、蓝色、绿色、紫色等，如图 13.1（a）所示。

抱一读完之后，突然想起，他的巧虎玩具里也有类似的套娃玩具，如图 13.1（b）所示。

（a）俄罗斯套娃　　　　　　　　　　　（b）巧虎红黄蓝套娃玩具

图 13.1　套娃玩具

爸爸：生活中还有很多嵌套的例子，比如网上购物，收到的商品被装在快递箱，打开之后才是商品的包装箱，所以快递箱嵌套了商品的包装箱。

抱一：哦，我懂了。

 **13.2** **程序控制结构的嵌套**

　　一个程序控制结构完整地包含另一个相同或不同的程序控制结构，称为**嵌套**。本章讲解在循环结构（for/while 循环）里嵌套分支结构，在分支结构里嵌套循环结构，如图 13.2 所示。

　　本章的一些案例，需要在循环结构里嵌套条件判断。为什么要嵌套呢? 因为在很多应用场合，要检查每个数据，需要用循环来实现；对每个数据，还要判断是否符合要求并统计个数或累加，需要用到条件判断，因此是循环结构里包含分支结构。

<table>
<tr>
<td>

```
(1)
while(条件1){
    ...
    if(条件2){
        ...
    }
    ...
}
```

</td>
<td>

```
(2)
for(表达式1; 表达式2; 表达式3){
    ...
    if(条件){
        ...
    }
    ...
}
```

</td>
</tr>
<tr>
<td>

```
(3)
if(条件1){
    ...
    while(条件2){
        ...
    }
    ...
}
```

</td>
<td>

```
(4)
if(条件){
    ...
    for(表达式1; 表达式2; 表达式3){
        ...
    }
    ...
}
```

</td>
</tr>
</table>

图 13.2　程序控制结构的嵌套

## 13.3　计数器和累加器

计数器和累加器其实都是一种变量。

**计数**就是统计个数。在程序中经常需要计数。一般需要专门定义一个变量，假设为 *cnt*，初始值一般为 0，*cnt* 是 count 的简写，每当找到一个符合要求的数据，*cnt* 就加 1。这种变量称为**计数器**。例如，统计某班学生中姓李的学生数量；统计一次考试后 90 分以上的成绩数量；某班级投票选班长，对每个候选人，在黑板上用"正"字统计票数。

**累加**就是把符合要求的数加起来。一般需要专门定义一个变量，假设为 *s*，初始值一般为 0，每当找到一个符合要求的数据，就把它加到 *s* 上。这种变量称为**累加器**。例如，乘坐电梯时统计所有乘客体重总和，统计一次考试后女生的成绩总和。

## 13.4　案例 1：吃苹果

【题目描述】

初始有 *n* 个苹果，*n* 为偶数，每天吃掉一半的苹果，如果剩下的苹果数是奇数，就再吃掉一个，问多少天能把苹果吃完？

【输入描述】

输入占一行，为一个小于10000的正整数 $n$，且 $n$ 为偶数，表示初始时的苹果数。

【输出描述】

输出占一行，为求得的天数。

| 【样例输入】 | 【样例输出】 |
|---|---|
| 100 | 6 |

【分析】

以样例输入数据为例，初始苹果数 $n$=100，第1天吃掉一半，剩余50个苹果。第2天吃掉一半，剩余25个，为奇数，再吃掉1个，剩余24个。第3天吃掉一半，剩余12个。第4天吃掉一半，剩余6个。第5天吃掉一半，剩余3个，为奇数，再吃掉1个，剩余2个。第6天吃掉一半，剩余1个，再吃掉1个，就把苹果吃完了。所以，需要吃6天。剩余的苹果数如表13.1所示。

表13.1　剩余的苹果数

| 初始苹果数 | 第1天剩余的苹果数 | 第2天剩余的苹果数 | 第3天剩余的苹果数 | 第4天剩余的苹果数 | 第5天剩余的苹果数 | 第6天剩余的苹果数 |
|---|---|---|---|---|---|---|
| 100 | 50 | 24 | 12 | 6 | 2 | 0 |

对输入的苹果数，要吃多少天不知道，但只要剩余苹果数大于0，就要继续吃下去，所以需要用while循环实现，循环条件就是"剩余苹果数 > 0"。在循环过程中用变量 $day$ 来记录天数。此外，每次循环，还要判断剩余苹果数是否为奇数，如果是，则还要再减1，这需要用if结构实现。因此，本题的程序是在while循环中嵌套了if语句。代码如下。

```
#include <bits/stdc++.h>
using namespace std;
int main( )
{
    int n, day = 0;              // 用变量 day 记录天数
    cin >>n;                     // 输入苹果数
    while(n > 0){
        n = n/2;                 //(1)
        if(n%2==1)   n--;        // 如果 n 为奇数，则再吃掉 1 个
        day++;                   //(2)
    }
    cout <<day <<endl;
    return 0;
}
```

【解析】

在本题中，如果输入的 $n$ 为100，则while循环的执行过程如表13.2所示。

表13.2 "吃苹果"的while循环执行过程

|  | 循环前 $n$ 的值 | 语句(1)执行后 $n$ 的值 | if语句执行后 $n$ 的值 | 语句(2)执行后 day 的值 |
|---|---|---|---|---|
| 第1轮循环 | 100 | 50 | 50 | 1 |
| 第2轮循环 | 50 | 25 | 24 | 2 |
| 第3轮循环 | 24 | 12 | 12 | 3 |
| 第4轮循环 | 12 | 6 | 6 | 4 |
| 第5轮循环 | 6 | 3 | 2 | 5 |
| 第6轮循环 | 2 | 1 | 0 | 6 |

 计数器

在上述程序中，变量 *day* 起到记录天数的作用，相当于一个计数器。很多程序都需要定义一个变量，专门用来统计符合条件的事物的数量，这种变量就是计数器。

## 13.5 案例2：求整数中非零数字的个数

【题目描述】

输入一个正整数，统计它每位数字中非零数字的个数。

【输入描述】

输入占一行，为一个正整数 $n$，$n \leqslant 100000000$。

【输出描述】

输出占一行，为求得的答案。

| 【样例输入】 | 【样例输出】 |
|---|---|
| 43015 | 4 |

【分析】

对输入的正整数（假设为43015），反复取个位再除以10，这样依次得到5、1、0、3、4这些数字，检查每一位数字是否非零，如果是则计数。代码如下。

```cpp
#include <bits/stdc++.h>
using namespace std;
```

```
int main( )
{
    int n;  cin >>n;
    int cnt = 0;            // 用来计数的变量
    int t = n;              // 临时变量
    while(t){
        if(t%10)  cnt++;
        t = t/10;
    }
    cout <<cnt <<endl;
    return 0;
}
```

## 13.6 案例3: 兔子问题——斐波那契数列（1）

【背景知识】

意大利数学家斐波那契（Leonardo Fibonacci）在他的名著《计算之书》（1202年）里提出了一个问题：假设1对刚出生的小兔一个月后就能长成大兔，再过一个月就能生下1对小兔，并且此后每个月都生下1对小兔，一年内没有发生死亡，那么1对刚出生的兔子，在一年内能繁殖多少对兔子？由该繁衍规律得到的每个月兔子的数量组成了斐波那契数列，也称为"兔子数列"，如图13.3所示。

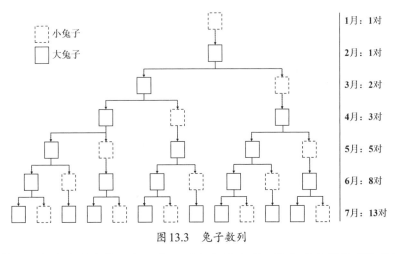

图 13.3　兔子数列

斐波那契数列增长速度非常快。发生在20世纪初澳大利亚野兔成灾的故事体现了真实版的"兔子数列"惊人的增长速度。当时英国殖民者为了满足自己的狩猎爱好，把欧洲野兔引进澳大利亚。由于澳大利亚气候温暖、牧草丰富，为兔子提供了良好的生存条件，加上澳大利亚本土缺乏猛禽、黄鼠狼等兔子的天敌，兔子开启了斐波那契数列式的增长。当时澳大利亚的生态遭到了严重破坏，继而开始了人兔大战……

斐波那契数列的前几项为1, 1, 2, 3, 5, 8, 13, 21, 34, 55, 89。仔细观察这个数列发现，第1项和第2项为1，此后每一项都是前2项的和。

在图13.3中，为什么从第3个月开始，每个月的兔子对数等于前两个月兔子对数之和？答案：每个月，兔子对数包括大兔子对数和小兔子对数，上个月每一对兔子，无论是大兔子还是小兔子，到了这个月，一定是大兔子；而上上个月每一对兔子，无论是大兔子还是小兔子，到了这个月，一定会生下一对小兔子。

【题目描述】

输入$n$值，输出斐波那契数列第$n$项，该数列前5项为1, 1, 2, 3, 5。

【输入描述】

输入占一行，为$n$的值，$1 \leqslant n \leqslant 40$。

【输出描述】

输出占一行，为斐波那契数列第$n$项的值。

| 【样例输入】 | 【样例输出】 |
|---|---|
| 40 | 102334155 |

注意，斐波那契数列增长速度非常快，第46项为1836311903，第47项就超出int型范围了。

【分析】

可以采用递推方式递推出斐波那契数列的每一项。如图13.4所示，用$f1$、$f2$、$f3$表示连续的3项，每一次循环就递推出新的一项$f3 = f1 + f2$，然后更新$f1$和$f2$的值，$f1$更新为$f2$，$f2$更新为$f3$；下一轮循环，因为$f1$和$f2$的值已经更新了，所以再递推出$f3$，又是新的一项。

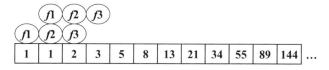

图13.4　采用递推方式求斐波那契数列的每一项（1）

在图13.4中，$f1$、$f2$、$f3$就像一只蠕虫的三节一样，蠕虫每一轮向前爬一格。爬一格后，$f1$将对应之前$f2$的位置，$f2$则对应之前$f3$的位置。代码如下。

```
#include <bits/stdc++.h>
using namespace std;
int main( )
{
    int n;  cin >>n;
    int f1 = 1, f2 = 1, f3;                    // f1 和 f2 的初始值均为 1
    if(n == 1 or n == 2)  cout <<1 <<endl;
    else{
        for(int i=3; i<=n; i++){               // 递推出第 3 ~ n 项
```

```
                f3 = f1 + f2;
                f1 = f2;                        // 这行代码不能和下面一行代码交换位置
                f2 = f3;
            }
            cout <<f3 <<endl;
        }
    return 0;
}
```

其实也可以用2个变量 $f1$ 和 $f2$ 实现斐波那契数列的递推，如图13.5所示。为了递推出新的一项，有 $f2 = f1 + f2$，此后 $f1$ 要更新为之前 $f2$ 的值，所以要事先用临时变量 $t$ 保存 $f2$ 的值，即 $t = f2$，最后才能把 $t$ 的值赋给 $f1$，即 $f1 = t$。这3条关键的代码不能交换顺序。

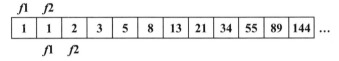

图 13.5　采用递推方式求斐波那契数列的每一项（2）

代码如下。

```
#include <bits/stdc++.h>
using namespace std;
int main( )
{
    int n;   cin >>n;
    int f1 = 1, f2 = 1, t;                      // f1 和 f2 的初始值均为 1
    if(n == 1 or n == 2)   cout <<1 <<endl;
    else{
        for(int i=3; i<=n; i++){                // 递推出第 3 ~ n 项
            t = f2;                             // 这 3 行代码不能交换顺序
            f2 = f1 + f2;
            f1 = t;
        }
        cout <<f2 <<endl;
    }
    return 0;
}
```

## 13.7　练习1：求 $n$ 个数的最大值

【题目描述】

输入 $n$ 个整数，求它们的最大值。

【输入描述】

输入占两行，第一行为一个正整数 $n$，$3 \leqslant n \leqslant 1000$。

第二行为 $n$ 个整数，用空格隔开。

【输出描述】

输出占一行，为求得的答案。

| 【样例输入】 | 【样例输出】 |
|---|---|
| 10 | 712 |
| 79 -8 66 102 712 90 8 13 -55 157 | |

【分析】

本题需要求 $n$ 个整数的最大值。首先输入 $n$ 的值，$n$ 的值是确定的。然后输入第一个整数，并用它来初始化表示最大值的变量 $mx$。最后再用 for 循环输入后面 $n-1$ 个整数并求最大值，这需要在 for 循环中嵌套一个 if 语句来实现。代码如下。

```
#include <bits/stdc++.h>
using namespace std;
int main( )
{
    int n, a, mx;
    cin >>n;
    cin >>a;   //先输入第一个整数，并用它初始化mx
    mx = a;
    for(int i=2; i<=n; i++){   //输入剩下的n-1个整数，并求最大值
        cin >>a;
        if(a>mx)  mx = a;
    }
    cout <<mx <<endl;
    return 0;
}
```

## 13.8 练习2：闰年的个数

【题目描述】

输入两个年份 $y1$ 和 $y2$，保证 $y2$ 年在 $y1$ 年后面，统计 $[y1, y2]$ 有多少个闰年。

【输入描述】

输入占一行，为两个年份 $y1$ 和 $y2$，用空格隔开。$y1$ 和 $y2$ 的范围为 $[1900, 9999]$。

【输出描述】

输出占一行，为 [y1, y2] 间的闰年个数。

| 【样例输入】 | 【样例输出】 |
| --- | --- |
| 1900 2000 | 25 |

【分析】

对输入的 $y1$ 和 $y2$，用 for 循环检查 $y1 \sim y2$ 范围内的每个年份 $y$，用 if 语句判断 $y$ 是否为闰年，如果 $y$ 为闰年则计数，即使得计数器变量 $cnt$ 的值加 1。代码如下。

```
#include <bits/stdc++.h>
using namespace std;
int main( )
{
    int y1, y2;  cin >>y1 >>y2;
    int cnt = 0;                          // 用于计数的变量
    for(int y=y1; y<=y2; y++){
        if((y % 4 == 0 and y % 100 != 0) or y % 400 == 0)
            cnt++;
    }
    cout <<cnt <<endl;
    return 0;
}
```

## 13.9 练习 3：求等差数列的和

【题目描述】

输入 $s$、$t$、$k$ 三个整数，求以 $s$ 为首项，$k$ 为公差（因此这个数列就是 $s, s+k, s+2 \times k, \cdots$），最后一项小于 $t$（$k>0$）或大于 $t$（$k<0$）的最长的等差数列的和。

【输入描述】

输入占一行，为 $s$、$t$、$k$ 三个整数，用空格隔开。测试数据保证如果 $k>0$，则 $t>s$；如果 $k<0$，则 $t<s$（$k$ 不为 0）。

【输出描述】

输出一个整数，为求得的答案。

【样例输入1】　　　　　　　　　　　　【样例输出1】

1 101 1　　　　　　　　　　　　　　　5050

【样例输入2】　　　　　　　　　　　　【样例输出2】

100 0 -1　　　　　　　　　　　　　　5050

【分析】

用for循环求等差数列的和是很方便的。循环变量$i$的初始值为$s$，如果$k>0$，则循环条件为$i<t$，每次循环$i$递增$k$，退出循环时$i>=t$，所以求得的等差数列是最长的，即包含尽可能多的项；如果$k<0$，则循环条件为$i>t$，每次循环$i$增加$k$。注意，由于$k$是负数，增加$k$相当于减少$-k$（$-k$是一个正整数）。所以本题需要用双分支的if语句，并且在每个分支嵌套一个for循环结构。代码如下。

```cpp
#include <bits/stdc++.h>
using namespace std;
int main( )
{
    int s, t, k;  cin >>s >>t >>k;
    int sm = 0;
    if(k>0){                    // 公差 k>0,t>s
        for(int i=s; i<t; i=i+k)
            sm += i;
    }
    else{                       //k<0,s>t
        for(int i=s; i>t; i=i+k)
            sm += i;
    }
    cout <<sm <<endl;
    return 0;
}
```

## 13.10 总结

本章需要记忆的知识点如下。

（1）一个程序控制结构完整地包含另一个相同或不同的程序控制结构，称为嵌套。

（2）根据问题求解的需要，灵活地在循环结构中嵌套分支结构，或在分支结构中嵌套循环结构。

（3）灵活运用整除和取余取得整数每一位上的数字。

（4）计数器和累加器的作用。

# 第 14 章
## 退出循环和
## 跳过当前这一轮循环

```
while(i <= k){
    if(n % i == 0)
        break;
    i = i+1;
}
```

## 主要内容

- 介绍循环中非常重要的 break 语句和 continue 语句。
- 在永真循环（while( true )）中通过 break 语句退出循环。

## 14.1 抄写古诗和数字20遍

抱一写作业时经常书写不认真，让爸爸很是头疼。这一周的星期三，语文老师批评抱一字写得不好。晚上，爸爸问抱一。

爸爸：抱一，你为什么不认真写作业呀？

抱一：我贪玩，后来发现时间来不及了，就写得很快，所以写得不好。

爸爸：今天罚你抄写古诗《望天门山》20遍。

写到第11遍的时候，爸爸认为抱一认识到自己错了。

爸爸：知道错了就行了，不用抄写了，赶紧洗漱睡觉吧。

星期五，数学老师也批评抱一数字写得不好。放学回家，爸爸让抱一书写0～9这10个数字20遍。抱一在写第7遍的时候，刚写完数字6，爸爸发现这一组数字写得很漂亮。

爸爸：第7遍剩下的数字不用写了，直接写第8遍吧。

## 14.2 退出循环和跳过当前循环

break语句用于循环体内，其作用是使得流程从循环体内跳出循环，即**提前结束循环**，接着执行整个循环结构后面的语句。continue语句用于循环体内，其作用是**结束本次循环**，即跳过本次循环中尚未执行的语句，接着进行下一次是否执行循环的判定。

continue语句和break语句的区别是：continue语句只结束本次循环，而不是终止整个循环的执行；而break语句则是结束整个循环过程，不再判断执行循环的条件是否成立。

break语句的流程图如图14.1所示，continue语句的流程图如图14.2所示。请特别注意图14.1和图14.2中当"条件2"为真时流程的转向。

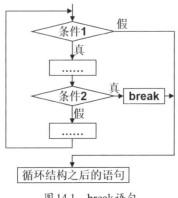

图14.1　break语句

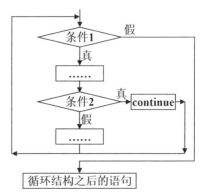

图14.2　continue语句

小朋友们，你们有没有发现，抄一抄写古诗 20 遍，在写到第 11 遍时提前结束，不就是 break 语句的例子吗？抄写数字 20 遍，第 7 遍还没写完，跳过第 7 遍还没写完的，直接写第 8 遍，正是 continue 语句的例子。

在循环里到底该用 break 语句还是 continue 语句，应视具体情况而定，详见本章案例。

## 14.3 案例 1：质数的判定（break 语句）

【背景知识】

质数（也称为素数）的定义是：若一个数只能被 1 和它本身整除，不能被其他数整除，则该数为质数，否则为合数。注意，1 既不是质数也不是合数。

质数的例子（100 以内有 25 个质数）：2, 3, 5, 7, 11, 13, 17, 19, 23, 29, 31, 37, 41, 43, 47, 53, 59, 61, 67, 71, 73, 79, 83, 89, 97。

合数的例子：8, 9, 10, 15。

【题目描述】

输入一个大于等于 2 的正整数 $n$，判定是否为质数。

【输入描述】

输入占一行，为一个正整数 $n$，$2 \leqslant n \leqslant 32768$。

【输出描述】

如果 $n$ 为质数，输出 yes，否则输出 no。

| 【样例输入 1】 | 【样例输出 1】 |
|---|---|
| 199 | yes |

| 【样例输入 2】 | 【样例输出 2】 |
|---|---|
| 198 | no |

【分析】

根据定义，对输入的正整数 $n$，只需用 2、3、4、…、$n-1$ 去除 $n$，看能不能整除，所以本题要用循环实现。只要发现有一个数能整除 $n$，就能提前得出结论：$n$ 不是质数。所以，本题还要用到 break 语句。

注意，其实不用循环到 $n-1$，只需循环到整数 $k = \sqrt{n}$ 即可，因为如果存在一个大于 $\sqrt{n}$ 的整数 $a$ 能被 $n$ 整除，则 $k = n / a$ 也一定能被 $n$ 整除，而 $k = n / a$ 是小于 $\sqrt{n}$ 的。例如，$n = 24$，12 能被 24 整除，则 24 / 12 = 2 也一定能被 24 整除；8 能被 24 整除，则 24 / 8 = 3 也一定能被 24 整除。

事实上，$n$ 的所有因子是以 $k = \sqrt{n}$ 为分界线左右成对出现的。例如，24 的因子有 1, 2, 3, 4, 6, 8, 12, 24，1 和 24 是一对，2 和 12 是一对，3 和 8 是一对，4 和 6 是一对，且有 $1 \times 24 = 2 \times 12 = 3 \times 8 = 4 \times 6 = 24$，如图 14.3（a）所示。对 $n = 36$，它有一个特殊的因子 6，$6 \times 6 = 36$，如图 14.3（b）所示。对 $n = 97$，它是质数，除了 1 和 97 外，在 $k = \sqrt{97} = 9$ 的左边没有其他因子，在 $k$ 的右边也不可能有其他因子，如图 14.3（c）所示。

因此，本题的循环条件是 $i <= k$。以上方法的流程图如图 14.4 所示。循环条件也可以写成 $i * i <= n$，这种写法可以避免求平方根，也可以避免浮点数运算带来的风险。

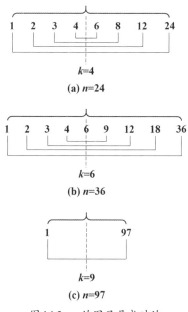

(a) $n=24$

(b) $n=36$

(c) $n=97$

图 14.3　$n$ 的因子是成对的

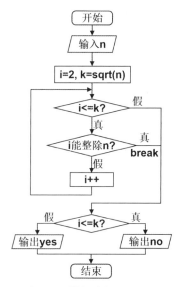

图 14.4　判断质数的流程图

另外，如果 $n = 2$ 或 3，$k$ 取值为 1，while 循环条件 "$i <= k$" 一开始就不满足，直接结束 while 循环，所以判定 2、3 是质数。因此，本题对 $n$ 取值 2 或 3 不用特殊处理。代码如下。

```
#include <bits/stdc++.h>
using namespace std;
int main( )
{
    int n;  cin >>n;
    int i = 2,  k = sqrt(n);
    while(i <= k){                  // 判断2, 3, …, n-1 能否整除 n
        if(n % i == 0)              // i 能够整除 n，结论已定，提前退出 while 循环
            break;
        i = i+1;
    }
    if(i <= k)  cout <<"no" <<endl;     //n 是合数
    else  cout <<"yes" <<endl;          //n 是质数
```

```
    return 0;
}
```

【注解和类比】

在上述代码的 while 循环中,有两种情形可以退出 while 循环:一是找到一个能整除 $n$ 的 $i$,提前退出 while 循环,这时循环条件 $i <= k$ 肯定还是满足的,$n$ 是合数;二是一直循环到 while 循环条件不成立,这时不得不退出循环,$n$ 是质数。退出 while 循环后,根据条件 $i <= k$ 是否成立就知道是因为哪种情形退出 while 循环的,从而可以判断 $n$ 是否为质数。

这好比某小学放学,有的学生不上延时课,15:40 就放学了;如果要上延时课,就是 17:50 放学。因此,如果 15:40 在学校门口看到有学生放学了,就说明这些学生没有上延时课。

## 14.4 案例 2:输出 1~100 中的质数

【背景知识】

根据数论中的筛选法,要求 1~100 的质数,只需把 2、3、5、7(10 以内的质数)的倍数剔除掉(但要保留 2、3、5、7),剩下的数就都是质数了,如图 14.5 所示。注意,1 既不是质数也不是合数。

```
  \2的倍数    /3的倍数    ─5的倍数    |7的倍数
 2  3  4  5  6  7  8  9  10  11  12  13  14  15  16  17  18  19  20  21
22 23 24 25 26 27 28 29 30 31 32 33 34 35 36 37 38 39 40 41
42 43 44 45 46 47 48 49 50 51 52 53 54 55 56 57 58 59 60 61
62 63 64 65 66 67 68 69 70 71 72 73 74 75 76 77 78 79 80 81
82 83 84 85 86 87 88 89 90 91 92 93 94 95 96 97 98 99 100
```

图 14.5  用筛选法求质数

【题目描述】

用"筛选法"求 1~100 的质数,要求用 continue 语句实现。

【输入描述】

本题没有输入。

【输出描述】

按从小到大的顺序输出 100 以内的所有质数,用空格隔开。

【分析】

本题可以用 for 循环实现,循环变量 $i$ 从 2 取到 100,如果 $i$ 不等于 2 但是 2 的倍数,则跳过不输出,所以需要用continue语句实现，对3、5、7的倍数也这样处理，其他数全部输出。代码如下。

```cpp
#include <bits/stdc++.h>
using namespace std;
int main( )
{
    for(int i=2; i<=100; i++){
        if(i!=2 && i%2==0)  continue;        // 跳过 2 的倍数 (2 除外 )
        if(i!=3 && i%3==0)  continue;        // 跳过 3 的倍数 (3 除外 )
        if(i!=5 && i%5==0)  continue;        // 跳过 5 的倍数 (5 除外 )
        if(i!=7 && i%7==0)  continue;        // 跳过 7 的倍数 (7 除外 )
        cout <<i <<" ";
    }
    cout <<endl;
    return 0;
}
```

该程序的输出结果如下。

2 3 5 7 11 13 17 19 23 29 31 37 41 43 47 53 59 61 67 71 73 79 83 89 97

## 100以内质数的记忆方法

由本题介绍的筛选法可知，10以内的质数为2、3、5、7。10以上的质数，不能是2的倍数，因此必须是奇数；不能是5的倍数，因此个位不能为5；所以，10以上的数，如果个位为1、3、7、9，且不是3的倍数，也不是7的倍数，就一定是质数。利用这些规律，可以快速记住100以内的质数。

## 14.5 案例3：用while(true)循环求数列和

【题目描述】

输入一个大于等于2的正整数 $n$，输出从1到 $n$ 所有数的和。

【输入描述】

输入占一行，为一个正整数 $n$，$2 \leqslant n \leqslant 32768$。

【输出描述】

输出从1到 $n$ 所有数的和。

【样例输入1】                      【样例输出1】

100                              5050

【样例输入2】                      【样例输出2】

5                               15

【分析】

本题可以采用永真循环——while(true)来实现。循环条件是true，为永真循环。在循环体中，先将i的值累加到s中，然后i的值递增1，如果$i > n$，就执行break语句退出循环。因为i从1开始递增，一定会递增到超过n，所以break语句一定有机会执行到，因而不会陷入死循环。代码如下。

```cpp
#include <bits/stdc++.h>
using namespace std;
int main( )
{
    int n;  cin >>n;
    int s = 0;                      // 用来求和的变量
    int i = 1;                      // 累加的每个数
    while(true){
        s = s + i;                  // 累加 i 的值
        i = i + 1;                  // 每次 i 增加 1
        if(i > n)  break;
    }
    cout <<s <<endl;
    return 0;
}
```

### 合理使用永真循环

有时用永真循环求解题目，思路很好理解。例如，本题要将1, 2, …, i加起来，一旦i超过n，就不加了，即退出循环，因此可以使用永真循环并用break语句在适当的时候退出循环。但永真循环使用不当，会陷入死循环。例如，永真循环里如果没有包含break语句，肯定会陷入死循环。此外，本题如果把"i = i + 1;"这行代码注释掉，也会陷入死循环。当然，普通的循环，如果缺少了类似于"i++"这种修改循环变量的代码，也会陷入死循环。

# 14.6 练习1：数列1, 2, 3, 2, 3, 4

【题目描述】

求数列1, 2, 3, 2, 3, 4, 3, 4, 5, 4, 5, 6,…的第 $n$ 项。

【输入描述】

输入占一行，为 $n$ 的值，$1 \leqslant n \leqslant 10000$。

【输出描述】

输出占一行，为该数列第 $n$ 项的值。

| 【样例输入1】 | 【样例输出1】 |
| --- | --- |
| 12 | 6 |

| 【样例输入2】 | 【样例输出2】 |
| --- | --- |
| 10 | 4 |

【分析】

观察这个数列的规律，如图14.6所示，每3个数为一组，每组最前面的数（像"排头兵"一样）为 $k$，则 $k$ 依次为1, 2, 3, 4,…。组内的3个数分别为 $k$、$k+1$ 和 $k+2$。

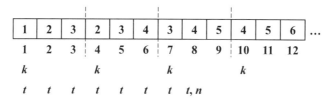

图14.6　数列1, 2, 3, 2, 3, 4

求该数列第 $n$ 项可以采取以下方法：想象一下，这个数列中的各个数摆成一排，从第1个数依次去数数并询问是不是要求的第 $n$ 项，因此定义变量 $t$ 表示数的序号；通过每组的"排头兵" $k$ 来表示每个数，组内其他2个数是 $k+1$ 和 $k+2$，每3个数后进入下一组；使用永真循环来数数，从第1个数开始数数，数到第 $n$ 个数，输出此时对应的数并退出while循环。代码如下。

```cpp
#include <bits/stdc++.h>
using namespace std;
int main( )
{
    int n;  cin >>n;
    int k = 1;                          // 每3个数一组最前面的数
    int t = 1;                          // 第几个数
```

```
    while(true){                          // 永真循环，但循环体里有break语句
        if(t==n){                         // 如果这就是要求的第n项
            cout <<k <<endl;   break;      // 此时第n项就是k
        }
        t = t + 1;
        if(t==n){                         // 如果这就是要求的第n项
            cout <<k+1 <<endl;   break;    // 此时第n项就是k+1
        }
        t = t + 1;
        if(t==n){                         // 如果这就是要求的第n项
            cout <<k+2 <<endl;   break;    // 此时第n项就是k+2
        }
        t = t + 1;   k = k + 1;            // 进入下一组
    }
    return 0;
}
```

本题还有更简便的做法。n除以3得到的商（n/3）表示完整的3个数一组的组数，n%3表示最后不足3个数。如果n是3的倍数，则刚好有n/3组数，最后一组数的"排头兵"就是n/3，第n项是这组数的最后一个数，是n/3+2；如果n不是3的倍数，则有n/3组数，另有一组不足3个数，为n%3个，其中最前面的数是n/3+1，第n个数是这组数中的第n%3个数，它的值为n/3+1+n%3-1 = n/3 + n%3。为什么要减1？因为第1个数已经算了1个。代码如下。

```
#include <bits/stdc++.h>
using namespace std;
int main( )
{
    int n;   cin >>n;
    if(n%3 == 0)
        cout <<n/3+2 <<endl;        // 刚好n/3组数，最前面的数就是n/3，最后一个数要加2
    else   cout <<n/3+n%3 <<endl;   // 有n/3组"满"的数，还多出n%3个数
    return 0;
}
```

## 14.7 练习2：斐波那契数列（2）

【题目描述】

求斐波那契数列中大于n的第一个数及其在斐波那契数列中的序号。

斐波那契数列的前10项为1, 1, 2, 3, 5, 8, 13, 21, 34, 55。

【输入描述】

输入占一行，为一个正整数 $n$，$1 \leqslant n \leqslant 1\,000\,000\,000$。

【输出描述】

输出占一行，为两个正整数，用空格隔开，分别表示大于 $n$ 的第一个数及其序号。

| 【样例输入1】 | 【样例输出1】 |
|---|---|
| 30 | 34 9 |

| 【样例输入2】 | 【样例输出2】 |
|---|---|
| 10000 | 10946 21 |

【分析】

假设用 $f1$、$f2$、$f3$ 表示斐波那契数列中的连续3项，$f1$ 和 $f2$ 的初始值均为1，$f3$ 表示递推出来的新的一项，如图14.7所示。本题需要用while循环实现，在while循环中，每一次循环递推出新的一项 $f3 = f1 + f2$，并更新 $f1$ 和 $f2$ 的值。while循环条件为永真，但是每次递推出 $f3$ 后，用if语句判断 $f3$ 是否大于 $n$，如果是则用break语句退出while循环。退出while循环时 $f3$ 就表示大于 $n$ 的第一个数。用变量 $sn$ 记录 $f3$ 的序号。最后输出 $f3$ 和 $sn$ 的值即可。

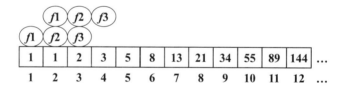

图14.7 采用递推方式求斐波那契数列每一项

代码如下。

```cpp
#include <bits/stdc++.h>
using namespace std;
int main( )
{
    int n;  cin >>n;
    int f1 = 1,  f2 = 1,  f3;           // f1 和 f2 的初始值均为1
    int sn = 2;                          // 序号（当前已有2项了）
    while(true){
        f3 = f1 + f2;  sn = sn + 1;
        if(f3>n)
            break;
        f1 = f2;  f2 = f3;              // 这2行代码不能交换顺序
    }
```

```
    cout <<f3 <<" " <<sn <<endl;
    return 0;
}
```

## 练习3：斐波那契数列（3）

【题目描述】

求斐波那契数列中小于或等于 $n$ 的最大的数及其在斐波那契数列中的序号。斐波那契数列的前 10 项为 1, 1, 2, 3, 5, 8, 13, 21, 34, 55。

【输入描述】

输入占一行，为一个正整数 $n$，$1 \leqslant n \leqslant 1\,000\,000\,000$。

【输出描述】

输出占一行，为两个正整数，用空格隔开，分别表示小于或等于 $n$ 的最大的项及其序号。

| 【样例输入1】 | 【样例输出1】 |
| --- | --- |
| 30 | 21 8 |

| 【样例输入2】 | 【样例输出2】 |
| --- | --- |
| 10000 | 6765 20 |

【分析】

参照练习 2 的程序，在退出循环时 $f3$ 首次大于 $n$，此时前一项为 $f2$，一定是小于或等于 $n$，其序号为 $sn - 1$。另外，当 $n$ 为 1 时要特殊处理，因为斐波那契数列中第 1、2 项均为 1，如果输入 $n$ 的值为 1，答案是 1。代码如下。

```
#include <bits/stdc++.h>
using namespace std;
int main( )
{
    int n;  cin >>n;
    int f1 = 1,  f2 = 1,  f3;            // f1 和 f2 的初始值均为 1
    int sn = 2;                          // 序号（当前已有 2 项了）
    if(n==1)  cout <<1 <<" " <<1 <<endl;
    else{
        while(true){
```

```
        f3 = f1 + f2;  sn = sn + 1;
        if(f3>n)
            break;
        f1 = f2;  f2 = f3;              // 这2行代码不能交换顺序
    }
    cout <<f2 <<" " <<sn-1 <<endl;
    }
    return 0;
}
```

## 14.9 总结

本章需要记忆的知识点如下。

（1）注意区分break语句和continue语句：break语句是结束整个循环过程；continue语句只结束本次循环，而不是终止整个循环的执行。

（2）永真循环（while(true)）可以用，但一定要保证能退出循环。

# 第 15 章
## 循环包含循环——循环的嵌套

```
for(x=0; x<=m/5; x++){
    for(y=0; y<=m/3; y++){
        //...
    }
}
```

## 主要内容

- 介绍循环的嵌套。
- 初步引入枚举算法的思想。

**九九乘法表的规律**

致柔只会加法和减法。于是抱一经常在致柔面前秀乘法口诀。爸爸想考一考抱一。

爸爸：抱一，你知道九九乘法表有什么规律吗？

抱一：第1列就是1的乘法口诀，第2列是2的乘法口诀，第3列是3的乘法口诀……

抱一一口气说完了。

爸爸：说对了，那每一行有什么规律呢？

抱一：我们都是按照列的顺序来背的呀。

爸爸：是的。但是如果要你用程序输出九九乘法表，是无法做到一列一列输出的，只能一行一行输出。所以，要分析每一行有什么规律。

抱一：每一行，后面那个数是相同的。

爸爸：是的。假设用变量 $i$ 来代表第几行，$i = 1, 2, 3, \cdots, 9$。共有9行，用 for 循环就可以输出9行。第几行就有几项乘积，因此第 $i$ 行，有 $i$ 项乘积，第 $j$ 项乘积是 "$j \times i = $ 乘积"，$j = 1, 2, 3, \cdots, i$。因此，输出第 $i$ 行还需要用一个 for 循环，这是在 for 循环里又套了一个 for 循环。我们这一周要学循环的嵌套哦。

大家在学习完本章之后，试着编写程序来输出如图15.1所示的九九乘法表吧。

| | | | | | | | | |
|---|---|---|---|---|---|---|---|---|
| $1 \times 1 = 1$ | | | | | | | | |
| $1 \times 2 = 2$ | $2 \times 2 = 4$ | | | | | | | |
| $1 \times 3 = 3$ | $2 \times 3 = 6$ | $3 \times 3 = 9$ | | | | | | |
| $1 \times 4 = 4$ | $2 \times 4 = 8$ | $3 \times 4 = 12$ | $4 \times 4 = 16$ | | | | | |
| $1 \times 5 = 5$ | $2 \times 5 = 10$ | $3 \times 5 = 15$ | $4 \times 5 = 20$ | $5 \times 5 = 25$ | | | | |
| $1 \times 6 = 6$ | $2 \times 6 = 12$ | $3 \times 6 = 18$ | $4 \times 6 = 24$ | $5 \times 6 = 30$ | $6 \times 6 = 36$ | | | |
| $1 \times 7 = 7$ | $2 \times 7 = 14$ | $3 \times 7 = 21$ | $4 \times 7 = 28$ | $5 \times 7 = 35$ | $6 \times 7 = 42$ | $7 \times 7 = 49$ | | |
| $1 \times 8 = 8$ | $2 \times 8 = 16$ | $3 \times 8 = 24$ | $4 \times 8 = 32$ | $5 \times 8 = 40$ | $6 \times 8 = 48$ | $7 \times 8 = 56$ | $8 \times 8 = 64$ | |
| $1 \times 9 = 9$ | $2 \times 9 = 18$ | $3 \times 9 = 27$ | $4 \times 9 = 36$ | $5 \times 9 = 45$ | $6 \times 9 = 54$ | $7 \times 9 = 63$ | $8 \times 9 = 72$ | $9 \times 9 = 81$ |

图15.1　九九乘法表

 **循环的嵌套**

在一个循环结构里包含另一个完整的循环，称为循环的嵌套，也称为二重循环。三重循环及更多层的循环，对小学生来说比较难。

二重循环可以是for循环里嵌套for循环，for循环里嵌套while循环，while循环里嵌套for循环，while循环里嵌套while循环，如图15.2所示。

| | |
|---|---|
| (1)<br>for(表达式1；表达式2；表达式3){<br>   …<br>     for(表达式1；表达式2；表达式3){<br>       …<br>     }<br>   …<br>}<br>循环结构之后的语句 | (2)<br>for(表达式1；表达式2；表达式3){<br>   …<br>     while(条件){<br>       …<br>     }<br>   …<br>}<br>循环结构之后的语句 |
| (3)<br>while(条件1){<br>   …<br>     for(表达式1；表达式2；表达式3){<br>       …<br>     }<br>   …<br>}<br>循环结构之后的语句 | (4)<br>while(条件1){<br>   …<br>     while(条件2){<br>       …<br>     }<br>   …<br>}<br>循环结构之后的语句 |

图15.2　循环的嵌套

## 15.3　枚举算法的思想

算法就是用计算机程序求解问题的步骤。有一些算法具有通用的方法或模式，所以就给出了具体的名称，如本节介绍的枚举算法。

**枚举**，又称为**穷举**，在数学上也称为列举法，是一种很朴素的解题思想。当需要求解的问题存在大量可能的答案（或中间过程），而又无法用逻辑方法排除大部分候选答案时，就不得不采用逐一检验这些答案的策略，这就是枚举算法的思想。

例如，把12个相同的棒棒糖分成2堆，每堆至少3个，一共有多少种不同的分法？

在数学上可以采用列举法求解，即列举第1堆棒棒糖的各种情况，如图15.3所示。因此，就得到了"3，9""4，8""5，

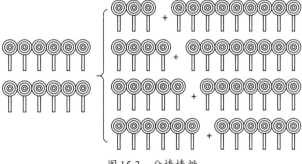

图15.3　分棒棒糖

7""6, 6"共4组解。注意，如果继续枚举，得到的解"7, 5""8, 4""9, 3"重复了，所以这个例子只有4组解。

 ## 15.4 案例1：数字之和（1）

【题目描述】

输入一个正整数，计算每一位上的数字之和，如果这个和仍不止一位数，则继续求每一位和，直至这个和只有一位数为止。

例如，11063的每一位数字之和为11，再求每一位数字之和，结果为2。

【输入描述】

输入占一行，为一个正整数 $n$，范围在 $[1, 2147483647]$。

【输出描述】

输出占一行，为最终求的和。

| 【样例输入】 | 【样例输出】 |
| --- | --- |
| 11063 | 2 |

【分析】

单独求一个整数的各位数字之和，需要用一个while循环实现。如果得到的和不止一位数，要反复执行类似的处理，直到这个和为一位数为止，所以又需要一重循环，而且最好是用while循环实现。因此，本题需要用二重while循环实现。

设保存每一位数字之和的变量为 $s$，$s$ 的初始值为输入的正整数 $n$。外层while循环的循环条件是s>=10，即只要 $s$ 的值大于或等于10，就要继续求每一位数字之和。内层while循环用来实现取出 $s$ 每一位数字并求它们的和。代码如下。

```
#include <bits/stdc++.h>
using namespace std;
int main( )
{
    int n;  cin >>n;
    int s = n;
    while(s>=10){              // 只要 s>=10 就反复求其每一位数字之和
        int t = s;            //t: 临时变量
        s = 0;                // 求得的每一位数字之和还是保存在 s
        while(t>0){           // 求 t 的每一位数字之和
            s = s + t%10;
```

```
            t = t/10;
        }
    }
    cout <<s <<endl;
    return 0;
}
```

【解析】

在本题中，当输入的 $n$ 为11063时，本题二重while循环的执行过程如表15.1所示。

表15.1 "数字之和"二重循环的执行过程

| 第1重while循环 | 第2重while循环执行前 | 第2重while循环执行后 |
|---|---|---|
| $s = 11063$ | $t = 11063, s = 0$ | $s = 11$ |
| $s = 11$ | $t = 11, s = 0$ | $s = 2$ |

【思考】

如果把第一层while循环的循环条件改成 s>=0，程序将陷入死循环，提交评测时会反馈TLE（超时）错误。请思考为什么会陷入死循环。

## 15.5 案例2：输出数字图案

【题目描述】

根据输入的 $N$（$1 \leqslant N \leqslant 18$）值输出正方形数字图案，最外圈是第一层，要求每层的数字与该层的层数相同。

【输入描述】

输入占一行，为一个正整数 $N$，$1 \leqslant N \leqslant 18$。

【输出描述】

输出占 $N$ 行，每行有 $N$ 个数字，用空格隔开。输出的数字图案如样例输出所示。

【样例输入】                  【样例输出】

```
9                    1 1 1 1 1 1 1 1 1
                     1 2 2 2 2 2 2 2 1
                     1 2 3 3 3 3 3 2 1
                     1 2 3 4 4 4 4 3 2 1
                     1 2 3 4 5 4 3 2 1
                     1 2 3 4 4 4 3 2 1
```

```
1 2 3 3 3 3 3 2 1
1 2 2 2 2 2 2 2 1
1 1 1 1 1 1 1 1 1
```

【分析】

对输入的 N 值，要输出 N 行，每行有 N 个数字，假设行的序号（简称行号）和列的序号（简称列号）都从 1 开始计起。我们要分析这种数字图形的规律：第 $i$ 行、第 $j$ 列上的数字应该是几？

我们发现，第 $i$ 行、第 $j$ 列上的数字其实是该位置到上、下、左、右边界距离的最小值。

注意，第 $i$ 行、第 $j$ 列这个位置到上边界的距离，其实就是从最上面数过来该位置是第几个位置，为 $i$ 的值；到下边界的距离，其实就是从最下面数过来该位置是第几个位置，为 $N-i+1$；左边界和右边界也是类似。第 $i$ 行、第 $j$ 列这个位置到上、下、左、右边界距离分别是 $i$、$N-i+1$、$j$ 和 $N-j+1$。因此，第 $i$ 行、第 $j$ 列显示的数字为 $i$、$N-i+1$、$j$ 和 $N-j+1$ 四者的最小者。可以在二重循环中求出每个位置 $(i, j)$ 的值，然后输出。

为了实现每行的数字用空格隔开，最后一个数字之后没有空格，以下程序在输出每行的第 2～N 个数字之前输出一个空格，输出第 1 个数字之前不输出空格。代码如下。

```cpp
#include <bits/stdc++.h>
using namespace std;
int main( )
{
    int N;  cin >>N;
    for(int i=1; i<=N; i++){
        for(int j=1; j<=N; j++){
            int mn = i;                    //求i, j, N+1-i, N+1-j 的最小者
            if(j<mn)  mn = j;
            if(N+1-i<mn)  mn = N+1-i;
            if(N+1-j<mn)  mn = N+1-j;
            if(j>1) cout <<" ";            //第 2 ~ N 个数，输出之前先输出一个空格
            cout <<mn;
        }
        cout <<endl;                       // 输出完一行数字后要换行
    }
    return 0;
}
```

【解析】

理解二重循环的执行过程。

在本题中，如果输入的 N 为 4，第一重 for 循环（外层循环）要执行 4 次。每一次执行外层循环的循环体（第 2 重 for 循环）时，$i$ 的值是固定的，执行第二重 for 循环，$j$ 依次取 1, 2, 3, 4。本题的二重 for 循环执行过程如表 15.2 所示。

表15.2 "输出数字图案"二重for循环的执行过程

| 第1重循环 | 第2重循环 | 求出 mn 的值 | 功能 | 输出效果 |
|---|---|---|---|---|
| $i = 1$ | $j = 1$ | 1 | 输出第1行、第1列上的数字 | 1 |
|  | $j = 2$ | 1 | 输出第1行、第2列上的数字 | 1 1 |
|  | $j = 3$ | 1 | 输出第1行、第3列上的数字 | 1 1 1 |
|  | $j = 4$ | 1 | 输出第1行、第4列上的数字 | 1 1 1 1 |
| $i = 2$ | $j = 1$ | 1 | 输出第2行、第1列上的数字 | 1 1 1 1<br>1 |
|  | $j = 2$ | 2 | 输出第2行、第2列上的数字 | 1 1 1 1<br>1 2 |
|  | $j = 3$ | 2 | 输出第2行、第3列上的数字 | 1 1 1 1<br>1 2 2 |
|  | $j = 4$ | 1 | 输出第2行、第4列上的数字 | 1 1 1 1<br>1 2 2 1 |
| $i = 3$ | $j = 1$ | 1 | 输出第3行、第1列上的数字 | 1 1 1 1<br>1 2 2 1<br>1 |
|  | ... | ... | ... | ... |

## 15.6 案例3：鸡兔同笼问题（2）

【题目描述】

一个笼子里关了鸡和兔子（鸡有2只脚，兔子有4只脚）。已知笼子里面脚的总数 $n$，问笼子里的鸡和兔子各有多少只？

【输入描述】

输入占一行，为一个正整数 $n$，$2 \leqslant n \leqslant 200$。

【输出描述】

按鸡的数目从小到大的顺序输出所有可能的解，每个解占一行，为两个整数，分别表示鸡的数目和兔子的数目，用空格隔开。如果无解，则输出"no answer"。

【样例输入1】                     【样例输出1】

20                               0 5

```
                                    2 4
                                    4 3
                                    6 2
                                    8 1
                                    10 0
```

【样例输入2】                        【样例输出2】

111                                 no answer

【分析】

本题要采用枚举算法求解。本题有两种枚举算法。

**算法1**：假设鸡的数目和兔子的数目分别为 $n1$ 和 $n2$，本题可以枚举 $n1$ 和 $n2$ 的取值，这需要用二重循环实现。具体方法为当脚的总数 $n$ 为偶数时，$n1$ 的取值范围是 $0 \sim n/2$，$n2$ 的取值范围为 $0 \sim n/4$，枚举 $n1$ 和 $n2$ 的每个组合，如果 $2 \times n1 + 4 \times n2 == n$，则是一组符合要求的解。请同学们尝试着自己实现这种方法。

**算法2**：本题也可以只枚举一个量，比如枚举 $n1$。具体方法为：当 $n$ 为偶数时，$n1$ 的取值范围是 $0 \sim n/2$，枚举 $n1$ 在 $0 \sim n/2$ 范围内的每个取值；如果 $n1$ 的某个取值使得 $(n - 2 \times n1)$ 能被4整除，则 $n2 = (n - 2 \times n1)/4$，这样 $n1$ 只鸡、$n2$ 只兔子是一个满足条件的解。当 $n$ 为偶数时，满足条件的解可能不止一个。因为上述算法是按鸡的数目 $n1$ 从小到大枚举的，所以输出多个解的顺序刚好符合题目要求。

另外，在本题中，如果脚的总数 $n$ 为奇数，则无解，应输出 "no answer"。代码如下。

```cpp
#include <bits/stdc++.h>
using namespace std;
int main( )
{
    int n1, n2;                    // 鸡和兔子的数目
    int n;  cin >> n;              // 脚的总数
    if( n%2 )                      //n 为奇数，则无解
        cout <<"no answer" <<endl;
    else{
        for( n1 = 0; n1 <= n/2; n1++ ){    // 枚举鸡的数目，最少为 0，最多为 n/2
            if( (n-n1*2)%4 == 0 ){         // 除去鸡的脚数，剩下的脚数为 4 的倍数
                n2 = (n-n1*2)/4;           // 求兔子的数目
                cout <<n1 <<" " <<n2 <<endl;
            }
        }
    }
    return 0;
}
```

## 15.7 练习1：统计1～N范围内的质数个数

【题目描述】

输入一个正整数 $N$，求1～ $N$ 范围内的质数个数，$N$ 的范围为 $[1, 10000]$。

【输入描述】

输入占一行，为一个正整数 $N$。

【输出描述】

输出占一行，为求得的答案。

| 【样例输入】 | 【样例输出】 |
| --- | --- |
| 100 | 25 |

【分析】

本题首先要判断一些特殊情况：如果 $N = 1$，显然答案为0；如果 $N = 2$，答案为1。

以下讨论 $N > 2$ 的情形。判断一个正整数 $m$ 是否为质数，需要用while循环实现。本题要统计1～ $N$ 内的质数个数，就需要检查1～ $N$ 内的每一个正整数 $m$，又需要一层循环，而且用for循环实现比较方便。所以本题需要用二重循环实现。为了加快运算，$m$ 从3开始取，每次递增2，跳过大于2的偶数（大于2的偶数不可能是质数）。代码如下。

```cpp
#include <bits/stdc++.h>
using namespace std;
int main( )
{
    int N;  cin >>N;
    if(N==1){ cout <<0 <<endl;  return 0; }
    if(N==2){ cout <<1 <<endl;  return 0; }
    int cnt = 1;                    // 用来计数的变量 (2 要算 1 个)
    for(int m=3; m<=N; m+=2){       // 判断 3, 5, 7,…, N 是否为质数
        int i = 2, k = sqrt(m);
        while(i <= k){              // 判断 2, 3,…, k 能否整除 m
            if(m % i == 0)          // i 能够整除 m, 结论已定 , 提前退出 while 循环
                break;
            i = i + 1;
        }
        if(i > k)   cnt++;          // m 是质数
    }
    cout <<cnt <<endl;
    return 0;
}
```

## 15.8 练习2：百钱百鸡问题

【背景知识】

中国古代数学家张丘建在他的《算经》一书中提出了著名的"百钱买百鸡问题"：鸡翁一，值钱五，鸡母一，值钱三，鸡雏三，值钱一,百钱买百鸡，问翁、母、雏各几何？意思是说，1 只公鸡值 5 钱，1 只母鸡值 3 钱，3 只小鸡值 1 钱，某人用 100 钱买了 100 只鸡，问公鸡、母鸡、小鸡各有多少只？

【题目描述】

输入一个正整数 $m$，范围为 $[1, 1000]$。求 $m$ 钱可以买 $m$ 只鸡的方案，如果不存在这样的方案，输出"no answer"。

【输入描述】

输入占一行，为一个正整数 $m$。

【输出描述】

输出所有的解，如果有多个解，按以下顺序输出每个解：每个解占一行，首先按公鸡数从小到大排序，公鸡数相同，再按母鸡数从小到大排序。如果没有解，则输出"no answer"。

| 【样例输入 1】 | 【样例输出 1】 |
| --- | --- |
| 100 | 0 25 75 |
| | 4 18 78 |
| | 8 11 81 |
| | 12 4 84 |

| 【样例输入 2】 | 【样例输出 2】 |
| --- | --- |
| 10 | no answer |

【分析】

本题需要采用枚举算法求解，也就是枚举公鸡数 $x$、母鸡数 $y$、小鸡数 $z$ 的每种组合，看是否满足要求。对应到程序结构，需要用三重循环来实现。但在本题中，已经知道总数为 $m$，因此可以将三重循环降为二重循环：只需枚举公鸡数 $x$ 和母鸡数 $y$ 的所有组合，即可得到每种组合下小鸡数 $m - x - y$。注意，公鸡数 $x$ 的范围是 $0 \sim m/5$，母鸡数 $y$ 的范围是 $0 \sim m/3$。

当存在多个解时，要按照输出描述中的顺序输出每个解，这其实很容易做到，采用二重循环依次从小到大枚举 $x, y$ 的组合，输出每个解的顺序就是符合要求的顺序。

另外，如果不存在解，则输出"no answer"。这需要设置一个状态变量，设为 $flag$，初始值为

false，如果找到一组解，则将 *flag* 设置为 true。二重循环结束后，如果 *flag* 的值仍为 false，则输出 "no answer"。代码如下。

```
#include <bits/stdc++.h>
using namespace std;
int main( )
{
    int m;  cin >>m;
    bool flag = false;                      // 是否有解的标志
    int x, y, z;
    for( x=0; x<=m/5; x++ ){                 // 外层循环控制鸡翁数
        for( y=0; y<=m/3; y++ ){             // 内层循环控制鸡母数
            z = m - x - y;                   // 鸡雏数 z 的值受 x，y 的值的制约
            // 验证取 z 值的合理性及得到一组解的合理性
            if( z%3==0 && 5*x+3*y+z/3==m ){
                flag = true;
                cout <<x <<" " <<y <<" " <<z <<endl;
            }
        }
    }
    if(!flag)  cout <<"no answer" <<endl;
    return 0;
}
```

【解析】

在本题中，当输入的 *m* 为 100 时，本题二重 for 循环的执行过程如表 15.3 所示。

表15.3 "百钱百鸡问题"二重 for 循环的执行过程

| 第1重循环 | 第2重循环 | 求出 z 的值 | 是否合理 |
|---|---|---|---|
| $x = 0$ | $y = 0$ | 100 | 不合理 |
| | $y = 1$ | 99 | 不合理 |
| | ... | ... | ... |
| | $y = 25$ | 75 | 合理 |
| | ... | ... | ... |
| | $y = 33$ | 67 | 不合理 |
| $x = 1$ | $y = 0$ | 99 | 不合理 |
| | $y = 1$ | 98 | 不合理 |
| | ... | ... | ... |

## 15.9 练习3：勾股定理（2）

【题目描述】

输入一个正整数$N$，输出$1 \sim N$范围内满足勾股定理的整数$x$, $y$, $z$组合，$x<y<z$，且$x^2+y^2=z^2$。如果不存在这样的组合，输出"no answer"。注意，交换$x$和$y$视为同一组解。例如，"3, 4, 5"和"4, 3, 5"为同一组解。

【输入描述】

输入占一行，为一个正整数$N$，$1 \leqslant N \leqslant 1000$。

【输出描述】

输出所有的解，如果有多个解，按以下顺序输出每个解：每个解占一行，首先按$x$从小到大排序；$x$相同，再按$y$从小到大排序；$y$相同，再按$z$从小到大排序。如果没有解，则输出"no answer"。

【样例输入1】

```
20
```

【样例输出1】

```
3 4 5
5 12 13
6 8 10
8 15 17
9 12 15
12 16 20
```

【样例输入2】

```
4
```

【样例输出2】

```
no answer
```

【分析】

本题需要采用枚举算法求解，枚举$x$, $y$, $z$的组合，看是否满足$x^2 + y^2 = z^2$，如果满足则是符合要求的一组解。本题需要用三重循环枚举$x$, $y$, $z$的组合。在枚举过程中保证$x < y < z \leqslant N$，就能避免重复的解，这样$x$从1枚举到$N$，$y$从$x + 1$枚举到$N$，$z$从$y + 1$枚举到$N$。

当存在多个解时，要按照输出描述中的顺序输出每个解，这其实很容易做到，采用三重循环依次从小到大枚举$x$, $y$, $z$的组合，输出每个解的顺序就是符合要求的顺序。

另外，如果不存在解，则输出"no answer"。这需要设置一个状态变量，设为$flag$，初始值为false，如果找到一组解，则将$flag$设置为true。三重循环结束后，如果$flag$的值仍为false，则输出"no answer"。代码如下。

```cpp
#include <bits/stdc++.h>
using namespace std;
int main( )
```

```
{
    int x, y, z, N;  cin >>N;
    bool flag = false;                  // 是否有解的标志
    for(x=1; x<=N; x++){                 // 枚举 x
        for(y=x+1; y<=N; y++){           // 枚举 y
            for(z=y+1; z<=N; z++){       // 枚举 z
                if(z*z == x*x+y*y){      // 满足勾股定理
                    flag = true;
                    cout <<x <<" " <<y <<" " <<z <<endl;
                }
            }
        }
    }
    if(!flag)  cout <<"no answer" <<endl;
    return 0;
}
```

注意：

（1）本题也可以不枚举 $z$，这样就可以把三重循环降为二重循环，实现方法为将 $x^2 + y^2$ 求平方根，取整后为 $z$，如果满足 $x^2 + y^2 = z^2$，则是符合要求的一组解。

（2）本题 $N$ 最大取到 1000。如果 $N$ 取更大的值，用三重 for 循环实现就会超时。

【思考】

在本题的代码中，如果 $N$ 取 1000，则枚举了多少个 $(x, y, z)$ 组合？是 1 000 000 000 吗？请编程验证。

 ## 15.10 总结

本章需要记忆的知识点如下。

（1）在一个循环结构里包含另一个完整的循环，称为循环的嵌套，也称为二重循环，要注意二重循环的语法结构。

（2）二重循环往往涉及两个循环变量，要注意这两个循环变量取值的关系及终值。

（3）所谓枚举，就是穷举所有可能的取值组合，判断是否为题目所要求的答案。

# 第 16 章

## 存多个数据的容器——（一维）数组

```
int i, a[10];
for( i=0; i<10; i++ )
    cin >>a[i];
```

## 主要内容

- 介绍存储多个数据的容器——数组。
- 介绍一维数组的定义、数组元素的引用和一维数组的初始化。
- 介绍通过循环处理一维数组。

**16.1** 带格子的收纳盒 —— 数组的引入

为了方便抱一和致柔收纳小积木，妈妈给他们买了带格子的收纳盒，如图16.1所示。外公早上从超市买菜回来，抱一发现，外公买的鸡蛋是用蛋托装着的，如图16.2所示。

图16.1　带格子的收纳盒

图16.2　蛋托

我们生活中有很多容器可以装很多东西，如文具盒、收纳箱、存钱罐、蛋托等。C++也需要能存放很多数据的容器，最简单的一种容器就是数组。这种容器简单到只能存多个同种类型的数据，如一组整数，一组浮点数等。

**16.2** 数组和元素

前面学过的变量，每个时刻只能存一个数据（如整数），局限性很大。如果程序中有若干个数据，我们可以为每个数据定义变量。但是如果数据很多，具有相同的数据类型，并且存在一定的内在联系，如100个学生的数学成绩数据，我们就可以把这些数据放到同一个数组中。

例如，以下定义了一个一维数组s。

```
int s[100];
```

我们可以把数组s想象成一个一维的表格，就是一行，如图16.3所示。

图16.3　一维数组示意图

用数组名s代表这一批数据，用下标来区分这些数据，如s[5]和s[8]为两个不同的数据。这样处理有两个好处：一是可以省略很多变量名，使得程序更加精炼；二是便于对这些数据作统一处理。

具体来讲，**数组是一组有顺序的数据的集合**，它用统一的名字代表这一组数据，并通过序号来区分这组数据中的各个数据；数组中的每个数据称为数组的元素。

数组的特点如下。

（1）具有类型属性。在定义数组时必须指定数组的类型，与普通变量的定义类似。

（2）一个数组在内存中占一片连续的存储单元，就像在学校里，一个年级各个班的教室也是挨着的。

元素的特点如下。

（1）同一个数组中的所有元素都必须属于同一数据类型。

（2）用数组名和下标唯一地标识每个数组元素。

（3）在C++中用方括号来表示下标，并且下标是从0开始的。

同学们，想象一下，有个新老师来到三年级（5）班，他没有学生名单，他该怎么点名呢？他会这样点名：5班31号，上来擦一下黑板。"班级＋学号"能唯一地标识一个学生，就像数组名［下标］可以唯一地表示一个数组元素一样。

 ## 16.3　案例1：某年某月的天数

【题目描述】

输入年份和月份，输出该月的天数。

【输入描述】

输入占一行，为两个正整数 $y$ 和 $m$，分别代表一个年份和月份。测试数据保证年、月是有效的，比如 $1 \leq m \leq 12$。

【输出描述】

输出占一行，为该月的天数。

| 【样例输入】 | 【样例输出】 |
| --- | --- |
| 2020 2 | 29 |

【分析】

用一维数组days存储平年每个月天数，为了和月份数字一致，days的第0个元素不用，第1个元素代表1月份天数。然后对输入的年份，判断是否为闰年，如果是，则2月份天数加1。最后根据输入的月份在days数组中取出天数，输出即可。代码如下。

```
#include <bits/stdc++.h>
using namespace std;
int main( )
{
    // 平年每个月天数
```

```
int days[13] = {0, 31, 28, 31, 30, 31, 30, 31, 31, 30, 31, 30, 31};
int y, m;                          //年和月份
cin >>y >>m;
if((y % 4 == 0 and y % 100 != 0) or y % 400 == 0)        //判断闰年
    days[2] = 29;               //闰年 2 月份多 1 天
cout <<days[m] <<endl;
return 0;
}
```

## 一维数组的定义、数组元素的引用和一维数组的初始化

**1. 定义一维数组**

定义一维数组的一般形式如下。

**类型标识符 数组名［数组长度］;**

示例代码如下。

```
int a[10];      // 定义了一个整型数组，数组名为 a，有 10 个元素。
```

说明：

（1）数组名也是标识符，和变量名一样，数组名的命名必须遵循标识符的命名规则。

（2）数组名表示整个数组所占存储空间的首地址（其实也是第 0 个元素的首地址），是一个表示地址的常量，它的值是不能改变的。例如，"a++"就是非法的。

（3）用方括号括起来的表达式表示数组元素个数，即数组长度。如下面的写法是合法的。

```
int a[10];      // 数组 a 中有 10 个元素
int a[2*5];
```

（4）数组元素的下标从 0 开始。例如，定义了 "int a[10];"，则这 10 个元素是：a[0]，a[1]，a[2]，a[3]，a[4]，a[5]，a[6]，a[7]，a[8]，a[9]。注意最后一个元素是 a[9]，而不是 a[10]。

**2. 引用一维数组的元素**

所谓引用数组元素，通俗地讲，就是使用数组元素。数组必须先定义，再使用，并且只能逐个引用数组元素而不能一次性引用整个数组中的全部元素。如下面的代码试图一次性把数组中 10 个元素的值输出来，这是错误的。

```
int a[10];  cout <<a;                //(×)
```

引用数组元素的形式如下。

**数组名［下标］**

示例代码如下。

```
a[0] = a[5] + a[7] - a[2*3];
```

注意，定义数组时，数组名后面方括号内的整数表示数组长度，即元素个数；引用数组元素时，数组名后面方括号内的整数表示数组元素下标。例如，某班有55名学生，55表示学生数量；学生有学号，当然我们是从1开始表示学号，这些学生的学号就是1号～55号，"第55个学生"，这里的55指的是学生的学号（或序号）。

3. 一维数组的初始化

所谓**初始化**，就是在定义数组时，就给数组元素赋初始值。对一维数组的初始化可以采用下面的方式。

（1）在定义数组时分别对每个数组元素赋予初始值。示例代码如下。

```
int a[10] = { 0, 1, 2, 3, 4, 5, 6, 7, 8, 9 };
```

（2）可以只给一部分元素赋值，对于没有赋值的元素编译器会自动赋值为0。示例代码如下。

```
int a[10] = { 0, 1, 2, 3, 4 };        //a[5] ~ a[9]的值由编译器自动赋值为0
```

（3）在对全部数组元素赋初始值时，可以不指定数组长度。示例代码如下。

```
int a[5] = { 1, 2, 3, 4, 5 };
```

也可以写成：

```
int a[ ] = { 1, 2, 3, 4, 5 };
```

编译器会根据花括号内初始值的个数确定数组的长度。

## 16.4 通过循环处理一维数组

数组元素只能逐个引用，不能一次性引用整个数组的全部元素。

实际上只需要加上循环，就能实现对数组元素统一处理。例如，如果要对数组各元素进行输入/输出，可以使用循环。示例代码如下。

```
int i, a[10];
for( i=0; i<10; i++ )      // 输入10个数据到数组（各元素）中
    cin >>a[i];
for( i=0; i<10; i++ )      // 输出10个数组元素的值
    cout <<a[i] <<" ";
```

前面提到数组有一个优势是"便于对数组元素作统一处理"，就是指可以通过循环对各个数组元素统一进行输入、输出及其他处理操作。

## 16.5 案例2：斐波那契数列（4）

【题目描述】

输出斐波那契数列前40个数，每行输出5个数，每个数占12个字符的宽度。

【分析】

本题采用一个一维数组f来存放斐波那契数列中的40个数，第0个元素不用，前两个数均为1，是在初始化时赋值的，其他38个数的值是通过递推求得的，如图16.4所示。

递推公式为f[$i$] = f[$i$-2] + f[$i$-1]。

通过本题发现，用数组来存储数列非常直观，递推也很方便。

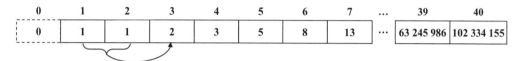

图16.4  用数组存储斐波那契数列

注意，斐波那契数列增长速度很快，第40项超过了1亿，为102 334 155。代码如下。

```cpp
#include <bits/stdc++.h>
using namespace std;
int main( )
{
    int i;
    int f[50] = { 0, 1, 1 };            // 前两个数通过初始化方法赋值
    for( i=3; i<=40; i++ )              // 递推后面 38 个数
        f[i] = f[i-2] + f[i-1];
    for( i=1; i<=40; i++ ){
        cout <<setw(12) <<f[i];        // 每个数据占 12 个字符的宽度
        if(i%5==0)  cout <<endl;       // 每行输出 5 个数据
    }
    return 0;
}
```

该程序的输出结果如下。

|        |        |        |        |        |
|-------:|-------:|-------:|-------:|-------:|
|      1 |      1 |      2 |      3 |      5 |
|      8 |     13 |     21 |     34 |     55 |
|     89 |    144 |    233 |    377 |    610 |
|    987 |   1597 |   2584 |   4181 |   6765 |
|  10946 |  17711 |  28657 |  46368 |  75025 |
| 121393 | 196418 | 317811 | 514229 | 832040 |

| 1346269 | 2178309 | 3524578 | 5702887 | 9227465 |
| 14930352 | 24157817 | 39088169 | 63245986 | 102334155 |

### 输出整数时的格式控制

前面我们学习了输出浮点数时的格式控制，在输出整数时也可以进行格式控制，主要的控制符及功能如下。

（1）setw(d)：输出一个整数时指定占d个字符的宽度，如果超过d位，按实际位数输出。

（2）left、right：使用setw()时，指定输出的整数是左对齐（left）还是右对齐（right），默认是右对齐。left、right可以直接放在"<<"后面，如"cout<<left<<setw(12);"。

（3）setfill('0')：使用setw()时，如果待输出的整数位数不足指定的位数，在最高位指定用字符0填空（默认用空格填充），也可以指定为其他字符。

## 16.6 案例3：数列1, 2, 3, 2, 3, 4, 3, 4, 5, 4, 5, 6,…的前 $n$ 项和

【题目描述】

求数列1, 2, 3, 2, 3, 4, 3, 4, 5, 4, 5, 6,…的前 $n$ 项和， $n \leq 1000$ 。

【输入描述】

输入占一行，为一个正整数 $n$ 。

【输出描述】

输出占一行，为该数列前 $n$ 项的和。

| 【样例输入】 | 【样例输出】 |
| --- | --- |
| 6 | 15 |

【分析】

本题可以用一个一维数组a存储该数列的前1000项，a的第0个元素不用。每3个数为一组，每组开头的数（像"排头兵"一样）依次为1, 2, 3, 4,…，也代表组的序号，假设用变量k表示，组内每个数的序号用变量j表示，k和j都从1开始计起，则第k组第j个数为k+j-1，如图16.5

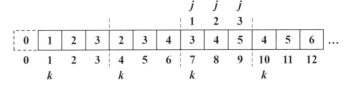

图16.5　数列1, 2, 3, 2, 3, 4, 3, 4, 5, 4, 5, 6,…

所示。本题用for循环产生该数列前1000项。

最后输入n，累加数组a中前n项的和并输出。代码如下。

```cpp
#include <bits/stdc++.h>
using namespace std;
int main( )
{
    int a[1001] = {0};                  // 存前 1000 项
    int k = 1, j = 1;                   // 第 k 组第 j 个数
    for(int i=1; i<=1000; i++){
        a[i] = k + j - 1;               //k 和 j 都从 1 开始取值（这里要减 1）
        if(i%3==0){                     //3 个数为一组，下一组开始后 k 和 j 更新
            k++;  j = 1;
        }
        else  j++;
    }
    int n, s = 0;  cin >>n;             //s: 前 n 项和
    for(int i=1; i<=n; i++)  s = s + a[i];
    cout <<s <<endl;
    return 0;
}
```

## 16.7 练习1：数列1, 1, 2, 1, 2, 3, 1, 2, 3, 4,…的前n项和（1）

【题目描述】

求数列1, 1, 2, 1, 2, 3, 1, 2, 3, 4,…的前n项和，$n \le 1000$。

【输入描述】

输入占一行，为一个正整数n。

【输出描述】

输出占一行，为该数列前n项的和。

| 【样例输入】 | 【样例输出】 |
| --- | --- |
| 10 | 20 |

【分析】

本题可以用一个一维数组a存储该数列的前1000项，a的第0个元素不用。这个数列的规律是：它是由长度分别为1, 2, 3, 4, 5, 6, …的子序列构成的，长度为k的子序列为1, 2, 3, …, k。每个子序列

中，第 $j$ 个数就是 $j$，且 $j$ 递增到 $k$ 后，要开始下一个子序列，如图 16.6 所示。本题用 for 循环产生该数列前 1000 项。

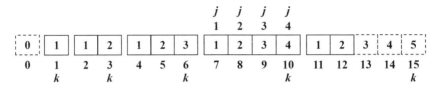

图 16.6　数列 1, 1, 2, 1, 2, 3, 1, 2, 3, 4, ⋯

最后输入 $n$，累加数组 a 中前 $n$ 项的和并输出。代码如下。

```cpp
#include <bits/stdc++.h>
using namespace std;
int main( )
{
    int a[1001] = {0};               // 存前 1000 项
    int k = 1, j = 1;                // 第 k 组第 j 个数
    for(int i=1; i<=1000; i++){
        a[i] = j;                    // 每组第 j 个数就是 j
        if(j==k){                    // 下一组开始后 k 和 j 更新
            k++;  j = 1;
        }
        else  j++;
    }
    int n, s = 0;  cin >>n;          //s:前 n 项和
    for(int i=1; i<=n; i++)  s = s + a[i];
    cout <<s <<endl;
    return 0;
}
```

## 16.8　练习2：将一个正整数逆序

【题目描述】

输入一个正整数 $n$，输出其逆序，如果有前导 0，还需去掉前导 0，中间的 0 不能去掉。例如，如果输入的整数为 73 152 400，则输出 425 137。

【输入描述】

输入一个正整数 $n$，$n$ 的取值不超过 int 型的范围。

【输出描述】

输出逆序后的正整数。

【样例输入1】　　　　　　　　　　　　【样例输出1】

73152400　　　　　　　　　　　　　　425137

【样例输入2】　　　　　　　　　　　　【样例输出2】

731052400　　　　　　　　　　　　　4250137

【分析】

对输入的正整数，反复对10取余再除以10，可以取出正整数中的每位数字并存储到一个数组中（已经逆序了），在这个过程中可以统计正整数的位数len；在输出时从第1个非0的元素开始输出即可。代码如下。

```
#include <bits/stdc++.h>
using namespace std;
int main( )
{
    int a[12], n, i = 0, len;      //len: n的位数
    cin >>n;
    int t = n;
    while( t ){                 // 逆序，并将每一位数字存储到数组a中
        a[i] = t%10;  t = t/10;  i++;
    }
    len = i;  i = 0;
    while( !a[i] )  i++;  // 找第1个非0的元素
    for( ; i<len; i++ )    // 输出剩余每个数字（for循环表达式1空缺，但分号不能省略）
        cout <<a[i];
    cout <<endl;
    return 0;
}
```

## 16.9　练习3：求一组数的最值和平均值

【题目描述】

用数组存储输入的n个整数，并求这n个整数的最大值、最小值和平均值。

【输入描述】

输入占一行，首先是正整数n，2≤n≤100，然后是n个整数，取值不超过int型的范围，用空格隔开。

【输出描述】

输出占一行，为两个整数和一个浮点数，用空格隔开，分别表示最大值、最小值和平均值，平均值保留小数点后2位数字。

| 【样例输入】 | 【样例输出】 |
|---|---|
| 10 28 39 -11 13 -26 98 135 -37 52 72 | 135 -37 36.30 |

【分析】

用数组 a 存储读入的 n 个数，并采用一重 for 循环遍历数组中的每个元素。$mx$、$mn$、$ave$ 的初始值均为 a[0]，因此在求最大值、最小值和平均值时，for 循环是从 $i=1$ 开始循环。另外，在统计平均值时，是先将 n 个整数累加起来，然后除以 n。

本题也可以不用数组实现。代码如下。

```
#include <bits/stdc++.h>
using namespace std;
int main( )
{
    int n, a[110], i;
    cin >>n;                // 整数的个数
    int mx, mn;             // 最大值、最小值
    double ave;             // 平均值
    for( i=0; i<n; i++ )  cin >>a[i];
    mx = mn = a[0];  ave = a[0];
    for( i=1; i<n; i++ ){
        if( a[i]>mx )  mx = a[i];
        if( a[i]<mn )  mn = a[i];
        ave += a[i];
    }
    ave = ave/n;
    cout <<mx <<" " <<mn <<" ";
    cout <<fixed <<setprecision(2) <<ave <<endl;
    return 0;
}
```

## 16.10 总结

本章需要记忆的知识点如下。

（1）数组是容器，可以存储多个数据，但 C++ 的数组只能存储同种类型的数据。

（2）掌握一维数组的定义、数组元素的引用和一维数组的初始化。

# 第 17 章

# 表格型容器——
# 二维数组

```
int i, j, a[4][4];
for(i=0; i<=3; i++){
    for(j=0; j<=3; j++)
        cin >>a[i][j];
}
```

## 主要内容

- ◆ 介绍二维数组的定义、数组元素的引用和二维数组的初始化。
- ◆ 掌握用二维数组存储和处理数据。
- ◆ 掌握用循环处理二维数组。

## 17.1 方格作业本——二维数组的引入

抱一写作文喜欢用方格作业本，因为方格适合用来书写汉字，如图17.1所示。

学完一维数组后，抱一知道，一维数组就是一维的表格，相当于方格作业本中的一行。

今天要学二维数组了。抱一心想，二维数组是不是相当于方格作业本的一页呢？非常正确，方格作业本的一页就是一个二维的表格，它有行和列。要表示这种二维表格中的位置，要说清楚是第几行、第几列。

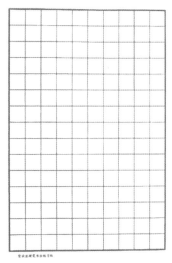

图 17.1 方格作业本

## 17.2 用数组存储多个有关联的数据

不管是一维数组还是二维数组，其作用都是存储多个有关联的数据。因此，只要在求解问题时出现多个有关联的数据，不管是输入的数据，还是程序执行过程中产生的数据，都需要用数组存储。

有关联的数据的例子：一个数列中的各项、一个班学生的成绩等。

用一维或二维数组存储数据的优势如下。

（1）不需要定义多个变量，只需定义一个数组就可以存储多个数据。

（2）可以采用统一的方式来访问这些数据，具体来说，就是通过下标来引用数组元素。

（3）可以通过循环来统一处理数组中的数据。

## 17.3 二维数组就是二维表格

前面我们学过了一维数组，一维数组就是一行表格，每个单元格里可以存数据，而且每个单元格里存的数据的类型是一样的。本章要学的二维数组，其实就是二维表格。生活中有很多这样的例子。例如，前面提到的方格作业本。

又如同学们的课表也是二维表格，每一列表示一天，每一行表示第几节课，如表17.1所示。要准确描述一堂课，要指出是星期几的第几节课，如星期四的第4节课是英语。

表17.1　某小学三年级(5)班课表

| 节次 | 星期 | | | | |
|---|---|---|---|---|---|
| | 星期一 | 星期二 | 星期三 | 星期四 | 星期五 |
| 第1节 | 数学 | 语文 | 英语 | 数学 | 语文 |
| 第2节 | 语文 | 音乐 | 数学 | 语文 | 数学 |
| 第3节 | 语文 | 劳动 | 校本书法 | 音乐 | 信息科技 |
| 第4节 | 科学 | 综合实践活动 | 科学 | 英语 | 道德与法治 |
| 第5节 | 英语 | 少先队活动 | 语文 | 道德与法治 | 美术 |
| 第6节 | 体育与健康 | 体育与健康 | 体育与健康 | 体育与健康 | 美术 |

在实际应用中有许多数据需要依赖两个因素才能唯一地确定。例如，有3个学生，每个学生有5门课程的成绩，显然成绩数据是一个二维表，如表17.2所示。如果想表示第3个学生第4门课程的成绩，就需要指出学生的学号和课程的序号两个因素，在数学上可以用$S_{3,4}$表示。在C++中要用S[2][3]来表示（注意下标从0开始）。

综上，具有两个下标的数组称为**二维数组**。

表17.2　学生成绩数据

| 学生学号 | 数学 | 语文 | 英语 | 体育 | 科学 |
|---|---|---|---|---|---|
| 20210101 | 90 | 89 | 96 | 92 | 99 |
| 20210102 | 98 | 91 | 87 | 94 | 82 |
| 20210103 | 85 | 94 | 93 | 90 | 94 |

 ## 17.4 用循环处理二维数组

跟一维数组一样，二维数组的一个优势是可以通过循环对所有元素进行统一的处理。对二维数组，通常需要使用二重循环。例如，可以使用以下代码为二维数组每个元素输入数据，同时求二维数组元素之和。

```
int i, j, a[4][4], s = 0;     //s: 求和的变量
for( i=0; i<=3; i++ ){        //i = 0, 1, 2, 3, 表示行
    for( j=0; j<=3; j++ ){    //j = 0, 1, 2, 3, 表示列
        cin >>a[i][j];   s += a[i][j];
    }
}
```

但在处理二维数组中某些特殊元素时，可能用一重循环就能实现。例如，以下代码可以把二维数组 a 对角线上的元素加起来，对角线上的元素，其特点是行号和列号相同。

```
for( i=0; i<=3; i++ )  s += a[i][i];
```

 **17.5  案例 1: 求二维数组中的最大元素**

【题目描述】

有一个 3×4 的矩阵（二维数组），要求编写程序求出其中最大的元素，以及该元素所在的行号和列号。测试数据保证最大的元素是唯一的。

【输入描述】

输入占三行，每行有 4 个整数，取值不超过 int 型的范围，用空格隔开。

【输出描述】

输出占一行，为 3 个整数，分别表示最大的元素的值，以及它的行号和列号，行号和列号均从 0 开始计起。

| 【样例输入】 | 【样例输出】 |
| --- | --- |
| 5 12 23 56 | 56 0 3 |
| 19 28 37 46 | |
| -12 -34 6 8 | |

【分析】

遍历二维数组需要采用二重循环。所谓**遍历**，就是访问每个元素一次且仅一次，不能重复也不能有遗漏，如输出每个元素就需要遍历数组。

本题要求一组数中的最大数，要用到"**擂擂台**"的思想。具体思路是：初始时把 a[0][0] 的值赋给变量 mx，然后让每一个元素与 mx 比较；如果这个元素比 mx 的当前值还要大，则把该元素的值赋给变量 mx，并且用 r 和 c 记录该元素的两个下标；这样 mx 就是当前找到的最大的数；一直比较到最后一个元素为止。mx 最后的值就是矩阵所有元素中的最大值。

代码如下。

```
#include <bits/stdc++.h>
using namespace std;
int main( )
{
    int i, j, r, c, mx;
    int a[3][4];
```

```
for( i=0; i<=2; i++ ){              // 从第 0 行~第 2 行
    for( j=0; j<=3; j++ )          // 从第 0 列~第 3 列
        cin >>a[i][j];
}
mx = a[0][0], r = 0, c = 0;         // 使 mx 开始时取 a[0][0] 的值
for( i=0; i<=2; i++ ){              // 从第 0 行~第 2 行
    for( j=0; j<=3; j++ ){         // 从第 0 列~第 3 列
        if( a[i][j]>mx ){          // 如果某元素大于当前的 mx
            mx = a[i][j];          //mx 将取该元素的值
            r = i;  c = j;         // 记下该元素的行号 i 和列号 j
        }
    }
}
cout <<mx <<" " <<r <<" " <<c <<endl;
return 0;
}
```

## 二维数组的定义、数组元素的引用和二维数组的初始化

### 1. 定义二维数组

定义二维数组的一般形式如下。

**数据类型 数组名 [行数] [列数];**

示例代码如下。

```
int a[3][4];          // 定义 a 为 3 行 4 列的二维 int 型数组
double b[2][5];       // 定义 b 为 2 行 5 列的二维 double 型数组
```

对上面的数组 a，一共有 $3 \times 4 = 12$ 个元素，其中第 0 行的 4 个元素是：a[0][0]、a[0][1]、a[0][2]、a[0][3]，第 1 行的 4 个元素是：a[1][0]、a[1][1]、a[1][2]、a[1][3]，第 2 行的 4 个元素是：a[2][0]、a[2][1]、a[2][2]、a[2][3]。这 12 个元素在内存中存储的顺序是：按行存放，即在内存中先按顺序存放第 0 行的 4 个元素，然后是第 1 行的 4 个元素，最后是第 2 行的 4 个元素，如图 17.2 所示。而且这 12 个元素在内存中是连续存放的。

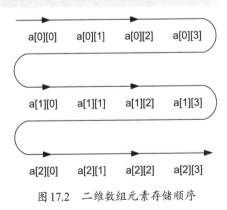

图 17.2　二维数组元素存储顺序

### 2. 引用二维数组的元素

引用二维数组元素的形式如下。

**数组名[行下标][列下标]**

示例代码如下。

```
a[2][3] = b[3][2] + 1;
```

### 3.二维数组的初始化

二维数组的初始化有两类方法：**分行初始化**和**按元素排列顺序初始化**。

（1）分行初始化：在花括号内再以花括号的形式将每行元素列举出来，有3种形式。

① 全部元素初始化。示例代码如下。

```
int a[2][3] = { { 1, 2, 3 }, { 4, 5, 6 } };
```

② 部分元素初始化。示例代码如下。

```
int a[2][3] = { { 1, 2 }, { 4 } }; //a[0][2]、a[1][1]、a[1][2] 由编译器自动赋值为0
```

③ 初始化时第一维长度省略。示例代码如下。

```
int a[ ][3]={ { 1 }, { 4, 5 } };
```

第一维下标是根据最外围花括号内花括号的对数来确定的，比如上述例子等价于下列代码。

```
int a[2][3]={ { 1 }, { 4, 5 } };
```

注意：第二维的长度不能省略！

（2）按元素排列顺序初始化：把所有元素按元素的排列顺序在花括号内列举出来，同样也有3种形式。

① 全部元素初始化。示例代码如下。

```
int a[2][3] = { 1, 2, 3, 4, 5, 6 };
```

② 部分元素初始化。示例代码如下。

```
int a[2][3] = { 1, 2, 4 };   //a[1][0]、a[1][1]、a[1][2] 由编译器自动赋值为0
```

③ 初始化时第一维长度省略。示例代码如下。

```
int a[ ][3]={ 1, 2, 3, 4, 5, 6, 7, 8 };
```

花括号内有8个数据，前面3个是第0行的元素，中间3个是第1行的元素，最后2个是第2行的元素，编译器对第2行的最后一个元素a[2][2]自动赋值为0。这样该数组一共有3行，即上述语句等价于下列代码。

```
int a[3][3]={1, 2, 3, 4, 5, 6, 7, 8 };
```

同样要注意：第二维的长度不能省略！

# 17.6 案例2：求一个矩阵中的鞍点

【题目描述】

编程求一个4×4矩阵（就是二维数组）中的鞍点，如果没有鞍点，则输出提示信息。

鞍点是二维数组中的一个元素，它在它所在那一行上最大，在它所在那一列上最小。"鞍点"一词来源于马鞍。马鞍在前后方向上的最低点，也是左右方向上的最高点，如图17.3所示。

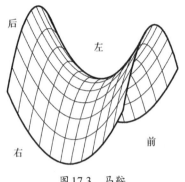

图17.3 马鞍

【输入描述】

输入占一行，为16个整数，取值不超过int型的范围，用空格隔开。

【输出描述】

如果不存在鞍点，则输出"no saddle"；如果存在鞍点，则输出所有鞍点，每个鞍点占一行，为3个整数，分别表示鞍点的值，以及它的行号和列号（行号和列号均从1开始计起），多个鞍点先按行优先、再按列优先的顺序输出。

【样例输入1】

```
5 12 23 56 19 28 37 46 -12 -34 6 8 97 25 -7 45
```

【样例输出1】

```
8 3 4
```

【样例输入2】

```
5 12 23 56 19 28 37 46 -12 -34 6 58 97 25 -7 45
```

【样例输出2】

```
no saddle
```

【样例输入3】

```
70 -77 -93 -25 55 -64 -36 -10 63 -91 -22 -12 55 20 -59 -81
```

【样例输出3】

```
55 2 1
55 4 1
```

【样例输入4】

```
28 -5 50 71 4 -44 12 18 70 30 -47 36 -54 -70 -54 -54
```

【样例输出4】

```
-54 4 1
-54 4 3
-54 4 4
```

注意：本题虽然用的是二维数组，在读入的时候也是用二重for循环，但在输入数据时不必每输入完4个数据就换行，可以把16个数据在一行输入。事实上，二维数组在存储数据时也是按行存放，即在内存中先按顺序存放第0行所有元素，然后是第1行所有元素，依次类推。

【分析】

在本题中，用一个 $5 \times 5$ 的二维数组 a 存储一个 $4 \times 4$ 的矩阵（从第 1 行、第 1 列开始存储）。另外，用第 0 行存储各列的最小值，用第 0 列存储各行的最大值。假设输入矩阵如图 17.4（a）所示，经过计算后，第 0 行和第 0 列的取值如图 17.4（b）所示。然后遍历二维数组，如果某个元素 a[i][j] 的值与 a[i][0] 的值相等，同时也与 a[0][j] 相等，则 a[i][j] 就是一个鞍点。

| 5 | 12 | 23 | 56 |
|---|---|---|---|
| 19 | 28 | 37 | 46 |
| -12 | -34 | 6 | 8 |
| 97 | 25 | -7 | 45 |

（a）输入的矩阵

| | -12 | -34 | -7 | 8 |
|---|---|---|---|---|
| 56 | 5 | 12 | 23 | 56 |
| 46 | 19 | 28 | 37 | 46 |
| 8 | -12 | -34 | 6 | 8 |
| 97 | 97 | 25 | -7 | 45 |

（b）求出各行最大值和各列最小值

图 17.4 矩阵的鞍点

注意，一个矩阵可能没有鞍点，但是如果存在鞍点，鞍点是唯一的吗？

可以证明：一个矩阵中如果存在多个鞍点，则这些鞍点的值是相等的，且位于同一行或同一列。以下证明过程了解即可。

反证法：假设一个矩阵中存在多个鞍点，且鞍点的值不一样。例如，在图 17.5（a）中，假设"*"号所处位置为 2 个值不一样的鞍点。对 (2, 2) 位置上的鞍点，设为 61，它必须是第 2 行中最大的，所以我们尝试着在第 2 行其他位置上放一些比 61 小的数，如图 17.5（b）所示。61 还必须是第 2 列中最小的，因此我们尝试着在第 2 列其他位置上放一些比 61 大的数。对 (3, 4) 位置上的鞍点，设为 97，它必须是第 3 行中最大的，我们可以在第 3 行其他位置放置一些比 97 小的数，但要保证 (3, 2) 位置上的数比 61 大。但是接下来我们无法使得 97 在第 4 列中是最小的，因为 (2, 4) 这个位置上的数（目前是 13）要比 61 小，肯定比 97 小，这就矛盾了。

| | | * | | |
|---|---|---|---|---|
| | | | * | |

（a）2 个值不一样的鞍点

| | | | 61 | |
|---|---|---|---|---|
| | | | 91 | |
| 61 | 24 | 61 | -5 | 13 |
| 97 | 11 | 88 | 29 | 97 |
| | | | 65 | |

（b）按鞍点的要求放数

图 17.5 鞍点的证明

同样，假设 (3, 4) 位置上的鞍点比 61 小，也会导致矛盾。因此，鞍点如果存在多个，则鞍点的值必须是相等的。

采用类似的方法，还可以证明矩阵中如果存在多个鞍点（值是一样的），这些鞍点必须位于同一行或同一列。

　　本题的关键是求出第 $j$ 列的最小值（$j=1, 2, 3, 4$）和第 $i$ 行的最大值（$i = 1, 2, 3, 4$）。求第 $j$ 列的最小值的方法如下：先将 a[1][$j$] 的值赋给变量 $mn$，然后用 for 循环依次将 a[2][$j$]、a[3][$j$]、a[4][$j$] 与 $mn$ 比较并取最小值，最后将 $mn$ 的值赋给 a[0][$j$]，如图 17.6（a）所示。求第 $i$ 行的最大值的方法类似，如图 17.6（b）所示。

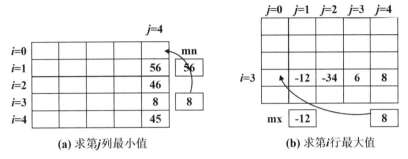

**(a)** 求第 $j$ 列最小值　　　　　　**(b)** 求第 $i$ 行最大值

图 17.6　求第 $j$ 列的最小值和第 $i$ 行的最大值

　　本题要求，如果存在鞍点，则依次输出每个鞍点，否则（不存在鞍点）输出 "no saddle"，这需要通过状态变量来实现：定义状态变量 $flag$，约定 $flag$ 取值为 false 表示没有鞍点，取值为 true 表示有鞍点；初始值为 false；只要找到鞍点就将 $flag$ 的值改为 true；最后如果 $flag$ 的值仍然为 false，就表示不存在鞍点。代码如下。

```
#include <bits/stdc++.h>
using namespace std;
int main( )
{
    int a[5][5], i, j;              // 第 0 行存储各列的最小值，第 0 列存储各行的最小值
    for( i=1; i<5; i++ ) {          // 从第 1 行、第 1 列开始存储数据
        for( j=1; j<5; j++ )  cin >>a[i][j];
    }
    for( j=1; j<5; j++ ){           // 求各列的最小值
        int mn = a[1][j];
        for( i=2; i<5; i++ ){
            if( a[i][j]<mn )  mn = a[i][j];
        }
        a[0][j] = mn;
    }
    for( i=1; i<5; i++ ){           // 求各行的最大值
        int mx = a[i][1];
        for( j=2; j<5; j++ ){
            if( a[i][j]>mx )  mx = a[i][j];
        }
        a[i][0] = mx;
```

```
    }
    bool flag = false;            // 是否存在鞍点的状态变量
    for( i=1; i<5; i++ ){
        for( j=1; j<5; j++ ){
            if( a[i][j]==a[i][0] && a[i][j]==a[0][j] ){
                cout <<a[i][j] <<" " <<i <<" " <<j <<endl;
                flag = true;
            }
        }
    }
    if( !flag )  cout <<"no saddle" <<endl;
    return 0;
}
```

## 案例3：输出数字螺旋矩阵（2）

【题目描述】

输入一个正整数 $N$，生成一个 $N×N$ 的螺旋矩阵，矩阵中元素取值为 $1\sim N^2$，1 在左上角，其余各数按顺时针方向旋转前进，依次递增放置。例如，当 $N=4$ 时，矩阵各元素如下。

```
 1  2  3  4
12 13 14  5
11 16 15  6
10  9  8  7
```

【输入描述】

输入占一行，为一个正整数 $N$，$1 \leqslant N \leqslant 9$。

【输出描述】

输出 $N×N$ 大小的螺旋矩阵，即输出 $N$ 行，每行有 $N$ 个数字，每个数字输出时占 3 个字符的宽度。

| 【样例输入】 | 【样例输出】 |
|---|---|
| 4 | ``` 1  2  3  4```<br>```12 13 14  5```<br>```11 16 15  6```<br>```10  9  8  7``` |

【分析】

想象一下，有一个二维表格，要按本题的规律往里面填数字。本题最麻烦的是在往右、下、左、上四个方向填写数字的过程中，可以填写数字的位置越来越少，需要时刻判断是否要停止沿该方向填写数字。

以下代码采用一种非常巧妙的思路求解：从最左上角开始模拟按顺时针方向旋转前进并填写数字的过程，只要下一个位置非0（各个数组元素初始化为0），就说明不能再往该方向填写数字了，而是要切换到下一个方向继续填写数字。具体来说，就是代码用了4个while循环控制向右、下、左、上填写数字，循环条件是下一个位置没有出最外围的边界（行和列都没有超出[1, N]）且下一个位置为0。代码如下。

```cpp
#include <bits/stdc++.h>
using namespace std;
int main( )
{
    int N, a[15][15] = {0};          //第0行、第0列不用，所有元素初始化为0
    cin >>N;
    int x = 1, y = 1, cnt = 1;    //(x, y)：当前填数的位置，cnt：当前填的数字
    a[1][1] = 1;   //初始化
    // 这里用了一种很巧妙的思路，在往右、下、左、上写的过程
    // 无需判断边界，只要遇到非零的位置（说明这个位置填了数字）就停下来
    while(cnt < N * N) {
        while(y + 1 <= N && a[x][y + 1]==0)   // 往右写
            a[x][++y] = ++cnt;
        while(x + 1 <= N && a[x + 1][y]==0)   // 往下写
            a[++x][y] = ++cnt;
        while(y - 1 >= 1 && a[x][y - 1]==0)   // 往左写
            a[x][--y] = ++cnt;
        while(x - 1 >= 1 && a[x - 1][y]==0)   // 往上写
            a[--x][y] = ++cnt;
    }
    for(x = 1; x <= N; ++x){
        for(y = 1; y <= N; ++y)
            cout <<setw(3) <<a[x][y];
        cout <<endl;
    }
    return 0;
}
```

 **17.8** ## 练习1：二维1, 2, 3, 2, 3, 4, 3, 4, 5, 4,···

【背景知识】

前面已经学了1, 2, 3, 2, 3, 4, 3, 4, 5, 4,···数列。现在按照这个数列的规律生成一个二维的数列。

仔细观察如图17.7所示的二维表格，第一行就是1, 2, 3, 2, 3, 4, 3, 4, 5, 4, …数列，第1列也是1, 2, 3, 2, 3, 4, 3, 4, 5, 4, …数列，第2行从行首的2开始继续这个数列，得到2, 3, 2, 3, 4, 3, 4, 5, 4, 5, …数列。依次类推。

生成这样的一个二维数列后，从任何方格出发，如第$si$行、第$sj$列，按任意的路径行走（但只能按向右或向下方向），走到第$di$行、第$dj$列，沿途经过的方格都是符合本题规律的数列。

例如，在图17.7中，从第4行、第2列的方格出发，横向走2个方格，竖向走1个方格，再横向走3个方格，又竖向走2个方格，最后横向走2个方格，到达第7行、第9列的方格。所经过的方格中的数字以斜体、下画线标明，得到的数列为3, 4, 3, 4, 5, 4, 5, 6, 5, 6, 7, …，也符合本题的规律。

| 1 | 2 | 3 | 2 | 3 | 4 | 3 | 4 | 5 | 4 |
|---|---|---|---|---|---|---|---|---|---|
| 2 | 3 | 2 | 3 | 4 | 3 | 4 | 5 | 4 | 5 |
| 3 | 2 | 3 | 4 | 3 | 4 | 5 | 4 | 5 | 6 |
| 2 | *3* | *4* | *3* | 4 | 5 | 4 | 5 | 6 | 5 |
| 3 | 4 | 3 | *4* | *5* | *4* | *5* | 6 | 5 | 6 |
| 4 | 3 | 4 | 5 | 4 | 5 | *6* | 5 | 6 | 7 |
| 3 | 4 | 5 | 4 | 5 | 6 | *5* | *6* | *7* | 6 |
| 4 | 5 | 4 | 5 | 6 | 5 | 6 | 7 | 6 | 7 |
| 5 | 4 | 5 | 6 | 5 | 6 | 7 | 6 | 7 | 8 |
| 4 | 5 | 6 | 5 | 6 | 7 | 6 | 7 | 8 | 7 |

图17.7 二维表格

【题目描述】

输入正整数$n$和$m$, $(n, m \leqslant 20)$，输出按上述规律生成的二维数组中第$n$行、第$m$列上的整数（行号和列号均从1开始计起）。

【输入描述】

输入占一行，为两个正整数$n$和$m$。

【输出描述】

输出占一行，为第$n$行、第$m$列上的整数。

【样例输入1】

3 7

【样例输出1】

5

【样例输入2】

10 10

【样例输出2】

7

【分析】

本题按照规律生成一个二维数组 mp，第 0 行、第 0 列不用。对第 $i$ 行，首先要确定行首的数字，行首的数字是位于第 1 列的，而第 1 列的数字构成的数列是 1，2，3，2，3，4，3，4，5，…，假设第 $i$ 行行首的数字是这个数列第 $s$ 组的第 $t$ 个数字，组号和组内数的序号均从 1 开始计起。例如，第 4 行的行首为 2，是第 2 组数中的第 1 个数。易知，第 $i$ 行行首的数字为 $s+t-1$。

算出第 $i$ 行行首的数字是第 $s$ 组的第 $t$ 个数后，第 $i$ 行后面的每个数字其实就是继续按这个数列的规律取值。因此，在内层 for 循环中，$t$ 每次递增 1，超过 3 后，$s$ 加 1，$t$ 又从 1 开始递增，根据 $s$ 和 $t$ 的值，可以算出每个位置上的数字是 $s+t-1$。采用这种方法，生成 20 行 20 列以内的所有数字。最后根据输入的 $n$ 和 $m$，输出 mp$[n][m]$ 即可。代码如下。

```
#include <bits/stdc++.h>
using namespace std;
int main( )
{
    int mp[21][21] = {0};              //第 0 行、第 0 列不用
    int i, j, n, m;
    int s, t;                          //行首的数字是第 s 组的第 t 个数
    for(i=1; i<=20; i++){              //填第 i 行
        //先算出第 i 行行首的数是第 s 组的第 t 个数
        if(i%3==0)   s = i/3, t = 3;  //i=3,6,9,则为第 1,2,3 组第 3 个数
        else   s = i/3 + 1, t = i%3;
        //第 i 行行首的数字是 s+t-1, 从这个数字出发按规律产生第 i 行的数
        mp[i][1] = s+t-1;
        for(j=2; j<=20; j++){
            t++;
            if(t>3)   s++, t = 1;   // 把多行短的代码压缩成一行（压行），避免使用花括号
            mp[i][j] = s+t-1;
        }
    }
    cin >>n >>m;
    cout <<mp[n][m] <<endl;
    return 0;
}
```

## 17.9 练习 2：统计矩阵中各类数的个数

【题目描述】

输入一个 $4 \times 4$ 矩阵（二维数组），统计矩阵中正数、负数、0 的个数并输出。

【输入描述】

输入占一行，为16个整数，用空格隔开。

【输出描述】

输出占一行，为3个整数，用空格隔开，分别表示正数、负数、0的个数。

【样例输入】 【样例输出】

```
23 0 99 -67 -98 -1 12 0 91 5 -68 -55 90 31 -39 33        8 6 2
```

【分析】

本题比较简单，将输入的数据保存到二维数组，然后用二重for循环遍历数组并计数即可。代码如下。

```cpp
#include <bits/stdc++.h>
using namespace std;
int main( )
{
    int a[4][4], i, j;
    for( i=0; i<4; i++ ){            // 输入矩阵各元素
        for( j=0; j<4; j++ )  cin >>a[i][j];
    }
    int p = 0, n = 0, z = 0;         // 正数、负数、0的个数
    for( i=0; i<4; i++ ){            // 统计
        for( j=0; j<4; j++ ){
            if( a[i][j]>0 )  p++;
            else if( a[i][j]<0 )  n++;
            else  z++;
        }
    }
    cout <<p <<" " <<n <<" " <<z <<endl;
    return 0;
}
```

## 17.10 练习3：输出杨辉三角形（2）

【背景知识】

如图17.8（a）所示，在杨辉三角形中，每一行首尾两个数字均为1，其他数字都是上一行左上和右上两个数字之和。杨辉三角形也可以表示成图17.8（b），每一行首尾两个数字均为1，其他数字都是上一行左上方和正上方两个数字之和。

```
          1                              1
        1   1                          1   1
      1   2   1                      1   2   1
    1   3   3   1                  1   3   3   1
  1   4   6   4   1              1   4   6   4   1
1   5  10  10   5   1          1   5  10  10   5   1
1   6  15  20  15   6   1      1   6  15  20  15   6   1
1   7  21  35  35  21   7   1  1   7  21  35  35  21   7   1
1   8  28  56  70  56  28   8   1  1   8  28  56  70  56  28   8   1
1   9  36  84 126 126  84  36   9   1  1   9  36  84 126 126  84  36   9   1
```

（a）原始的杨辉三角形            （b）输出的杨辉三角形

图17.8  杨辉三角形

【题目描述】

输入正整数 $n$，$n \leqslant 10$，按图17.8（b）的格式输出杨辉三角形前 $n$ 行。

【输入描述】

输入占一行，为一个正整数 $n$。

【输出描述】

输出杨辉三角形前 $n$ 行，每个数字占4个字符宽度，右对齐。

【样例输入】                    【样例输出】

10                              输出内容如图17.8（b）所示。

【分析】

因为 $n \leqslant 10$，所以我们可以在二维数组 yh 里先生成杨辉三角形前10行，然后根据输入的 $n$ 值，按题目中所述的格式要求输出前 $n$ 行即可。在生成杨辉三角形时，二维数组 yh 的第0行、第0列不用设置，第1行、第2行、第1列、主对角线这些特殊位置的值可以先设置好，其他第 $i$ 行、第 $j$ 列位置的值 yh$[i][j]$ = yh$[i-1][j-1]$ + yh$[i-1][j]$。代码如下。

```cpp
#include <bits/stdc++.h>
using namespace std;
int main( )
{
    int i, j, yh[11][11] = {0};          //第0行，第0列不用
    yh[1][1] = yh[2][1] = yh[2][2] = 1;   //第1行、第2行
    for(i=3; i<=10; i++)
        yh[i][1] = yh[i][i] = 1;          //第1列和主对角线均为1
    for(i=3; i<=10; i++){
        for(j=2; j<=i-1; j++)
```

```
        yh[i][j] = yh[i-1][j-1] + yh[i-1][j];   //=左上＋上
    }
    int n;  cin >>n;
    for(i=1; i<=n; i++){
        for(j=1; j<=i; j++)
            cout <<setw(4) <<right <<yh[i][j];
        cout <<endl;
    }
    return 0;
}
```

##  17.11 拓展阅读：三维数组

除了一维数组和二维数组，有没有三维数组呢？三维数组甚至更高维数组都有。但是，四维及以上的数组非常不好理解。可以把一维数组想象成方格作业本中的一行，有多个位置（元素）；将二维数组理解成方格作业本中的一页，有若干行，每行有相同的列；而三维数组就是一本方格作业本，有很多页，每页是一个二维数组。

例如，可以定义三维字符数组digit[10][5][4]来存储数字字符0～9的点阵图形，如图17.9所示。它是由10个二维数组组成的，每个二维数组存储一个数字字符的点阵图形。例如，digit[0]存储了字符0的点阵图形，digit[9]存储了字符9的点阵图形。

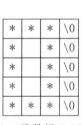

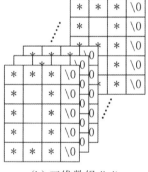

(a) 二维数组digit[0]　　　(b) 三维数组digit

图17.9　三维数组

## 17.12 总结

本章需要记忆的知识点如下。

（1）不管是输入的数据，还是程序执行过程中产生的数据，都可能需要用数组存储。

（2）二维数组的定义、数组元素的引用和二维数组的初始化。

（3）遍历二维数组往往需要用二重循环实现。

（4）求一组数（不管是一维数组还是二维数组）中的最大值（或最小值）要用到"摆擂台"的思想。

# 第 18 章

# 非数值型数据——字符和字符串

```
char c1, c2;
char c3[6] = "Hello";
cout <<c3 <<endl;
cout <<strlen(c3) <<endl;
```

## 主要内容

- 介绍字符和字符串的概念。
- 介绍西文字符的 ASCII 编码方案。
- 介绍 C++ 语言中的字符型变量 / 常量、字符串常量、字符数组的使用。
- 介绍编程处理字符及字符串数据的方法。

## 从身份证号说起

外出旅行、参加等级考试，需要用到身份证。抱一拿到自己的身份证，看到上面有一串数字，500105201402070497。抱一数了数，有18位数字。他尝试着读出这个数，以失败告终。其实，身份证号不是一个数，仅仅是由数字"字符"组成的，而且每一位数字都有特定的含义，如图18.1所示。

| 1 | 2 | 3 | 4 | 5 | 6 | 7 | 8 | 9 | 10 | 11 | 12 | 13 | 14 | 15 | 16 | 17 | 18 |
|---|---|---|---|---|---|---|---|---|----|----|----|----|----|----|----|----|----|
| 省自治区直辖市 | | 地级市盟自治州 | | 区县 | | 出生年月日(年4位月2位日2位) | | | | | | | | 顺序码 | | 性别 | 校验码 |

图18.1　18位身份证号码的数字代表的含义

身份证号是一个编号，或者称为编码。为了方便记忆和管理，在编号时特意引入了一些规律。例如，第17位代表性别，如果为奇数，则表示男性，如果为偶数，则是女性。

## 字符和字符串

程序中的数据，除了数值型数据（包括整型和浮点型），还有字符型及字符串数据。

在汉语里，词和句子是由汉字组成的，每个汉字都是一个字符。例如，"中""国"是汉字，"中国"是一个词。

在英语里，一共有26个字母，每个字母还有大写和小写。每个大写或小写字母都是字符。例如，"Hello"这个单词是由5个字符组成的。此外，*、#、@、&、%等也是字符。

在实际生活中，可能会出现汉字和字母的混合，如"U城天街B馆"。

"串"表示连贯起来的东西，如羊肉串。因此，**字符串**就是由多个字符组成的一个整体，如"中华人民共和国""Hello world!"。

有时，数字不一定有大小的含义，即不一定是一个数值。例如，身份证号有18位数字（最后一位可能为字母X），但身份证号不是一个数。同样，手机号码有11位，但手机号码也没有数值的含义。这种字符串称为**数字字符串**。

在C++语言中，为了区分字符、字符串和其他数据，规定用一对单引号括起来的一个西文字符表示单个字符，如'A'，占一个字节。但是一个汉字无法用一个字节存储，所以，不能用一对单引号把一个汉字括起来。用一对双引号括起来的内容就是一个**字符串**，如"Hello world!"、"510212197907210355"。尽管用一对双引号括起来的中文字符串是合法的，如"中华人民共和国"，但由于汉字编码方案很复杂，超出了本书的难度，所以，本书**只讨论由西文字符组成的字符串**。在程序设计竞赛中出现的字符也仅限于西文字符。

**18.3** ## ASCII 编码

在计算机中，对整数，是转换成二进制进行存储；对浮点数，是用二进制方式进行表示。二进制的概念详见下一章。其他数据，如字符、各国文字、图片、视频、音频等，都需要设计一些编码方案，将这些数据编码成二进制的形式，才能存储；在读取时根据编码方案解码成正确的内容进行显示或播放。本书只介绍西文字符的ASCII编码方案，如表18.1所示。

表18.1 ASCII编码表

| ASCII值 | 控制字符 | 含义 | ASCII值 | 字符 | ASCII值 | 字符 | ASCII值 | 字符 |
|---------|---------|------|---------|------|---------|------|---------|------|
| 000 | NULL | 空字符 | 032 | (space) | 064 | @ | 096 | ` |
| 001 | SOH | 标题开始 | 033 | ! | 065 | A | 097 | a |
| 002 | STX | 正文开始 | 034 | " | 066 | B | 098 | b |
| 003 | ETX | 正文结束 | 035 | # | 067 | C | 099 | c |
| 004 | EOT | 传输结束 | 036 | $ | 068 | D | 100 | d |
| 005 | ENQ | 请求 | 037 | % | 069 | E | 101 | e |
| 006 | ACK | 响应 | 038 | & | 070 | F | 102 | f |
| 007 | BEL | 响铃 | 039 | ' | 071 | G | 103 | g |
| 008 | BS | 退格 | 040 | ( | 072 | H | 104 | h |
| 009 | HT | 水平制表符 | 041 | ) | 073 | I | 105 | i |
| 010 | LF | 换行 | 042 | * | 074 | J | 106 | j |
| 011 | VT | 垂直制表符 | 043 | + | 075 | K | 107 | k |
| 012 | FF | 换页 | 044 | , | 076 | L | 108 | l |
| 013 | CR | 回车 | 045 | − | 077 | M | 109 | m |
| 014 | SO | 不用切换 | 046 | . | 078 | N | 110 | n |
| 015 | SI | 启用切换 | 047 | / | 079 | O | 111 | o |
| 016 | DLE | 数据链路转义 | 048 | 0 | 080 | P | 112 | p |
| 017 | DC1 | 设备控制1 | 049 | 1 | 081 | Q | 113 | q |
| 018 | DC2 | 设备控制2 | 050 | 2 | 082 | R | 114 | r |
| 019 | DC3 | 设备控制3 | 051 | 3 | 083 | S | 115 | s |
| 020 | DC4 | 设备控制4 | 052 | 4 | 084 | T | 116 | t |
| 021 | NAK | 拒绝接收 | 053 | 5 | 085 | U | 117 | u |
| 022 | SYN | 同步空闲 | 054 | 6 | 086 | V | 118 | v |
| 023 | ETB | 结束传输块 | 055 | 7 | 087 | W | 119 | w |
| 024 | CAN | 取消 | 056 | 8 | 088 | X | 120 | x |
| 025 | EM | 介质中断 | 057 | 9 | 089 | Y | 121 | y |
| 026 | SUB | 置换 | 058 | : | 090 | Z | 122 | z |
| 027 | ESC | 溢出 | 059 | ; | 091 | [ | 123 | { |
| 028 | FS | 文件分隔符 | 060 | < | 092 | \ | 124 | \| |
| 029 | GS | 组分隔符 | 061 | = | 093 | ] | 125 | } |
| 030 | RS | 记录分隔符 | 062 | > | 094 | ^ | 126 | ~ |
| 031 | US | 单元分隔符 | 063 | ? | 095 | − | 127 | DEL |

ASCII编码表有以下规律，这些规律在编程解题时可能要用到。

（1）第1列的32个字符是控制字符，是不可以显示的，必须用转义字符来表示。例如，'\n'表示换行字符。

（2）编码值为0的字符，就是字符串结束标志'\0'，记住'\0'就是0。

（3）ASCII编码值为32的字符是空格字符。

（4）数字字符0对应的编码是0110000B（48D），0～9编码值以1递增，数字字符"0"到"9"的ASCII编码值减去48D（'0'），可得到对应的数值。

（5）大写英文字母编码值比小写英文字母编码值小。

（6）A的ASCII编码值是65，B是66，依次类推，Z的ASCII编码值是90。

（7）a的ASCII编码值是97，b是98，依次类推，z的ASCII编码值是122。

（8）同一字母的大小写ASCII编码值相差32。

 ## 18.4 字符、字符串和字符数组

### 1. 字符型变量

C++语言提供了2种字符型类型：有符号的字符型和无符号的字符型。

char：有符号的字符型。其表示范围是-128～127，占1个字节。

unsigned char：无符号的字符型。其表示范围是0～255，占1个字节。

如果在程序中定义了一个字符型变量ch，它的值是大写字母字符'A'，实际上并不是把该字符本身存放到内存单元中，而是将该字符的ASCII编码以二进制形式存放到存储单元中。字符'A'的ASCII编码值为65，对应的二进制为01000001。因此该字符型变量在内存中占一个字节，它的内容为"01000001"。

既然字符型数据是以ASCII编码值存储的，它的存储形式就与整数的存储形式类似。因此，在C++语言中，字符型数据和整型数据之间可以通用。'A'就是65，65在特定的场合下也代表'A'。一个字符型数据可以赋给一个整型变量，反之，一个整型数据也可以赋给一个字符型变量（截取整型数据的最低字节赋值给字符型变量）。也可以对字符型数据进行算术运算，此时相当于以它们的ASCII编码值进行算术运算。代码如下。

```
char c1, c2;              // 定义两个字符型变量
c1 = 97;                  // 把整型常量赋值给字符型变量，与"c1 = 'a'"的效果一样
c2 = 98;
c1 = c1 - 32;             //(1) 字符型数据与整型数据一起运算
c2 = c2 - 32;             //(2)
cout <<c1 <<" " <<c2;     // 输出转换后的字符
```

以上cout语句的输出结果如下。

```
A B
```

从ASCII编码表可知，大写字母在ASCII编码表中是按顺序排列的，小写字母也是按顺序排列的，而且每一个小写字母比相应的大写字母的ASCII编码值大32。小写字母字符'a'的ASCII编码值为97，'b'为98，依次类推。执行完代码中的语句（1）和（2）以后，c1的值为65，对应的字符是大写字母字符'A'，c2的值为66，对应的字符是大写字母字符'B'。

2. 字符型常量

在给字符型变量赋值时，以及在一些涉及字符型数据运算的表达式里，往往要用到字符型常量。用单引号括起来的一个字符就是**字符型常量**。如'a'、'#'、'%'、'D'都是合法的字符型常量，在内存中占一个字节。字符型常量可以赋给一个char型变量或整型变量。示例代码如下。

```
char c = 'D';
int a = 'A';   // 变量 a 的值为 65，即字符 'A' 的 ASCII 编码值
```

除了以上形式的字符型常量外，C++语言还允许使用一种特殊形式的字符型常量，就是以右斜杠（\）开头的字符序列。这些字符型常量称为**转义字符**，表示将右斜杠后面的字符转换成另外的意义。例如，'\n'代表"换行"字符。

表18.2列出了C++语言中提供的常用转义字符及其含义。

表18.2最后两行要特别注意。有了这两行就意味着在程序中要表示一个字符常量'a'，可以采用'a'，还可以用'\141'或'\x61'，因为字符a的ASCII编码值为97，其八进制形式为"141"，十六进制形式为"61"。但是要注意不能采用十进制形式'\97'去表示字符常量'a'。

表18.2　常用转义字符及其含义

| 字符形式 | 含义 | ASCII编码 |
|---|---|---|
| \n | 换行，将当前位置移到下一行开头 | 10 |
| \t | Tab字符 | 9 |
| \\ | 反斜杠字符"\" | 92 |
| \' | 单引号字符 | 39 |
| \" | 双引号字符 | 34 |
| \0 | 空字符(字符串结束标志) | 0 |
| \ddd | 1～3位八进制ASCII编码所代表的字符 | |
| \xhh | 1～2位十六进制ASCII编码所代表的字符 | |

3. 字符串常量

用双引号括起来的字符序列就是**字符串常量**，示例代码如下。

```
cout <<"Welcome!" <<endl;
```

"Welcome!"就是一个字符串常量。在输出时，字符串常量中的字符应按照原样输出。

如图18.2所示，编译系统在存储字符串常量时，将字符串常量存储在一段连续的存储空间中。每个字符占一个字节，存储字符的ASCII编码值（二进制形式），然后在字符串最后加上一个'\0'作为字符串结束标志。因此，"Welcome!"字符串常量在内存中占9个字节。

从表18.2中可以看出，转义字符'\0'的ASCII编码值为0，这个字符用作字符串常量的结束标志。在输出字符串常量时，程序会输出每个字符直到遇到'\0'为止，'\0'这个字符不会被输出来。如果一个字符串常量中包含多个'\0'，则在输出这个字符串常量时，只输出第一个'\0'之前的所有字符。例如，在用下面的cout语句输出一个字符串常量时，只输出"Hello"，该字符串常量的存储形式如图18.3所示。

```
cout <<"Hello\0world";
```

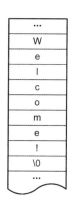

图18.2　字符串常量在内存中的存储情形

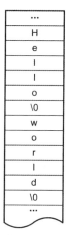

图18.3　字符串中包含多个字符串结束标志

### 4. 字符数组

前面已经学过整型数组的定义和初始化。如果数组元素是字符型数据，则该数组就是字符数组。字符数组中的每个元素存放一个字符，占一个字节。字符数组具有数组的一般属性。此外，字符数组和字符串有着很紧密的联系，并且由于字符串应用广泛，C++语言为它提供了许多方便的用法和专门的处理函数。

（1）字符数组的定义与初始化。字符数组的定义方法跟整型数组的定义方法完全一样。示例代码如下。

```
char c[10];　//定义一个有10个字符元素的一维数组c
```

字符数组有以下2种初始化方法。

①逐个元素赋值，这种初始化方法跟一般数组一样。

②用字符串常量初始化。

第1种方法的示例代码如下。

```
char c1[5] = { 'H', 'e', 'l', 'l', 'o' };
char c2[5] = { 'B', 'o', 'y' };
```

初始化后，c1和c2的存储情况如图18.4所示。与整型数组初始化类似的是，如果在初始化时所提供的初始值个数小于数组长度，对于没有初始值的元素，编译器自动赋值为0（注意，这些0在字符数组中有特殊含义，可以充当字符串结束标志）。因此在字符数组c2中，后两个元素的值为0。

注意在初始化时，所提供的初始值个数不能大于数组长度，如下面的语句在编译时有错误。

```
char c3[4] = { 'H', 'e', 'l', 'l', 'o' };      //(×)
```

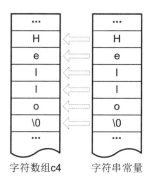

字符数组c4     字符串常量

图18.5　用字符串常量初始化数组

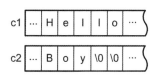

图18.4　字符数组初始化

第2种方法的示例代码如下。

```
char c4[6] = { "Hello" };
char c4[6] = "Hello";
char c4[ ] = "Hello";
```

这3行代码对字符数组的初始化都是对的，而且是等效的。

在用字符串常量给字符数组初始化时，是把字符串常量的每一个字符赋值给字符数组中对应的元素，如图18.5所示。

上面在定义c4时，能不能将元素个数定义成5？即：

```
char c4[5] = { "Hello" };
```

或：

```
char c4[5] = "Hello";
```

答案是不可以，因为字符串常量"Hello"实际上占6个字节，后面有串结束标志'\0'。在初始化时，会把'\0'也赋值给某个数组元素。

（2）字符数组元素的引用。和整型数组类似，只能引用字符数组中的某个元素，而不能引用整个数组。例如，假设已经定义好了以下两个字符数组 a 和 b。

```
char a[5], b[5];
```

下面两种用法都是错误的。

```
a = { 'C', 'h', 'i', 'n', 'a' };    //(×)
b = a;    //(×)
```

引用某个数组元素是正确的，示例代码如下。

```
a[0] = b[0] = 'A';    // 引用数组元素
```

（3）字符数组的输入/输出。字符数组的输入/输出主要有以下三种方法。

①逐个字符输入/输出。cin 语句可以对单个字符数据输入、输出，加上循环控制则可以对字符数组进行输入/输出。例如，下面的代码段可以对一个字符数组进行输入/输出。

```
char str[10];
for( int i=0; i<10; i++ )
    cin >>str[i];
for( int i=0; i<10; i++ )
    cout <<str[i];
```

②将字符数组中的整个字符串一次性输入或输出。上面提到的对字符数组"只能引用字符数组中的某个元素，而不能引用整个数组"，有一个例外，就是在输入/输出时，可以对字符数组一次性输入或输出。输入/输出时使用数组名。比如上面代码中的输入/输出部分可改成下列形式。

```
cin >>str;
cout <<str;
```

注意：字符数组输入时，必须保证输入字符串的长度小于数组长度。这是因为如果输入串的长度等于或大于数组长度，系统会把超出数组长度的字符存放在数组所占存储空间的后续字节里，而这些字节不属于数组范围，这是很危险的。如下面的例子。

```
char b[16] = {"LOVE"};
char a[16];
cin >>a;    // 输入超过 16 个字符
cout <<a <<endl;
cout <<b <<endl;
```

该程序运行的结果如下。

```
aaaaaaaaaaaaaaaaaa↙
aaaaaaaaaaaaaaaaaa
aa
```

如图18.6所示，在输入字符数组a时，输入18个字符'a'，再加上串结束标志'\0'，一共19个字符。其中，前面16个字符'a'存在字符数组a中，后面2个字符'a'和串结束标志'\0'覆盖了字符数组b的前3个字符。在输出字符数组a时，也不是只输出16个字符，而是输出18个字符，直到遇到串结束标志'\0'为止；输出字符数组b时，输出2个字符a，后边的字符'E'不会被输出来，因为前面有串结束标志'\0'。

图18.6　输入串长度大于字符数组长度

通过这个例子可以看出，串结束标志'\0'对字符数组和字符串是非常重要的。

③使用cin.getline()函数输入。使用"cin >> 数组名"的形式输入字符串时，是以空格、Tab键、回车键(这3种字符统称为空白字符)作为输入结束的。

如果要读入包含空格的字符串，要使用cin.getline()函数，该函数的用法如下。

**cin.getline(字符数组名, 读入字符数的最大数量);**

这种输入字符串的方式是以回车键作为输入结束的，可以输入包含空格的字符串。

注意，读入字符的数量包括了最后的串结束标志'\0'。因此，cin.getline(s, 10)最多只能读入9个字符。cin.getline()函数的用法详见本章案例2。

此外，在用cin.getline()函数读入一行字符时，如果前一行有输入数据，即有回车换行，则cin.getline()会读入上一行的换行符，必须用getchar()函数跳过这个换行符，才能正确地读入一行字符，详见第21章。

## 18.5 用字符数组读入一个整数

如果从键盘上输入一个数据，如"63017"，你认为是一个什么类型的数据呢？整数？这无疑是正确的，而且我们可以把它存入一个整型变量里。此外，能不能把它当作一个字符串读入呢？它是一个由数字字符组成的字符串呀，跟"Hello"不是一样的吗？

在下列两种情形下，它可以作为字符串读入。

（1）数字中夹杂着字母字符，如A0107、500301X等。

（2）一个非常大的整数，如1250510212197907210355，远远超过了int型的范围，甚至超过了long long型的范围。而且这种方式对读入的整数位数没有限制，一千位、一万位的整数也能读入。

不过，对于用字符数组读入整数这种方式，初学者往往难以理解，现举例解释。对于整数"75043"，如果采取以下这种方式读入，则整数"75043"以二进制形式存储到整型变量a所占的4个字节中。

```
int a;  cin >>a;                    // 将整数读入到整型变量中
```

如果采取以下方式读入，则是将每位数字'7'、'5'、'0'、'4'、'3'以数字字符形式读入并存储到字符数组str中。

```
char str[10];  cin >>str;           // 用字符数组读入整数
```

| '7' | '5' | '0' | '4' | '3' | | | | | |
|-----|-----|-----|-----|-----|---|---|---|---|---|

而且，将整数视为数字字符串读入字符数组中，还有以下几个"惊喜"。

（1）整数的总位数就是字符数组中所存储字符串的长度。

（2）整数的位数不受限制。

（3）因为整数已经在字符数组中了，要取出每位数字很方便，这是数组的优势。当然，因为存储的是数字字符，要减去'0'才代表真正的数字。

（4）输出时也很方便，可以将这个数字字符串一次性输出，不论有多少位。

当然，要得到整个字符数组所表示的数值，要进行一定的转换。

## 18.6  案例1：字符转换  ——模运算符

【题目描述】

从键盘上输入1个字符（假定输入的是小写字母字符，不需要判断），保存到变量ch中。对这个小写字母字符，转换成后面第4个字母字符，如'a'变成'e'，'b'变成'f'，…，'v'变成'z'，'w'、'x'、'y'、'z'分别变成'a'、'b'、'c'、'd'，如图18.7所示。

【输入描述】

输入占一行，为一个小写字母字符。

【输出描述】

输出转换后得到的字符。

【样例输入】

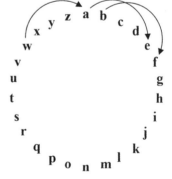

图18.7  把每个字母变成字母表后面第4个字母

| 【样例输入】 | 【样例输出】 |
|---|---|
| w | a |

【分析】

当输入的小写字母ch为'a'~'v'时，直接将ch加4就能得到转换后的字母，再判断ch取'w'、'x'、'y'、'z'这些情况，分别得到转换后的字母，这可以用多分支if语句实现。但我们希望用一个通用的式子把所有情况都表示出来，这需要用模运算符来实现。

要将ch转换成ch后面的第4个字符，则需要将ch的值变成"ch+4"，这样，'a'变成'e'、'b'变成'f'，…，'v'变成'z'。但要使得'w'变成'a'，即要构成环状序列，则要对26取余，要用到表达式"ch = (ch + 4)%26"。但是(ch + 4)%26的范围是0~25，我们希望ch取到97~122，这是小写字母ASCII编码值的范围。所以必须做修改。先让ch减去97，因为ch - 97的范围是0~25，ch - 97 + 4对26取余的范围也是0~25，取余之后还得加上97，即ch = (ch - 97 + 4)%26 + 97，这样处理后ch的范围是97~122，满足要求。在本题中，取模运算使得一个线性序列构成环状序列。代码如下。

```cpp
#include <bits/stdc++.h>
using namespace std;
int main( )
{
    char ch;
    cin >>ch;
    ch = (ch - 97 + 4)%26 + 97;               // 取模运算
    cout <<ch <<endl;
    return 0;
}
```

知识点

## 通过取余运算使得线性序列构成环状序列

已知整型变量$a$的取值范围是$[b, b + N - 1]$，即有$N$个值。如果$a$每次递增1（或$i$），那么将构成一个线性增长的序列。如果希望$a$的值始终落在$[b, b + N - 1]$，超出$b + N - 1$后又折返回来，则构成一个环状序列，如图18.8所示。

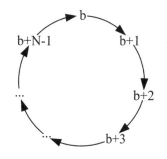

如果直接将$a + i$直接对$N$取余$(a + i)\%N$，将落入$[0, N - 1]$这个区间，结果不对。为使得结果落入$[b, b + N - 1]$这个区间，需要加上$b$，即$(a + i)\%N + b$，但平白无故地加上$b$，其结果是错误的。这里验证一下：设$b = 97$，$N = 26$，区间为$[97, 122]$，$a = 120$，图18.8  取模运算构成环状序列

$i = 5$，$(a + i)\%N + b = 118$，这是不对的。在这个例子里，环状序列中120及后面5个数分别是：120，121，122，97，98，99，所以正确的答案是99。

所以在取余时应先减去$b$，再把取余的结果加上$b$。因此正确的式子是：$(a + i - b)\%N + b$。

用上面的值验证一下：$(a + i - b)\%N + b = 99$。答案正确。

# 18.7 案例2：简单的字符串加密

【题目描述】

利用案例1中的转换规则设计一个简单的字符串加密算法：输入一个字符串，把其中的小写字母字符转换成后面第4个字母字符，大写字母字符也转换成后面第4个字母字符；非字母字符不变。

【输入描述】

输入占一行，为一个字符串，字符串中允许出现大小写字母字符、数字字符、空格、英文标点符号。字符串长度不超过100个字符。

【输出描述】

输出加密后的字符串。

| 【样例输入】 | 【样例输出】 |
|---|---|
| Hello World! | Lipps Asvph! |

【分析】

本题输入的字符串包含空格，只能用cin.getline()函数读入：cin.getline(str, 101)。

以上函数调用的含义是读入的字符串保存到str字符数组，以回车作为输入结束，最多允许读入101个字符（包括最后面的串结束标志'\0'），可以包含空格。

对字符串中的每个字符，如果是小写字母字符，则按案例1中的规则转换即可，如果是大写字母字符，只需把转换规则中的97换成65（大写字母'A'的ASCII编码值）即可。

注意：本题及本章其他案例用到了strlen()函数，它的作用是取得字符串的长度，即包含字符的个数，该函数的用法详见第21章。代码如下。

```
#include <bits/stdc++.h>
using namespace std;
int main( )
{
    char ch, str[120];
    cin.getline(str, 101);
    int i, len = strlen(str);                    // 取得字符串的长度
    for(i=0; i<len; i++){
        ch = str[i];
        if(ch>=97 and ch<=122)
            str[i] = (ch-97+4)%26 + 97;          // 取模运算
        else if(ch>=65 and ch<=90)
            str[i] = (ch-65+4)%26 + 65;          // 取模运算
```

```
        else    ;           // 空语句：其他字符不处理
    }
    cout <<str <<endl;
    return 0;
}
```

 **18.8**　**案例3：统计各类字符的个数**

【题目描述】

输入一行字符（字符总数不超过80个），统计其中大写字母、小写字母、数字字符、空格、其他字符分别有多少个。

【输入描述】

输入占一行，为一行字符，允许出现的字符为大小写字母字符、数字字符、空格、英文标点符号。

【输出描述】

输出占一行，为5个整数，用空格隔开，分别代表大写字母、小写字母、数字字符、空格、其他字符的个数。

| 【样例输入】 | 【样例输出】 |
|---|---|
| I love C++ Programming! I love China! 666!!! | 5 22 3 7 7 |

【分析】

本题需要用cin.getline()函数读入一行字符。然后检查每个字符，统计五类字符的个数并输出。要检查每个字符，可以先取得字符串长度，再用for循环实现。本题采取另一种思路：用while循环判断每个字符，直到串结束标志'\0'为止。代码如下。

```
#include <bits/stdc++.h>
using namespace std;
int main( )
{
    char str[100];
    cin.getline(str, 81);                    // 读入一行可以包含空格的字符串
    int a = 0, b = 0, c = 0, d = 0, e = 0;   // 大写、小写、数字、空格、其他字符个数
    int i = 0;
    while( str[i]!='\0' ){                    //'\0' 为字符串结束标志
        if( str[i]>='A' && str[i]<='Z' )  a++;          // 大写字母字符
```

```
        else if( str[i]>='a' && str[i]<='z' )  b++;   // 小写字母字符
        else if( str[i]>='0' && str[i]<='9' )  c++;   // 数字字符
        else if( str[i]==32 )  d++;   // 空格
        else  e++;           // 其他字符
        i++;
    }
    cout <<a <<" " <<b <<" " <<c <<" " <<d <<" " <<e <<endl;
    return 0;
}
```

<br>

**18.9  练习1：数字之和（2）**

【题目描述】

输入一个正整数，计算每一位上的数字之和，如果这个和不止一位数，则继续求每一位和，直至这个和只有一位数为止。输出该和。

【输入描述】

输入占一行，为一个正整数，位数可达1000位。

【输出描述】

输出得到的和。

【样例输入】

38087643953946615493521325481840353

【样例输出】

4

【分析】

本题和第15章案例1类似。但显然，本题中的整数只能视为数字字符串读入一个字符数组中。然后对每一位数字字符，减去'0'，转换成数字，再相加，得到第一次的和，设为 $s$。对 $s$，可以按第15章案例1的方法进行处理。本题换一种思路。因为第一次得到的和最多有4位数，直接取这4位数字(不足4位，则前面有些数字为0，但不影响处理)，再相加，得到的和最多2位，再取这两位数字相加，得到的和最多2位，最后再处理一次即可。

代码如下。

```
#include <bits/stdc++.h>
using namespace std;
int main( )
{
    char num[1001] = {0};          // 输入的正整数
```

```
    int len, s, i;
    cin >>num;
    len = strlen( num );  s = 0;
    for( i=0; i<len; i++ )        // 得到的 s 最多 4 位
        s += num[i] - '0';
    int n0, n1, n2, n3;
    n0 = s%10;        // 个位
    n1 = (s/10)%10;    // 十位
    n2 = (s/100)%10;   // 百位
    n3 = (s/1000)%10;  // 千位
    s = n0 + n1 + n2 + n3;        // 得到的 s 最多 2 位
    n0 = s%10;  n1 = (s/10)%10;  // 个位和十位
    s = n0 + n1;       // 得到的 s 最多 2 位
    n0 = s%10;  n1 = (s/10)%10;  // 个位和十位
    s = n0 + n1;       // 得到的 s 最多 1 位
    cout <<s <<endl;
    return 0;
}
```

 ## 18.10 练习2：计算单词的得分

【背景知识】

中国人在给孩子取名时，通常会借助一些取名网站对名字进行评分，评分高通常表示名字吉利、有丰富的含义。本题试着来计算一个单词的得分。如果将字母A到Z分别编上1到26的分数（A = 1, B = 2, …, Z = 26），你的知识（KNOWLEDGE）得到96分（11 + 14 + 15 + 23 + 12 + 5 + 4 + 7 + 5 = 96），你的努力（HARDWORK）也只得到98分（8 + 1 + 18 + 4 + 23 + 15 + 18 + 11 = 98），你的态度（ATTITUDE）才是左右你生命的全部（1 + 20 + 20 + 9 + 20 + 21 + 4 + 5 = 100）。

【题目描述】

从键盘输入任意一单词（假定该单词中只包含大写字母，不需判断），计算并输出该单词的得分。

【输入描述】

输入占一行，为一个单词，只包含大写字母，长度不超过20。

【输出描述】

输出该单词的得分。

| 【样例输入】 | 【样例输出】 |
| --- | --- |
| ATTITUDE | 100 |

【分析】

由于输入的单词只包含大写字母，所以可以用cin读入。读入后，按本题的规则累加每个字母的得分并输出。代码如下。

```
#include <bits/stdc++.h>
using namespace std;
int main( )
{
    char w[25];
    cin >>w;
    int i, len = strlen(w), s = 0;
    for(i=0; i<len; i++)
        s += w[i] - 64;            // 累加字母的得分
    cout <<s <<endl;
    return 0;
}
```

## 18.11 练习3：提取连续的数字字符串

【题目描述】

很多手机都有提取详情的功能，即能够从收到的短信中提取出手机号码。当然这个功能通常很弱，只能将所有连续的数字提取出来。本题要模拟手机的这个功能，从一串字符中提取出连续的数字并输出。假定字符串中允许出现的字符只包括大小写英文字母、数字字符和空格。

【输入描述】

输入占一行，为一串字符，最长可达100个字符，可能会包含空格。

【输出描述】

输出提取到的连续的数字字符串，每个数字字符串占一行。

【样例输入】

【样例输出】

```
AAiudn13777823536ias123opio137iou4008111111asf
```

```
13777823536
123
137
4008111111
```

【分析】

在本题中，用一个字符数组s存储输入的字符串后，要提取其中每个连续的数字串，有一种巧妙的思路：先将所有的非数字字符置为0，然后将每个连续的数字串输出。在输出每个连续的数字串时，只需找到该连续数字串的第1个数字字符（设其下标为i），并且用"cout <<s+i"就可以输出这个连续的数字串。这是因为每个数字串后面必然有一个或多个串结束标志'\0'，可以很放心地进行输出。

　　另外，在找到每个数字串时，要设置状态变量f，f的取值为true表示某个数字串的第1个字符，这时要将其输出。初始时f为false，如果第i个字符为数字字符且f为false，则该数字字符表示某个数字串的第1个字符，这时输出数字串并马上把f置为true；如果第i个字符的值为0，则将f置为false。代码如下。

```
#include <bits/stdc++.h>
using namespace std;
int main( )
{
    char s[110];                    // 读入的字符串
    int len, i;
    cin.getline(s, 101);
    len = strlen( s );
    for( i=0; i<len; i++ )          // 将所有非数字字符置为 0
        if( !(s[i]>='0' && s[i]<='9') )  s[i] = 0;
    bool f = false;            // 每个数字串开始的标志
    for( i=0; i<len; i++ ){
        if( s[i] ){                // 非数字字符全部被置为 0 了
            if(!f ){               // 一个连续的数字串第 1 个数字出现
                // 因为该连续的数字串后面有 '\0'，所以可以很放心地进行输出
                cout <<s+i <<endl;  f = true;
            }
        }
        else  f = false;
    }
    return 0;
}
```

　　注意，本题还有另一种更简单的实现方法：在输出一个数字串后，借助strlen()函数，求出该数字字符串的长度，然后跳过该数字串，这样就不需要设置状态变量了。只需把上述代码的第二个for循环替换成以下代码。

```
    for( i=0; i<len; ){
        if( s[i] ){                // 非数字字符全部被置为 0 了
            cout <<s+i <<endl;      // 连续数字串后面有 '\0'，可以很放心地进行输出
            i += strlen(s+i);
        }
```

```
        else  i++;
   }
```

 **计算机小知识：汉字编码**

学完本章，我们知道，在计算机里，西文字符（如英文字母）是按照ASCII编码转换成整数来存储的。那么，计算机是怎么存储汉字的呢？肯定也是编码。但汉字的编码要复杂得多，而且有多种编码方式。因此，如果一个文本文件打开后显示为乱码，有可能是这个文件里的汉字存储时采用某种编码，打开时采用的是另一种编码，所以无法正常显示。所以，为了避免误判，在线评测题目的输入/输出一般不会出现汉字。

**18.13** **总结**

本章需要记忆的知识点如下。

（1）理解字符和字符串的概念。

（2）熟记常见字符的ASCII编码规律。

（3）字符数组的定义和使用，以及处理方法，比如，strlen()函数可以取得字符数组中字符串的长度。

# "逢十进一"的由来——进位计数制

```
int a = 123456;
cout <<hex <<a <<endl;
cout <<oct <<a <<endl;
```

## 主要内容

- ◆ 从小学学过的数位和计数单位过渡到进位计数制（简称进制）。
- ◆ 介绍进位计数制的概念，以及二进制、八进制和十六进制。
- ◆ 介绍以八进制、十六进制和十进制输入/输出数据，以及输出数据时进行格式控制。

**开关面板——二进制的引入**

致柔长高了，终于可以够到客厅墙上的开关面板了。开关面板上有4个开关，如图19.1所示，分别控制4组灯。

一天，致柔玩开关面板玩得不亦乐乎。客厅里一会儿灯火辉煌，一会儿零星点点。

抱一注意到，每个开关可以按下或不按下，对应一组灯亮或灭。假设按下为1，不按下为0，那么就可以用一组数字来描述这组开关的开/关状态和客厅灯的亮/灭状态。例如，0110表示中间2个开关按下，两边的开关不按下。这是不是类似于本章要学的二进制呢？

图19.1 开关面板

 **数位和计数单位**

在探讨进位计数制前，我们先回顾一下小学数学学过的数位和计数单位，如表19.1所示。

数位：对正整数，从右边开始分别是个位、十位、百位、千位……

计数单位：用来计量数字的单位，从右边开始分别是一、十、百、千……同一个数字，比如4，出现在个位，表示4个1；出现在十位，表示4个10；出现在百位，表示4个100等。

因此，$4315 = 4 \times 1000 + 3 \times 100 + 1 \times 10 + 5$。

表19.1 数位和计数单位

| 数位 | 千位 | 百位 | 十位 | 个位 |
|---|---|---|---|---|
| | 4 | 3 | 1 | 5 |
| 计数单位 | 千(1000) | 百(100) | 十(10) | 一(1) |
| 计数单位($10^n$形式) | $10^3$ | $10^2$ | $10^1$ | $10^0$ |

 **进位计数制**

**1. 二进制的引入**

同学们，我们在小学学过数的加法，两个数对齐的位相加达到10，就要往高位进位。另外，数的减法，当两个数对齐时，被减数不够减，要从高位借1过来，借来的1当作10用。这背后的原理就是：我们在日常生活中采用的是**十进制**。

**十进制的运算规则就是"逢十进一""借一作十"。**

为什么人类在生活中采用的是十进制呢？这跟人类有十根手指相关。早期人类在逐渐掌握数数的过程中，慢慢学会了用数手指头的方式来数数。

但是在计算机里，也是用十进制的方式来表示数的吗？很遗憾，不是的！计算机是采用二进制来存储和表示数据的，这些数据包括整数、浮点数、字符串、各国的文字、图片、视频、音频等。对整数，是转换成二进制进行存储；对浮点数，是用二进制方式进行表示；对字符串、文字、图片、视频、音频等，则是编码成二进制再存储。

所谓**二进制**，就是只使用0和1这两个数字来表示数据。注意，二进制里没有2，就像十进制里没有"十"一样。在十进制里，9 + 1，要进位，变成了10，10是两位数。

在计算机里为什么要采用二进制呢？主要有以下原因。

第一，二进制仅用两个数码，利用两种截然不同的状态来代表0和1，是很容易实现的，比如电路的通和断、电压高和低等，而且也稳定和容易控制。第二，二进制的四则运算规则十分简单（详见下一节），而且四则运算最后都可归结为加法运算和移位，这样，计算机中的运算器线路也变得十分简单了。第三，在计算机中采用二进制表示数可以节省设备。

虽然计算机里是采用二进制来表示和存储数据的，但在有些场合也可以采用其他进制，比如以紧凑的十六进制方式显示。因此，我们要掌握多种进制。

## 2. 进位计数制

所谓**进位计数制**(简称**进制**)，是指用一组固定的符号和统一的规则来表示数值的方法，按进位的方法进行计数。一种进位计数制包含以下3个要素。

（1）**数码**：计数使用的符号。

（2）**基数**：使用数码的个数。

（3）**位权**：数码在不同位上的权值。**位权其实就是小学学过的计数单位。**

例如，十进制使用的数码是0, 1, 2, 3, 4, 5, 6, 7, 8, 9共10个；基数就是"十"（10）；位权：个位是1（$10^0$），十位是10（$10^1$），百位是100（$10^2$）等。

在计算机中进行运算采用的二进制使用的数码只有0和1；基数就是"二"（10）；第$i$位的位权是$2^i$，$i = 0, 1, 2, \cdots$。

除了以上介绍的两种进制外，常用的还有八进制和十六进制，在程序设计竞赛题目中可能还有其他进位计数制。

八进制：使用的数码是0, 1, 2, 3, 4, 5, 6, 7, 共8个；基数就是"八"（10）；第$i$位的位权是$8^i$，$i = 0, 1, 2, \cdots$。

十六进制：使用的数码是0, 1, 2, 3, 4, 5, 6, 7, 8, 9, A, B, C, D, E, F, 共16个；基数就是"十六"（10）；第$i$位的位权是$16^i$，$i = 0, 1, 2, \cdots$。

其他进制，如四进制使用的数码是0, 1, 2, 3, 共4个；基数就是"四"（10）；第$i$位的位权是$4^i$，$i=0, 1, 2, \cdots$。

**19.4** **二值的表示**

在计算机里采用二进制的原因之一是简单，每一位为0或1。其实生活中也有很多这种例子。例如，前面描述的开关的开/关、灯的亮/灭、还有人的性别为男/女、闰年/平年、质数/合数（1除外）、能/不能构成三角形、是/不是直角三角形、是/不是大写字母、矩阵中有/没有鞍点等。

能和不能，是和不是，有和没有，用与不用，不是这样就是那样，这种取值都是**二值**（只有两个值）。二值有时可以按二进制思想进行处理，两种值分别对应0和1。

 **19.5** **二进制、十六进制加减运算**

二进制数加减法运算规则为**逢二进一，借一作二**。具体如下。

加法：0＋0＝0、1＋0＝1、0＋1＝1、1＋1＝10。

减法：0－0＝0、10－1＝1、1－0＝1、1－1＝0。

十六进制数加减法运算规则为**逢十六进一，借一作十六**。

图19.2（a）、（b）、（c）、（d）分别演示了二进制、十六进制的加减法运算过程。注意，由于在计算机中是用固定的位数表示数，如int型是4个字节即32位，运算结果如果超出了位数（称为溢出），就会舍弃不存储，如图19.2（a）和（c）所示。

```
  10001011             11001011        4A67           D5C3
+ 10010101           - 10010101      +D5C3          - 4A67
1 00100000             00110110      1 202A           8B5C
舍去进位                                舍去进位
  (a)                   (b)            (c)             (d)
```

图19.2 二进制、十六进制数的加减法运算

**19.6** **计量数据大小的单位**

计量数据大小和存储器存储容量有以下一些单位。

（1）最小单位——**位**：在计算机中，位简记为b，也称为比特，每个0或1就是一个位(bit)。计算机中的CPU位数（32位、64位）指的是CPU一次能处理的最大位数。

（2）基本单位——**字节**：1个字节，简记为B，包含8位。例如，如果在计算机里用四个字节存储十进制整数2020，则这四个字节的内容如下。

| 0 | 0 | 0 | 0 | 0 | 0 | 0 | 0 | 0 | 0 | 0 | 0 | 0 | 0 | 0 | 0 | 0 | 0 | 0 | 0 | 0 | 0 | 0 | 0 | 0 | 1 | 1 | 1 | 1 | 1 | 1 | 0 | 0 | 1 | 0 | 0 |

计算数据大小的其他单位还有 KB、MB、GB、TB。这些单位之间的换算关系详见 2.12 节。

## 19.7 用二进制数数

同学们，你们肯定会用十进制数数吧，1, 2, 3, 4, 5, 6, 7, 8, 9, 10, 11, 12, …。

但是，你们会用二进制数数吗？ 0, 1, 10, 11, 100, 101, 110, 111, 1000, …。各种进制的对应关系如表19.2所示。

表19.2 各种进制的对应关系

| 十进制 | 二进制 | 八进制 | 十六进制 | 十进制 | 二进制 | 八进制 | 十六进制 |
|---|---|---|---|---|---|---|---|
| 0 | 0000 | 0 | 0 | 9 | 1001 | 11 | 9 |
| 1 | 0001 | 1 | 1 | 10 | 1010 | 12 | A |
| 2 | 0010 | 2 | 2 | 11 | 1011 | 13 | B |
| 3 | 0011 | 3 | 3 | 12 | 1100 | 14 | C |
| 4 | 0100 | 4 | 4 | 13 | 1101 | 15 | D |
| 5 | 0101 | 5 | 5 | 14 | 1110 | 16 | E |
| 6 | 0110 | 6 | 6 | 15 | 1111 | 17 | F |
| 7 | 0111 | 7 | 7 | 16 | 10000 | 20 | 10 |
| 8 | 1000 | 10 | 8 | … | … | … | … |

常见的 $2^n$（二进制的位权）及 $2^n-1$ 与十进制的对应关系如表19.3所示。

表19.3 常见的 $2^n$ 及 $2^n-1$ 与十进制的对应关系

| 指数形式 | 十进制 | 二进制 | 指数形式 | 十进制 | 二进制 |
|---|---|---|---|---|---|
| $2^0$ | 1 | 1 | $2^0-1$ | 0 | 0 |
| $2^1$ | 2 | 10 | $2^1-1$ | 1 | 1 |
| $2^2$ | 4 | 100 | $2^2-1$ | 3 | 11 |
| $2^3$ | 8 | 1000 | $2^3-1$ | 7 | 111 |
| $2^4$ | 16 | 10000 | $2^4-1$ | 15 | 1111 |
| $2^5$ | 32 | 100000 | $2^5-1$ | 31 | 11111 |
| $2^6$ | 64 | 1000000 | $2^6-1$ | 63 | 111111 |

续表

| 指数形式 | 十进制 | 二进制 | 指数形式 | 十进制 | 二进制 |
|---|---|---|---|---|---|
| $2^7$ | 128 | 10000000 | $2^7-1$ | 127 | 1111111 |
| $2^8$ | 256 | 1 00000000 | $2^8-1$ | 255 | 11111111 |
| $2^9$ | 512 | 10 00000000 | $2^9-1$ | 511 | 1 11111111 |
| $2^{10}$ | 1024 | 100 00000000 | $2^{10}-1$ | 1023 | 11 11111111 |
| $2^{15}$ | 32768 | 10000000 00000000 | $2^{15}-1$ | 32767 | 1111111 11111111 |
| $2^{16}$ | 65536 | 1 00000000 00000000 | $2^{16}-1$ | 65535 | 11111111 11111111 |

注：二进制位权的规律如下。1）**每个位权都比前面所有的位权的和刚好大1**。例如，1 + 2 + 4 = 7，刚好比8小1；1 + 2 + 4 + 8 + 16 + 32 + 64 + 128 + 256 + 512 = 1023，刚好比1024小1。2）**2个相同的位权相加，一定等于下一个位权**。例如，2 + 2 = 4，128 + 128 = 256。著名的2048游戏就是根据第2个规律设计的，2个权值挨在一块就能变成下一个权值。例如，两个8相邻，就变成16。

 ## 19.8 理解整型（int, long long）的范围

在C++语言中，编译系统为int型变量分配4个字节，32位，每一位可以取0或1，因此可以表示$2^{32}$个数。int型分为无符号int型和有符号int型，前者为unsigned int，后者为signed int，但signed可以省略。因此本书程序中使用的int其实是有符号int型。

所谓无符号int型，就是32位二进制全部用来表示数值，因此表示整数的范围（二进制形式）是00000000 00000000 00000000 00000000～11111111 11111111 11111111 11111111，对应到十进制为0～4294967295（$2^{32}-1$）。

所谓有符号int型，就是可以表示正数和负数，最高位用来表示数的符号，0表示正数，1表示负数，因此就只有31位用来表示数值。负数因为涉及补码，比较复杂，本书不做进一步讨论。可以了解的是，对11111111 11111111 11111111 11111111，如果是有符号数，表示−1，如果是无符号数，表示4294967295。对有符号int型，非负整数的范围是00000000 00000000 00000000 00000000～01111111 11111111 11111111 11111111，对应到十进制数为0 ～ 2147483647（$2^{31}-1$）。因此，int型能表示的正数，最大是2147483647，同学们只需记住大概范围是21亿、10位数。

在程序中，如果整数超出了int型范围，可以尝试着用long long型变量存储。在C++语言中，编译系统为long long型变量分配8个字节，64位，因此可以表示$2^{64}$个数。long long型也分为无符号long long型和有符号long long型，前者为unsigned long long，后者为signed long long，但signed可以省略。

程序中常用的是有符号long long型，而且经常省略signed，直接用long long，它能表示的正数，最大是$2^{63}-1$，即9223372036854775807，同学们只需记住大概范围是19位数。

# 案例 1：猜数字魔术（心灵感应魔术）

【背景知识】

猜数字魔术——哈利·波特之心灵感应魔术。

魔术的玩法：魔术师首先要求观众在心中默想一个 60 以内的整数，然后依次将卡片 1～卡片 6 展示给观众，如图 19.3 所示，并询问观众他所默想的数字是否在卡片上。在卡片出示过程中，卡片是背对魔术师的，即魔术师是看不到卡片的。在听完观众的 6 个回答后，魔术师即可"猜"出观众默想的数字，仿佛掌握了"读心术"一样。

例如，某个观众心里默想一个数字后，对卡片 1～卡片 6 的回答依次为是、否、否、是、否、是，魔术师马上就能猜出观众默想的数字是 41。"是"表示观众默想的数字出现在该卡片上，"否"表示观众默想的数字没有出现在该卡片上。你知道魔术师是怎么猜出来的吗？

【题目描述】

输入观众对卡片 1～卡片 6 的回答，1 表示观众默想的数字出现在该卡片上，0 表示观众默想的数字没有出现在该卡片上，输出观众默想的数字。

【输入描述】

输入占一行，为 6 个数字（1 或 0），表示观众对卡片 1～卡片 6 的回答。

| 卡片 1 | | | | |
|---|---|---|---|---|
| 1 | 3 | 5 | 7 | 9 |
| 11 | 13 | 15 | 17 | 19 |
| 21 | 23 | 25 | 27 | 29 |
| 31 | 33 | 35 | 37 | 39 |
| 41 | 43 | 45 | 47 | 49 |
| 51 | 53 | 55 | 57 | 59 |

| 卡片 2 | | | | |
|---|---|---|---|---|
| 2 | 3 | 6 | 7 | 10 |
| 11 | 14 | 15 | 18 | 19 |
| 22 | 23 | 26 | 27 | 30 |
| 31 | 34 | 35 | 38 | 39 |
| 42 | 43 | 46 | 47 | 50 |
| 51 | 54 | 55 | 58 | 59 |

| 卡片 3 | | | | |
|---|---|---|---|---|
| 4 | 5 | 6 | 7 | 12 |
| 13 | 14 | 15 | 20 | 21 |
| 22 | 23 | 28 | 29 | 30 |
| 31 | 36 | 37 | 38 | 39 |
| 44 | 45 | 46 | 47 | 52 |
| 53 | 54 | 55 | 60 | |

| 卡片 4 | | | | |
|---|---|---|---|---|
| 8 | 9 | 10 | 11 | 12 |
| 13 | 14 | 15 | 24 | 25 |
| 26 | 27 | 28 | 29 | 30 |
| 31 | 40 | 41 | 42 | 43 |
| 44 | 45 | 46 | 47 | 56 |
| 57 | 58 | 59 | 60 | |

| 卡片 5 | | | | |
|---|---|---|---|---|
| 16 | 17 | 18 | 19 | 20 |
| 21 | 22 | 23 | 24 | 25 |
| 26 | 27 | 28 | 29 | 30 |
| 31 | 48 | 49 | 50 | 51 |
| 52 | 53 | 54 | 55 | 56 |
| 57 | 58 | 59 | 60 | |

| 卡片 6 | | | | |
|---|---|---|---|---|
| 32 | 33 | 34 | 35 | 36 |
| 37 | 38 | 39 | 40 | 41 |
| 42 | 43 | 44 | 45 | 46 |
| 47 | 48 | 49 | 50 | 51 |
| 52 | 53 | 54 | 55 | 56 |
| 57 | 58 | 59 | 60 | |

图 19.3  6 张卡片

【输出描述】

输出占一行，为观众默想的数字。

| 【样例输入】 | 【样例输出】 |
|---|---|
| 1 0 0 1 0 1 | 41 |

【分析】

猜数字的方法其实很简单。卡片 1～卡片 6 对应二进制的计数单位（也称为位权）$2^0$, $2^1$, $2^2$, $2^3$, $2^4$, $2^5$，即 1, 2, 4, 8, 16, 32，如果观众回答他默想的数字在某张卡片上，则把对应的整数加起来，最后得到的和，就是观众默想的整数。

例如，在样例输入中，对卡片1～卡片6，观众的回答依次为是、否、否、是、否、是，则观众默想的整数是 $1 + 8 + 32 = 41$。

魔术的原理：60以内的整数可以用6位二进制来表示，如图19.4所示。卡片1上的数字都是60以内的整数中其二进制形式第1位（最低位）为1的整数，卡片2上的数字都是60以内的整数中其二进制形式第2位为1的整数……卡片6上的数字都是60以内的整数中其二进制形式第6位为1的整数，如图19.4所示。注意，6位二进制，可以表示 $2^6 = 64$ 个数，为 $0 \sim 63$，但第 $i$ 位为1、其他5位不限定（可以取0或1），总共有 $2^5 = 32$ 个数，而 $1 \sim 60$ 中最多有30个数，因此每张卡片上最多有30个数字。

卡片1上的数字，就是二进制第1位（最低位）为1的数字，有30个(所有的奇数)：1, 3, 5, 7, 9, 11, 13, 15, 17, 19, 21, 23, 25, 27, 29, 31, 33, 35, 37, 39, 41, 43, 45, 47, 49, 51, 53, 55, 57, 59。

……

卡片6上的数字，就是二进制第6位为1的数，有29个($\geq 32$ 的数)：32, 33, 34, 35, 36, 37, 38, 39, 40, 41, 42, 43, 44, 45, 46, 47, 48, 49, 50, 51, 52, 53, 54, 55, 56, 57, 58, 59, 60。

|    | 6 | 5 | 4 | 3 | 2 | 1 |
|----|---|---|---|---|---|---|
| 1  | 0 | 0 | 0 | 0 | 0 | 1 |
| 2  | 0 | 0 | 0 | 0 | 1 | 0 |
| 3  | 0 | 0 | 0 | 0 | 1 | 1 |
| ... | ... | ... | ... | ... | ... | ... |
| 58 | 1 | 1 | 1 | 0 | 1 | 0 |
| 59 | 1 | 1 | 1 | 0 | 1 | 1 |
| 60 | 1 | 1 | 1 | 1 | 0 | 0 |

图19.4　整数1～60的二进制形式

魔术师在询问观众他默想的整数是否出现在卡片1～卡片6上，实际上是在问该整数的二进制形式中第1～6位是否为1，把为1的那些位的权值累加起来就是观众默想的整数，把每个二进制位上的数字乘以权值再加起来，也能得到观众默想的整数。代码如下。

```cpp
#include <bits/stdc++.h>
using namespace std;
int main()
{
    int k1, k2, k3, k4, k5, k6;
    cin >>k1 >>k2 >>k3 >>k4 >>k5 >>k6;
    cout << k1*1 + k2*2 + k3*4 + k4*8 + k5*16 + k6*32 <<endl;
    return 0;
}
```

## 19.10 案例 2：以八进制、十六进制输出数据

【题目描述】

以八进制、十进制、十六进制输出正整数 123456、负整数 –123456。

【分析】

在程序中，输出整数默认采用十进制，但可以控制输出格式以八进制或十六进制输出整数。这些方法了解即可，需要用的时候可以查阅相关教材。代码如下。

```cpp
#include <bits/stdc++.h>
using namespace std;
int main( )
{
    int a = 123456;            // 对 a 赋初始值
    cout <<a <<endl;           // 输出 :123456
    cout <<hex <<a <<endl;     // 以十六进制形式输出 :1e240
    cout <<setiosflags(ios::uppercase) <<a <<endl;    // 输出 :1E240
    cout <<dec;                // 还原成 10 进制输出
    cout <<setw(10) <<a <<", " <<a <<endl;            // 输出 :    123456,123456
    cout <<setfill('*') <<setw(10) <<a <<endl;        // 输出 :****123456
    cout <<setiosflags(ios::showpos) <<a <<endl;      // 输出 :+123456
    cout <<oct <<a <<endl;     // 以八进制形式输出 :361100
    long long b = -123456;     // 对 b 赋初始值
    cout <<dec <<b <<endl;     // 输出 :-123456
    cout <<hex <<b <<endl;     // 以十六进制形式输出 :FFFFFFFFFFFE1DC0
    cout <<dec;                // 还原成 10 进制输出
    cout <<setw(10) <<b <<", " <<b <<endl;            // 输出 :***-123456,-123456
    cout <<setiosflags(ios::showpos) <<b <<endl;      // 输出 :-123456
    cout <<oct <<b <<endl;     // 以八进制形式输出 :1777777777777777416700
    return 0;
}
```

### 以八进制、十六进制形式输出正整数、负整数

（1）在 cout 语句中输出正整数、负整数时可以指定以八进制、十六进制和十进制形式输出，并可以控制格式。

（2）但是不能指定以二进制形式输出整数。对二进制，只能自己编写程序转换和输出。

（3）对负整数，是以补码的形式存储的，所以上述程序在以十六进制输出负整数 b 时输出 FFFFFFFFFFFE1DC0。但补码很复杂，这里不展开讲解。

（4）如同输出浮点数时的格式控制一样，输出整数时的格式控制也比较复杂。对小学生来说，只要能对照本案例按照题目要求的格式输出即可。

（5）其实 Windows 操作系统自带的计算器，在程序员模式下，可以选择以二进制、十进制、八进制或十六进制形式输入正整数和负整数，并能自动进行进制转换，如图 19.5（a）所示。

说明：为了和图 19.5（b）所示一致，上述程序将变量 b 定义成 long long 型（8 个字节）。

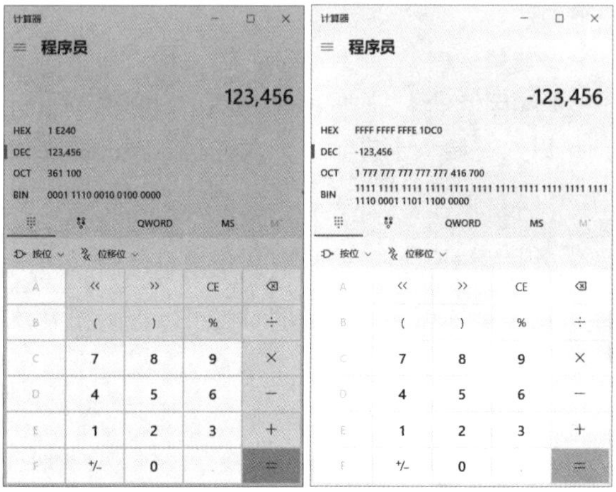

（a）计算器的进制转换功能　　（b）负整数也能转换

图 19.5　在计算器中查看二进制、八进制和十六进制

# 19.11 案例3：以八进制、十六进制输入数据

【题目描述】

以八进制、十六进制输入数据，并以八进制、十六进制和十进制输出。

【输入描述】

输入占一行，为 2 个整数 a 和 b，分别为八进制和十六进制下的数，输入数据保证数据是有效的，比如八进制数不会出现数字 8、9 和字母。

【输出描述】

输出占一行，为 4 个整数，分别用 a 的十进制表示，a 的十六进制表示，b 的八进制表示，b 的十进制表示，以空格分隔。

【样例输入】　　　　　　　　　　　　　　【样例输出】

```
123 456
```
```
83 53 2126 1110
```

【分析】

在输入时可以通过 oct、hex 控制符指定以八进制和十六进制读入整数，在输出时可以通过 dec、hex、oct 指定以十进制、十六进制和八进制形式输出整数。代码如下。

```
#include <bits/stdc++.h>
```

```
using namespace std;
int main( )
{
    int a, b;
    cin >>oct >>a;             // 输入为八进制数
    cin >>hex >>b;             // 输入为十六进制数
    cout <<dec <<a <<" ";
    cout <<hex <<a <<" ";
    cout <<oct <<b <<" ";
    cout <<dec <<b;
    return 0;
}
```

# 19.12 二进制、八进制和十六进制的相互转换

不同进制之间存在相互转换的问题，也就是将某一进制下的数，转换成另一种进制。最简单的转换是：二进制、八进制和十六进制的相互转换。下一章会讨论将其他进制的数转换成十进制、十进制数转换成其他进制。

1. 二进制和十六进制的相互转换

二进制转换成十六进制的方法如下。

（1）分组：对二进制位分组，从小数点向左、向右分组，4个二进制位为一组，最高位不足4位在左边补零、最低位不足4位在右边补零。对二进制1101001101.0101101，分组后为：0011 0100 1101.0101 1010。

（2）转换：根据表19.2的对应关系将每组二进制转换成十六进制。

$(\underline{0011\ 0100\ 1101.0101\ 1010})_2 = (34D.5A)_H$。

十六进制转换成二进制的方法与上面的方法相反，即把每一位十六进制转换成4位二进制，整数部分最高位的0和小数部分最低位的0要去掉，但要注意中间的0不能去掉。

2. 二进制和八进制的相互转换

与二进制和十六进制的相互转换类似，只是3位为一组。

# 19.13 练习1：生日蜡烛

【背景知识】

一家蛋糕店为生日蛋糕配数字形状的蜡烛，假设人的年龄为1～100岁。一开始，蛋糕店准备

了 1～100 共 100 种数字的蜡烛。后来发现太麻烦了，于是有人提议将数字分开，这样就只需要准备 0～9 共 10 种数字的蜡烛（12 岁可以由 1 和 2 两个数字的蜡烛组成）。现在，你学了二进制后，发现其实只需要准备 0 和 1 两种蜡烛就可以了。例如，一个 8 岁的孩子过生日，生日蛋糕只需配一个 1 和三个 0 就可以了（因为十进制的 8 在二进制下是 1000）。

【题目描述】

输入年龄，问需要准备几个 1 和几个 0 的数字。

【输入描述】

输入一个正整数 $n$，代表一个人的年龄，$1 \leqslant n \leqslant 100$。

【输出描述】

输出占一行，为两个整数，分别表示 1 的个数和 0 的个数。

| 【样例输入 1】 | 【样例输出 1】 |
|---|---|
| 8 | 1 3 |

| 【样例输入 2】 | 【样例输出 2】 |
|---|---|
| 23 | 4 1 |

【分析】

对输入的年龄，本题只需转换成二进制，然后统计二进制形式中数字 1 的个数和数字 0 的个数，但本章还没学过十进制转二进制，只能采用其他方法。100 以内，二进制的权值有 64, 32, 16, 8, 4, 2, 1。对输入的 $n$，从 64 开始从大到小检查每个权值，如果某个权值 $\leqslant n$，则选择并记录这个权值，然后从 $n$ 中减去这个权值；对剩下的 $n$ 值继续从下一个权值开始做类似的处理。

例如，对 $n = 23$，依次选用的权值为 16, 4, 2, 1，这是因为 $23 = 16 + 4 + 2 + 1$。最后从选用的最大权值开始检查每个权值，如果选用了，就对应数字 1；如果没有选用，就对应数字 0，统计 1 和 0 的个数并输出即可。代码如下。

```cpp
#include <bits/stdc++.h>
using namespace std;
int main( )
{
    int w[7] = {64, 32, 16, 8, 4, 2, 1};   //100 以内的二进制权值
    int b[7] = { 0 };        // 存储各个二进制位
    int n;  cin >>n;
    int i = 0, n1 = 0, n0 = 0;    //1 和 0 的个数
    while(n){                // 判断并记录选用了哪几个权值
        if(w[i]<=n){
            n = n - w[i];  b[i] = 1;
        }
```

```
        i++;
    }
    i = 0;
    while(b[i]==0)  i++;    // 从最大的权值开始，跳过最前面没有选用的权值
    for(; i<=6; i++){         // 对剩下的权值，如果选用则 n1++; 否则 n0++
        if(b[i])  n1++;
        else  n0++;
    }
    cout <<n1 <<" " <<n0 <<endl;
    return 0;
}
```

## 19.14 练习2：二进制数

【题目描述】

输入一个二进制数，输出它代表多大的数值（十进制）。

【输入描述】

输入占一行，最多有20位数字，每位数字为0或1，左边为最高位，最高位不为0。

【输出描述】

输出该二进制数对应的数值（十进制）。

| 【样例输入】 | 【样例输出】 |
| --- | --- |
| 1001000111 | 583 |

【分析】

输入的数最多有20位，而且还是二进制数，怎么读入呢？可以将它视为一个数字字符串读入一个字符数组s中。另外，把二进制第0位～第19位（总共20位）的权值存到一个数组w里。对输入的二进制数中的每个数字字符，减去'0'，就可以得到它对应的数字（为1或0），然后乘以权值再累加起来即可。但要注意，s[0]是最高位，s[len-1]是最低位（第0位），所以第i位要乘以权值w[len-1-i]，当i=len-1时，乘以w[0]（即1）。代码如下。

```
#include <bits/stdc++.h>
using namespace std;
int main( )
{
    char s[30];        // 存储读入的二进制数（视为数字字符串）
    int w[20] = {1, 2, 4, 8, 16, 32, 64, 128, 256,
```

```
        512, 1024, 2048, 4096, 8192, 16384, 32768,
        65536, 131072, 262144, 524288};          // 二进制前 20 个权值
    cin >>s;
    int i, len = strlen(s);
    int v10 = 0;                      // 对应的十进制数
    for(i=0; i<len; i++)              // 第 len-1 位，权值为 1
        v10 += (s[i]-'0')*w[len-1-i];
    cout <<v10 <<endl;
    return 0;
}
```

# 19.15 计算机小知识：程序员节

自计算机问世以来，程序员成为一个新兴的职业。在信息化时代，程序员这个职业群体不断壮大。据统计，2022 年全球有 2690 万软件开发者。各国也为程序员这个庞大的职业人群规定了官方的或非官方的节日。

在俄罗斯，程序员节是一个官方节日，日期是每年的第 256 天，也就是平年的 9 月 13 日和闰年的 9 月 12 日。选择第 256 天是取一字节（8 位）可以表示 256 个数的意思。

最近几年，我国也开始流行起程序员节的概念。从 2015 年起，每年的 10 月 24 日被定义为程序员节。1024，即 2 的 10 次方，是二进制计数的基本计量单位之一。所以，1024 成了一种表示程序员身份的符号。

# 19.16 总结

本章需要记忆的知识点如下。

（1）所谓进位计数制（简称进制），是指用一组固定的符号和统一的规则来表示数值的方法，按进位的方法进行计数。

（2）常见的进制有十进制、二进制、八进制和十六进制，在程序设计竞赛题目中可能还有其他进制。

（3）在 C++ 中，可以以十进制、八进制和十六进制输入数据，也可以按十进制、八进制和十六进制形式输出，且可以控制输出格式，但不能以二进制形式输入／输出。

# 第 20 章
# 进制转换问题

```
int a[35] = {0};
int i, t, n;  cin >>n;
t = n;  i = 0;
while(t){
    a[i++] = t%2;  t/=2;
}
```

## 主要内容

◆ 介绍其他进制的数转换成十进制、十进制数转换成其他进制。

## 20.1 单位换算问题

抱一在数学课上学了一些量的单位，比如长度单位、重量单位、时间单位、面积单位等，还在编程课上学了速度单位。有一些单位的换算比较简单，如长度单位和重量单位。有一些单位的换算比较复杂，如速度单位。今天，爸爸想考一下抱一。

爸爸：抱一，你们学了这些量的单位，那你说一下，单位换算是什么意思？

抱一：就是从一个单位换算到另一个单位。

爸爸：说得不是很准确哦。单位换算是指同一个量在一个单位下转换到另一个单位，得到不同的数值，但它们代表同一个量。例如，你的身高，用米来表示是1.38米，用厘米来表示是138厘米，也就是说1.38米=138厘米。

抱一：哦。

爸爸：我们今天要学的进制转换，是指同一个数从一种进制转换到另一种进制，会得到表面上看起来不同的数。比如一个十进制数13.75，转换成二进制，得到1101.11，这2个数代表相同的数值。

## 20.2 一斤十六两

国际上通用的重量单位有吨、千克、克。但各国还有其他常用的重量单位。比如我国传统的重量单位有斤和两，英国常用的重量单位有磅等。现在，1千克等于2斤，1斤等于10两。所以，1斤等于500克，1两等于50克。

但是在1959年中国确定以公制作为计量制度前，1斤等于16两。故有成语"半斤八两"，表示不分上下。

那么问题来了，按照以前的斤两换算关系，100两等于几斤几两？易知，将100除以16，得到的商为6，余数为4，所以，100两等于6斤4两，如图20.1所示。

```
           6  ←—— 商
    16 / 100
          96
           4  ←—— 余数
```

图20.1　100两等于几斤几两

## 20.3 进制的转换

各种进制之间的转换主要有两种形式：将**其他进制的数转换成十进制**，将**十进制数转换成其他进制**。

对于第一种转换，规则很简单，只需"按权值展开"即可。例如，$(1101.11)_2 = 1 \times 2^3 + 1 \times 2^2 + 0 \times 2^1 + 1 \times 2^0 + 1 \times 2^{-1} + 1 \times 2^{-2} = 8 + 4 + 0 + 1 + 0.5 + 0.25 = (13.75)_{10}$。

对于第二种转换，以十进制转换成二进制为例进行讲解。方法是：对整数部分，除以2取余数，注意**先得到的余数放在低位，后得到的余数放在高位**，余数0不能舍去；对小数部分，乘以2取整数，注意**先得到的整数放在高位，后得到的整数放在低位**，整数0不能舍去。例如，将十进制数29.375转换成二进制的过程如图20.2所示。因此，$(29.375)_{10}=(11101.011)_2$。

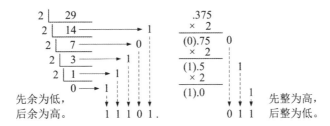

图20.2　十进制数转换成二进制

将十进制转换成其他任何一种进制（假设为 $n$ 进制），其原理与将十进制转换成二进制的原理是一样的：整数部分，就是除以 $n$ 取余；小数部分，就是乘以 $n$ 取整。

##  案例1：十进制换位运算

【题目描述】

对十进制数，定义以下换位运算：把第0位(个位)和第1位(十位)交换，第2位与第3位交换……输入一个十进制数，输出转换后的十进制数。注意，如果交换后最高位为0，则这一位不能输出。

【输入描述】

输入占一行，为一个十进制正整数 $n$，保证转换前和转换后的数都不超过int型的范围。

【输出描述】

输出占一行，为转换以后的十进制数。

| 【样例输入】 | 【样例输出】 |
| --- | --- |
| 602531 | 65213 |

【分析】

本题有两种处理方法。

1. 将整数视为数字字符串读入

将输入的正整数视为数字字符串，读入一个字符数组，然后按照题目要求交换相邻的两个数字字符。但是要注意，个位是在最右边。交换完成后，如果第0个元素为'0'，则从第1个元素开始输出。这种方式不符合常规，但非常简单，而且很实用。

以样例数据为例，交换前如下。

| '6' | '0' | '2' | '5' | '3' | '1' | | | | | | | | | | | | |
|---|---|---|---|---|---|---|---|---|---|---|---|---|---|---|---|---|---|

交换后如下。

| '0' | '6' | '5' | '2' | '1' | '3' | | | | | | | | | | | | |
|---|---|---|---|---|---|---|---|---|---|---|---|---|---|---|---|---|---|

代码如下。

```
#include <bits/stdc++.h>
using namespace std;
int main( )
{
    char t, a[35];
    cin >>a;
    int i, len = strlen(a);
    for(i=len-1; i-1>=0; i-=2){ // 从最右边开始交换 (不能从左边开始交换，以防位数为奇数)
        t = a[i];  a[i] = a[i-1];  a[i-1] = t;
    }
    if(a[0]=='0')  cout <<a+1 <<endl;   // 从 a[1] 开始输出右边所有字符
    else  cout <<a <<endl;         // 输出整个字符串
    return 0;
}
```

### 2. 直接以整数读入数据

将输入数据以正整数读入。这才是常规的处理方法，但反而更麻烦。对读入的整数，反复取余再除以10，把取得的余数按顺序存入一个整型数组a中，这个过程其实相当于把十进制数转换成十进制数。要注意，第0个元素是个位，最高位在最右边。然后对数组a按题目要求交换相邻的两个数字。交换后，从最右边往左边输出，而且最右边那一位如果为0，还不能输出。

以样例数据为例，得到的数组a如下。

| 1 | 3 | 5 | 2 | 0 | 6 | | | | | | | | | | |
|---|---|---|---|---|---|---|---|---|---|---|---|---|---|---|---|

交换后如下。

| 3 | 1 | 2 | 5 | 6 | 0 | | | | | | | | | | |
|---|---|---|---|---|---|---|---|---|---|---|---|---|---|---|---|

代码如下。

```
#include <bits/stdc++.h>
using namespace std;
int main( )
{
```

```
int i, t, n, a[15];    //n：读入的整数
cin >>n;
t = n;  i = 0;
while(t){
    a[i++] = t%10;  t = t/10;
}
int len = i;              // 整数的位数（注意，数组元素下标从 0 开始）
for(i=0; i+1<=len-1; i+=2){        // 从最左边开始交换
    t = a[i];  a[i] = a[i+1];  a[i+1] = t;
}
if(a[len-1]==0)  i=len-2;          // 最高位在最右边，如果为 0，不输出
else  i=len-1;
for(; i>=0; i--)  cout <<a[i];    // 从右边开始输出
cout <<endl;
return 0;
}
```

## 20.5 案例2：其他进制转十进制

【题目描述】

将一个 $n$ 进制数转换成十进制数并输出，$2 \leqslant n \leqslant 16$。

【输入描述】

输入占一行，首先是正整数 $n$，然后是 $n$ 进制下的一个正整数（当 $n > 10$ 时，可能会出现大写字母 A～F，但保证数据是合法的），保证转换后的十进制数不超过 int 型的范围。

【输出描述】

输出占一行，为转换以后的十进制数。

| 【样例输入】 | 【样例输出】 |
| --- | --- |
| 16 1E240 | 123456 |

【分析】

本题需要解决以下3个问题。

1. 数据的输入

$n$ 是十进制，直接读入即可，但后面的 $n$ 进制数，无法以 $n$ 进制形式读入，虽然上一章讲过可以在 cin 语句里指定以八进制、十进制、十六进制的形式读入整数，但本题不限于这几种进制。所以，

本题只能以字符串的形式读入这个$n$进制数，然后把每一位上的数字字符转换成对应的数值。本题用数组a存储读入的字符串形式的$n$进制数，用数组d存储转换后的每一位数字。例如，对样例输入中的16进制数，数组a和数组d分别如下。

数组a

| '1' | 'E' | '2' | '4' | '0' | | | | | | | | | | | |
|---|---|---|---|---|---|---|---|---|---|---|---|---|---|---|---|
| | | | | | | | | | | | | | | | |

数组d

| 1 | 14 | 2 | 4 | 0 | | | | | | | | | | | |
|---|---|---|---|---|---|---|---|---|---|---|---|---|---|---|---|
| | | | | | | | | | | | | | | | |

### 2. 字母A～F的处理

对读入的字符串形式的$n$进制数，数字字符'0'～'9'减去'0'就得到对应的数字；但字母'A'～'F'，要减去'A'再加上10才是对应的数字。

### 3. 按权值展开

注意，最低位在最右边，从最右边开始，权值$w$初始值为1，往左边每移1位，$w$要乘以$n$一次，把每一位上的数字乘以权值再累加起来，得到的和就是对应的十进制数。代码如下。

```
#include <bits/stdc++.h>
using namespace std;
int main( )
{
    char a[35] = {0};          // 以字符串形式读入的 n 进制下的数
    int d[35] = {0};           // 把数字字符转换成对应的数字
    int i, n;     //n 进制
    cin >>n >>a;
    int len = strlen(a);       // 取得字符串的长度
    for(i=0; i<len; i++){
        if(a[i]>='0' && a[i]<='9')   // 数字字符
            d[i] = a[i] - '0';
        else     // 大写字母字符 'A'->10, 'B'->11
            d[i] = a[i] - 'A' + 10;
    }
    int s = 0,  w = 1;          //s:累加的变量，w:权值
    for(i=len-1; i>=0; i--){
        s += d[i]*w;  w = w*n;
    }
    cout <<s <<endl;
    return 0;
}
```

## 20.6 案例3：十进制转其他进制

【题目描述】

输入一个十进制正整数（不超过int型的范围），将其转换成二进制、七进制、八进制、十六进制并输出。

【输入描述】

输入一个十进制形式的正整数$n$。

【输出描述】

输出占四行，分别是$n$的二进制、七进制、八进制、十六进制。

【样例输入】

123456

【样例输出】

```
11110001001000000
1022634
361100
1E240
```

【分析】

本题需要解决以下3个问题。

（1）进制转换：这个问题其实很好解决，因为我们前面在一些案例里已经学过将"十进制数转换成十进制数"，本题需要转换成二进制、七进制、八进制、十六进制，只需要把取余和除法运算中的除数改成2、7、8、16即可。

（2）如前所述，将十进制转换成其他进制过程中，得到的余数不能马上输出（否则顺序是相反的），必须先存储到一个数组里，转换结束后再按相反的顺序输出来。这里需要用到一维数组。以样例数据为例，转换成二进制后，数组a的内容（最左边为数组的第0个元素）如下。

| 0 | 0 | 0 | 0 | 0 | 0 | 1 | 0 | 0 | 1 | 0 | 0 | 0 | 1 | 1 | 1 | 1 | | | | | | | | | | | | | | |
|---|---|---|---|---|---|---|---|---|---|---|---|---|---|---|---|---|---|---|---|---|---|---|---|---|---|---|---|---|---|---|

（3）转换成十六进制时，得到的余数可能会超过9，这时需要存储A～F这些字母吗？其实不需要，更方便的做法是仍然以整数的形式存储余数，如果余数>9，则输出字符'A'+余数−10。对余数10、11、12、13、14、15，输出的字符分别是'A'、'B'、'C'、'D'、'E'、'F'。但在输出时，需要强制转换成char型再输出。代码如下。

```cpp
#include <bits/stdc++.h>
using namespace std;
int main( )
{
```

```
    int a[35] = {0};        // 存转换后的二（七、八、十六）进制数的每一位数字的一维数组
    int i, t, n;  cin >>n;
    t = n;  i = 0;
    while(t){   // 转换成二进制
        a[i] = t%2;  t /= 2;  i++;
    }
    for(i--; i>=0; i--)   // 退出 while 循环后，i 多加了一次 1，所以先减 1
        cout <<a[i];
    cout <<endl;
    memset(a, 0, sizeof(a));  t = n;  i = 0;
    while(t){   // 转换成七进制
        a[i] = t%7;  t /= 7;  i++;
    }
    for(i--; i>=0; i--)   // 退出 while 循环后，i 多加了一次 1，所以先减 1
        cout <<a[i];
    cout <<endl;
    memset(a, 0, sizeof(a));  t = n;  i = 0;
    while(t){   // 转换成八进制
        a[i] = t%8;  t /= 8;  i++;
    }
    for(i--; i>=0; i--)   // 退出 while 循环后，i 多加了一次 1，所以先减 1
        cout <<a[i];
    cout <<endl;
    memset(a, 0, sizeof(a));  t = n;  i = 0;
    while(t){   // 转换成十六进制
        a[i] = t%16;  t /= 16;  i++;
    }
    for(i--; i>=0; i--){   // 退出 while 循环后，i 多加了一次 1，所以先减 1
        if(a[i]<=9)  cout <<a[i];
        else  cout <<(char)('A' + a[i] - 10);
    }
    cout <<endl;
    return 0;
}
```

## 20.7 练习1：数码1的位置

【题目描述】

给定一个正整数 $n$，要求输出对应的二进制数中所有数码"1"的位置。注意最低位为第0位。

例如，13的二进制形式为1101，因此数码1的位置为0、2、3。

【输入描述】

输入占一行，只有一个整数$n$，$1 \leq n \leq 10^6$。

【输出描述】

输出占一行，以升序的顺序输出$n$的二进制形式中所有数码"1"的位置，位置之间有1个空格，最后一个位置后面没有空格。

【样例输入】　　　　　　　　　　　　　　【样例输出】

13　　　　　　　　　　　　　　　　　　0 2 3

【分析】

对输入的整数$n$，依次用2去整除，用变量$pos$充当计数器（代表二进制的位），如果得到的余数为1，则输出$pos$，否则不输出；$pos$的初始值为0，每次将$n$除以2后，$pos$自增1。输出时要求每两个位置之间有1个空格。解决方法是在第1个位置之前不输出空格，然后在接下来的所有数码"1"的位置之前输出一个空格，为此需要定义一个状态变量$f$并赋初始值为true。当$n$除以2得到的余数为1，如果$f$的值为true，将其置为false，否则输出空格。这样就实现了：输出第1个位置前不输出空格，输出剩下的每个位置前输出空格。代码如下。

```
#include <bits/stdc++.h>
using namespace std;
int main( )
{
    int n, i;        //n 为输入的整数
    cin >>n;
    int pos = 0;
    // 输出的第一个 pos 之前不能加空格，其余 pos 之前都要加空格
    bool f = true;
    while( n>0 ){
        if( n%2==1 ){
            if( f )  f = false;
            else  cout <<" ";
            cout <<pos;
        }
        n = n/2;  pos++;
    }
    cout <<endl;
    return 0;
}
```

## 20.8 练习2：字节内容

【题目描述】

输入一个 [0, 2147483647] 范围内的整数，从高到低输出其4个字节的内容(二进制形式)。例如，输入867，输出"00000000 00000000 00000011 01100011"。注意，前导0不能省略。

【输入描述】

输入占一行，为一个整数。

【输出描述】

输出占一行，为4个字节的内容。注意字节与字节之间用一个空格隔开。

| 【样例输入】 | 【样例输出】 |
|---|---|
| 867 | 00000000 00000000 00000011 01100011 |

【分析】

将输入的整数转换成二进制，用一个数组存储得到的每一位数字，最后按要求输出即可。代码如下。

```cpp
#include <bits/stdc++.h>
using namespace std;
int main( )
{
    int i, t, n;        // 读入的整数
    int b[32] = {0};    // 存储转换成二进制后的每位数字
    cin >>n;
    t = n; i = 0;
    while( t ){
        b[i] = t%2;  t = t/2;  i++;
    }
    for( i=31; i>=24; i-- )  cout <<b[i];
    cout <<" ";
    for( i=23; i>=16; i-- )  cout <<b[i];
    cout <<" ";
    for( i=15; i>=8; i-- )  cout <<b[i];
    cout <<" ";
    for( i=7; i>=0; i-- )  cout <<b[i];
    cout <<endl;
    return 0;
}
```

## 20.9  练习 3：雷劈数

【背景知识】

印度数学家卡普列加在一次旅行中，遇到猛烈的暴风雨，他看到路边一块牌子被劈成了两半，一半上写着 30，另一半写着 25。这时，他忽然发现 30+25=55，55^2=3025，把劈成两半的数加起来，再平方（$a$ 的平方就是 $a×a$，记作 $a^2$ 或 $a^2$），正好是原来的数字。从此他就专门搜集这类数字。按照第一个发现者的名字，这种怪数被命名为 "卡普列加数" 或 "雷劈数" 或 "卡布列克怪数"。

最小的奇雷劈数是 81：8+1=9，$9^2 = 81$。

【题目描述】

输入一个具有偶数位数的正整数，判断是否为雷劈数。

【输入描述】

输入占一行，为一个正整数 $n$，不超过 long long 型数据的范围。

【输出描述】

输出占一行，如果 $n$ 是雷劈数，输出 yes；否则输出 no。

| 【样例输入 1】 | 【样例输出 1】 |
|---|---|
| 3025 | yes |

| 【样例输入 2】 | 【样例输出 2】 |
|---|---|
| 3024 | no |

【分析】

对输入的正整数 $n$，首先要知道它的位数，这需要采用 "将十进制转换为十进制" 的方法，反复将 $n$ 除以 10 直至为 0，在这个过程中累计位数。如果位数为 8，则构造 $m = 10000$，这样 $n/m$ 就取得了 $n$ 的前半段，$n\%m$ 就取得了 $n$ 的后半段。根据雷劈数的定义，前半段和后半段之和的平方如果和 $n$ 相等，则 $n$ 是雷劈数。代码如下。

```
#include <bits/stdc++.h>
using namespace std;
int main( )
{
    long long t, n;   cin >>n;
    int len = 0;
    t = n;
    while(t){                        //求 n 的位数
        len++;   t /= 10;
```

```
}
long long m = 1;
for(int i=1; i<=len/2; i++)            // 构造出 m, m 为 100..0(len/2 个 0)
    m *= 10;                           // 用 m 可以取出 n 的前半段和后半段
long long p = n/m + n%m;               //n 的前半段和后半段之和
if(p*p == n)  cout <<"yes" <<endl;     // 雷劈数
else  cout <<"no" <<endl;
return 0;
}
```

## 20.10 总结

本章需要记忆的知识点如下。

（1）其他进制的数转换成十进制的方法是："按权值展开"。

（2）将十进制整数 $a$ 转换成 $n$ 进制和取十进制每位上的数字的方法是类似的：反复将 $a$ 对 $n$ 取余，再除以 $n$，直至 $a$ 为 0 为止。

# 第 21 章

# 字符及字符串处理

```
string s;
cin >>s;
reverse(s.begin(),s.end());
```

## 主要内容

- 介绍字符串处理函数。
- 介绍字符串类 string 的使用方法。

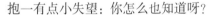

## 21.1　用草串着卖的鸡蛋

抱一喜欢地理知识。有一天，他开心地跟爸爸分享他在地理书上看到的有趣故事。

抱一：爸爸，你知道吗，外公在超市买的鸡蛋都是一盒一盒的，或者是用蛋托装着的。但是，在我们国家，有一个地方，鸡蛋是用草串着卖的，你知道是哪里吗？

爸爸：我知道呀，云南十八怪之一，鸡蛋用草串着卖，就像图21.1那样。

抱一有点小失望：你怎么也知道呀？

图21.1　鸡蛋用草串着卖

爸爸：你的书我也看过呀。而且，你看，用草串起来的一串串鸡蛋，非常像一个个字符串哦。我们今天要学的string类型的字符串，一个变量就可以存储一个字符串，是不是非常像鸡蛋串在一起呀？

抱一：这哪跟哪呀。

## 21.2　字符串处理函数

在C++语言中，要存储和处理字符串，有两种方式：字符数组和string类型。使用字符数组存储字符串时，对字符串的处理需要借助一些字符串处理函数，这些函数对小学生来说比较难，但只要会用就可以了，就像求平方根时只需要知道怎么调用sqrt函数就行了。C++也提供了功能更强大的string类型，string类型包含了非常多的函数。

头文件string.h里定义了一些与字符串处理相关的函数，常用的有以下几个。

注意，这些函数的参数和返回值出现了char*，这是字符指针。但本书没有讲指针。我们学过字符数组，字符数组名就相当于字符指针。在以下函数中，如果形参为字符指针，调用函数时实参可以是字符数组；如果返回值是字符指针，其实返回的就是保存字符串的地址。

1. 字符串连接函数strcat

strcat函数的格式如下。

```
char* strcat(char *dest, const char *src);
```

功能：把src（源字符串）所指向的字符串连到dest（目标字符串）所指向的字符串后面。

返回值：返回连接后所得到的字符串的首地址，即第1个参数dest的值。

说明：① 第1个参数所指向的存储空间必须足够大（足以容纳这两个字符串）。② 连接前，两串均以'\0'结束；连接后，dest字符串原先的'\0'取消，在新的dest字符串最后加'\0'。

例如，以下代码的输出结果是：Welcome to C/C++!。执行过程如图21.2所示。

```
char s1[20] = "Welcome to";
char s2[ ] = " C/C++!";
cout <<strcat(s1, s2) <<endl; // 将s2连接到s1，输出连接后的s1
```

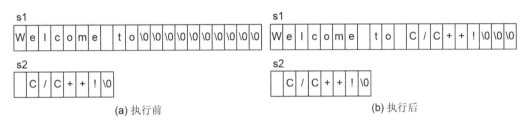

图 21.2　strcat 函数的执行过程

## 2. 字符串复制函数strcpy和strncpy

strcpy 函数的格式如下。

```
char* strcpy(char *dest, const char *src);
```

功能：把src（源字符串）所指向的字符串拷贝到dest（目标字符串）所指向的存储空间里，将原有的字符覆盖。

返回值：返回拷贝后所得到的字符串的首地址，即第1个参数dest的值。

说明：① 第1个参数所指向的存储空间必须足够大（足以容纳第2个字符串）。② 拷贝时'\0'一同拷贝过去。

例如，以下代码的输出结果是：C/C++!。执行过程如图21.3所示。拷贝时，把字符串s2中的字符，包括串结束标志'\0'拷贝到s1数组，覆盖原有的字符。对于没有被覆盖的字符，保持原值。

```
char s1[20] = "Welcome to C/C++!";
char s2[ ] = "C/C++!";
cout <<strcpy(s1, s2) <<endl; // 将s2拷贝到s1
```

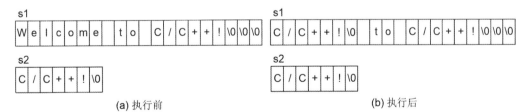

图 21.3　strcpy 函数的执行过程

如果不想拷贝src整个字符串，可以指定拷贝的字符数，需要使用strncpy函数。strncpy 函数的格式如下。

```
char* strncpy(char *dest, const char *src, size_t n );
```

strncpy 函数比 strcpy 函数多了参数n，这个参数用来指定拷贝的字符数。

注意：strncpy 函数在将源字符串中的n个字符拷贝到目标字符串后，不会在目标字符串末尾加上串结束标记'\0'。这个细节上的差别可能会导致程序输出奇怪字符甚至导致程序运行结果不正确。如下面的例子。

```
char s1[20] = "Hello world!"; char s2[20];
strncpy(s2, s1, 5);        // 拷贝后 ,s2 中存储了 "Hello",但后面没有串结束标志
cout <<s2 <<endl;          // 输出 Hello, 后面还有一些奇怪的字符
```

解决上述问题的方法是：在调用strncpy 函数前将目标字符串清空，即将所有元素的值置为0。对上面的程序，可以按下面方式定义 s2 数组。

```
char s2[20] = {0};
```

### 3. 字符串长度函数strlen

strlen 函数的格式如下。

```
unsigned int strlen(const char *string);
```

功能：计算字符串长度，即从指定位置开始到第一个'\0'前的字符个数。

返回值：返回字符串实际长度，不包括'\0'在内。

### 4. 字符串比较函数strcmp和strncmp

strcmp 函数的格式如下。

```
int strcmp(const char *s1, const char *s2);
```

功能：比较两个字符串的大小。

比较规则：对两字符串从左向右逐个字符进行比较（ASCII 码），直到遇到不同的字符或'\0'为止。

返回值：返回int型整数，若字符串s1<字符串s2，返回-1；若字符串s1>字符串s2，返回1；若字符串s1==字符串s2，返回0。注意，用strcmp 函数比较两个字符串s1 和s2，返回值如果为0，就表示s1 和s2 是同一个字符串。

例如，以下代码的输出结果是：1 -1 0。

```
cout <<strcmp("aba", "abAc") <<" ";
cout <<strcmp("abca", "abcd") <<" ";
cout <<strcmp("abcd", "abcd") <<endl;
```

如果不想比较到字符串末尾，可以指定比较的字符数，需要使用strncmp 函数。strncmp 函数的格式如下。

```
int strncmp ( const char * s1, const char * s2, size_t n );
```

strncmp 函数比 strcmp 函数多了参数 n，该参数用来指定比较的字符数，其比较的规则和返回值含义和 strcmp 函数一样。

5. 存储空间赋值函数 memset

memset 函数的格式如下。

```
void* memset( void *dest, int c, int count );
```

功能：把空类型指针变量 dest 所指向的存储空间的前 count 个字节设置成整数 c。memset 函数可以快速将一个整型或 char 型数组的各元素初始化为 0 或 –1（但其他初始值不行），用法如下。

返回值：返回值就是参数 dest 所指向的存储空间的地址。

```
int a[100];  memset(a, 0, sizeof(a));       // 将数组 a 各个元素赋值为 0
int b[100];  memset(b, 0xff, sizeof(b));     // 将数组 b 各个元素赋值为 –1
```

# 21.3　字符串类 string

C++ 语言也封装了功能非常强大的字符串类 string。string 类型的字符串可以直接输入、输出，可以用 <、<=、>、>=、== 比较大小，可以用 "+" 号拼接两个字符串，也可以通过下标引用字符串中的字符等。一个 string 类型的变量相当于一个 char 型一维数组。

string 类也提供了丰富的函数，以下是其中一些常用的函数。

```
int size()const;            // 返回当前字符串的大小，即长度
int length()const;          // 返回当前字符串的长度
bool empty()const;          // 当前字符串是否为空
void swap(string &s2);      // 交换当前字符串与 s2 的值
string substr(int pos = 0,int n = npos) const;// 返回 pos 开始的 n 个字符组成的字符串
int find(char c, int pos = 0) const; // 从 pos 开始查找字符 c 在当前字符串的位置
int find(const char *s, int pos = 0) const; // 从 pos 开始查找字符串 s 在当前串中的位置
int find(const char *s, int pos, int n) const; // 从 pos 开始查找字符串 s 中前 n 个字
符组成的字符串在当前串中的位置，成功返回所在位置，失败时返回 string::npos 的值（npos 是一个
常量，用来表示不存在的位置）
int find(const string &s, int pos = 0) const; // 从 pos 开始查找字符串 s 在当前串中的
位置
```

清空字符串的方法：s=""、s.clear()、s.erase()。

字符串逆序的方法：reverse(s.begin(), s.end())。

注意：

（1）用 cin 读入 string 类型的字符串时，是以空格、Tab 键、回车键这 3 个空白字符作为输入结

束的。如果要将包含空格的字符串读入string类型的字符串s，需要使用getline(cin, s)。这种输入方式是以回车换行表示输入结束。

（2）用getline函数读入string类型的字符串s时，如果前面有输入数据，则会读入上一行的换行符，这时需要专门用getchar()或cin等方法跳过上一行的换行符，详见下面的例子。

```
int n;  string s1, s2;
cin >>n;        //先读入一个整数，如25
// 跳过上一行的换行符，可以用以下任意一种方法
getchar();                  //(1) 只读入换行符，但不存储
//char c; c = getchar();    //(2) 读入换行符并保存到一个临时变量中
//char c; cin >>c;          //(3) 读入换行符并保存到一个临时变量中
//cin.ignore();             //(4) 调用cin的ignore()函数，忽略上一行的换行符
getline(cin, s1);           // 假设输入 "a b c"
getline(cin, s2);           // 假设输入 "aaa bbb ccc"
cout <<s1 <<endl;           // 输出: a b c
cout <<s2 <<endl;           // 输出: aaa bbb ccc
```

用cin.getline(s, 101)读入一个字符串到字符数组s，也存在可能需要跳过上一行换行符的问题，处理方法是一样的。

 **21.4 案例1：计算两个字符串的相关性**

【题目描述】

假定字符串中只包含小写字母字符。输入两个字符串，计算它们的相关性。

【输入描述】

输入占一行，为两个字符串（用空格隔开），字符串只包含小写字母，长度不超过20。

【输出描述】

输出两个字符串的相关性。

| 【样例输入】 | 【样例输出】 |
| --- | --- |
| hello world | 2 |

【分析】

在本题中，两个字符串的相关性定义为两个字符串相同字符的个数。如"loop"和"top"存在两个相同的字符"o"和"p"，因此这两个字符串的相关性为2；而"took"和"loop"存在一个相同的字符，即"o"，因此它们的相关性为1。分别用整型数组a1[26]和a2[26]记录两个字符串是否包

含了字母字符a～z（不管个数），对第$i$个字母，如果a1[$i$]和a2[$i$]同时为1，则说明这两个字符串都包含了该字母字符。统计相同字符的个数并输出即可。代码如下。

```cpp
#include <bits/stdc++.h>
using namespace std;
int main( )
{
    char s1[100], s2[100];   // 存储读入的两个字符串
    // 标记两个字符串是否包含 a ～ z 各字符
    int a1[26] = {0}, a2[26] = {0};
    int i, len1, len2;        // 两个字符串的长度
    cin >>s1;  cin >>s2;
    len1 = strlen(s1);  len2 = strlen(s2);
    for( i=0; i<len1; i++ )  a1[s1[i]-'a'] = 1;
    for( i=0; i<len2; i++ )  a2[s2[i]-'a'] = 1;
    int co = 0;        // 相关性
    for( i=0; i<26; i++ )
        if( a1[i] && a2[i] )  co++;
    cout <<co <<endl;
    return 0;
}
```

如果用string类型字符串实现，则只需要把上述代码中相关的2行代码替换成如下代码。

```cpp
    string s1, s2;        // 存储读入的两个字符串
    len1 = s1.length();  len2 = s2.length();
```

## 21.5 案例2：校验和

【题目描述】

输入一个字符串，只允许包含大写字母和空格，且起始和终止字符都是大写字母。除此之外，空格和大写字母允许以任何的组合方式出现，包括连续的空格。校验和定义为字符串中所有字符在字符串中的位置和其值的乘积的累加。空格的值为0，其他大写字符的值为它在字母表中的位置，即A=1, B=2,…, Z=26。

字符串 "MID CENTRAL" 的校验和计算方法：$1 \times 13 + 2 \times 9 + 3 \times 4 + 4 \times 0 + 5 \times 3 + 6 \times 5 + 7 \times 14 + 8 \times 20 + 9 \times 18 + 10 \times 1 + 11 \times 12 = 650$。

【输入描述】

输入的字符串占一行，包含1～255个字符，字符串不会以空格开头或结尾。

【输出描述】

输出占一行，为字符串的校验和。

| 【样例输入】 | 【样例输出】 |
|---|---|
| MID CENTRAL | 650 |

【分析】

对输入的字符串，检查每个字符，如果是空格，则跳过，因为空格的值为0；否则累加字符的位置与字符的值的乘积，注意字符的位置是从1开始计起。代码如下。

```cpp
#include <bits/stdc++.h>
using namespace std;
int main( )
{
    char s[260];        // 读入的数据包
    int qsum = 0;       // 求得的校验和
    cin.getline(s, 256);
    for( int i=0; s[i]!='\0'; i++ ){
        if(s[i]==' ')  continue;   // 空格的值为 0，所以不累加
        qsum += (i+1)*(s[i]-'A'+1);
    }
    cout <<qsum <<endl;
    return 0;
}
```

## 21.6 案例3：从整数中提取出4个字符

【题目描述】

在C++语言中，整型数据和字符型数据在很多情况下是可以通用的，因为它们的存储形式是完全一样的，只是一个字符型数据占1个字节，一个整数占4个字节。在本题中，要求对输入的一个正整数，提取其每个字节，并以字符形式输出。

【输入描述】

输入占一行，为一个正整数，输入的正整数保证每个字节都是一个可显示字符的ASCII编码值（33～126）。

【输出描述】

输出提取到的四个字符，用空格隔开。

【样例输入】                              【样例输出】

1179665766                               F P E f

【分析】

如果一个整型数据赋值给一个字符型变量，则截取该整数的最低字节赋给字符型变量。根据这个运算规律可以将输入的正整数依次除以 $2^{24}$、$2^{16}$、$2^8$ 及对 $2^8$ 取余，将得到的值赋给字符型变量，则可依次得到该整数从高到低四个字节的数值，就提取到题目中要求输出的字符。代码如下。

```cpp
#include <bits/stdc++.h>
using namespace std;
int main( )
{
    int n;        // 输入的整数
    char c1, c2, c3, c4;          // 提取得到的 4 个字符
    cin >>n;
    c1 = n/16777216;          //16777216 为 2 的 24 次方
    c2 = n/65536;             //65536 为 2 的 16 次方
    c3 = n/256;               //256 为 2 的 8 次方
    c4 = n%256;
    cout <<c1 <<" " <<c2 <<" " <<c3 <<" " <<c4 <<endl;
    return 0;
}
```

 **21.7** **练习1：比较大整数的大小关系**

【题目描述】

输入两个正整数，比较两个正整数的大小关系，如果第1个正整数大于第2个，输出bigger；如果小于，输出smaller；如果相等，输出equal。每个正整数的位数最多可达100位。

【输入描述】

输入占两行，均为一个正整数，位数最多可达100位。

【输出描述】

输出bigger、smaller或equal。

【样例输入】                              【样例输出】

2421298129128113425322234
2421298129128213425322234               smaller

【分析】

在本题中，由于正整数位数最多可达100位，所以只能视为数字字符串读入字符数组中，整数的每位数字对应字符数组中的一个元素（实际上存储的是数字字符）。

将两个正整数分别读入字符数组n1和n2后，如果这两个字符数组长度（正整数的位数）不一样，毫无疑问长度较长的整数更大；如果长度一样，则可以用strcmp函数来比较这两个正整数的大小，注意不能用 ">" 等关系运算符来直接比较n1和n2的大小。

如果是用string类型的字符串s1和s2来存储输入的两个大整数，当它们长度一样时，可以直接用 ">" "<" 来比较两个字符串的大小。代码如下。

```cpp
#include <bits/stdc++.h>
using namespace std;
int main( )
{
    char n1[101], n2[101]; // 以字符串形式读入并存储两个正整数
    cin >>n1;   cin >>n2;
    int len1 = strlen(n1), len2 = strlen(n2);
    if( len1!=len2 ){        // 长度（位数）不等，则位数多的大
        if( len1>len2 )  cout <<"bigger\n";
        else  cout <<"smaller\n";
    }
    else{      // 长度相等，则调用 strcmp 函数比较
        if( strcmp( n1, n2 )>0 )  cout <<"bigger\n";
        else if( strcmp( n1, n2 )<0 )  cout <<"smaller\n";
        else  cout <<"equal\n";
    }
    return 0;
}
```

## 21.8 练习2：输出月份（二维字符数组）

【题目描述】

将12个月份的英文单词存入一个二维字符数组中。输入月份号，输出该月份的英文单词。

【输入描述】

输入占一行，为一个正整数 $m$，$1 \leqslant m \leqslant 12$。

【输出描述】

输出占一行，为月份的名称。

【样例输入】                              【样例输出】

    1                              January

【分析】

每个月份的英文单词需要用一维数组存储，12个月份的英文单词就需要用二维数组存储。由于每个英文单词的长度不一样，所以二维数组的列必须足够大，本题定义成20。本题也可以用string类型实现，只需把"char ms[12][20]"改成"string ms[12]"。代码如下。

```cpp
#include <bits/stdc++.h>
using namespace std;
int main( )
{
    char ms[12][20] = {"January", "February", "March", "April",
        "May", "June", "July", "August",
        "September", "October", "November", "December"};
    int m;           //输入的月份号
    cin >>m;
    cout <<ms[m-1] <<endl;
    return 0;
}
```

## 21.9 拓展阅读：万能头文件

对初学者来说，编写C++程序比较头疼的是不知道要包含哪些头文件。幸运的是，有些编译器（如GCC和Clang）可以使用万能头文件<bits/stdc++.h>。使用万能头文件就不用再包含其他头文件了。

注意，万能头文件是一个非标准的头文件包含方式，它是由编译器（如GCC和Clang）提供的，并不属于C++标准库规范。这种写法的目的是简化头文件的包含，以方便地引入常用的标准库头文件，它依赖特定的编译器和环境配置。

## 21.10 总结

本章需要记忆的知识点如下。

（1）熟记字符串处理函数。

（2）掌握字符串类string的使用方法。

# 第|22|章
# 通过函数实现功能分解

```
int mx( int x, int y )
{
    return x>y ? x : y;
}
```

## 主要内容

◆ 介绍函数的概念、函数的设计和调用。

◆ 介绍函数参数和返回值的设计。

## 22.1 设计师的梦想

抱一从小就想当设计师，乐高设计师、玩具设计师、软件设计师等。上小学后，抱一经常会冒出一些"异想天开"的想法。

抱一：我想设计一款自动的黑板擦，它有一个特殊的功能，能根据人的手势，指哪擦哪。我想设计一款软件，它有一个神奇的功能，能把人的想法自动变成程序。

## 22.2 函数就是功能

同学们，你们用的橡皮擦、文具盒有什么功能呀？橡皮擦具有擦除功能，文具盒可以装文具，有的文具盒上面还印了九九乘法表。家里的电器功能就更大了。电饭煲可以煮饭、煲汤、炖排骨等。这些文具和电器，都是别人设计好了，我们拿来用。

同样，在编程的世界里，也有各种各样的功能，这些功能通常是别人设计好了，我们直接拿来用就可以了。当然，我们也可以自己设计一个功能，给自己和别人用。

在程序的世界里，实现某个功能的一段代码，称为**函数**。"函数"的英文是"function"，而"function"是"功能"的意思。**函数即功能**。顾名思义，函数就是用来实现某个具体的功能，而且通常只实现一个功能（而不会把多个功能糅合到一个函数里）。也就是说，在程序设计语言里引入函数的概念，就是为了进行功能分解。

别人设计好的函数，通常我们是看不到代码的，但只需要知道函数名、参数及返回值信息，我们就可以直接拿来用。例如，前面我们用过的 sqrt()、pow() 等都是函数。这些函数就像教室里的黑板擦，是公用的，直接通过函数名就可以使用了。

但有时我们也需要自己设计函数。例如，要输出 100～200 之间的质数，可以用一个二重循环实现。但如果有一个函数 prime，能够实现判断一个正整数 $m$ 是否为质数，其调用形式是：prime($m$)。调用该函数后返回值如果为 1，则 $m$ 为质数；如果为 0，则 $m$ 为合数。因此我们只需要用如下的代码就可以输出 100～200 之间的质数。

```
for( int m =100; m<=200; m++ ){
    if( prime(m) )
        cout <<m <<endl;
}
```

在这个例子中，我们把"输出 100～200 之间所有质数"的功能需求进行分解，把"判断一个正整数是否为质数"的功能用 prime 函数去实现。这就是函数的作用。

## 22.3 函数的分类

我们可以从不同的角度对函数进行分类。从用户使用的角度看，函数有以下两种。

（1）**系统函数**，即库函数：这是由编译系统提供的，用户不必自己定义这些函数，可以直接调用它们，但必须把相关的头文件包含进来。例如，求平方根的函数sqrt，是在头文件cmath中声明的，因此调用sqrt函数时必须把cmath包含进来。

（2）**用户自定义函数**：用以解决用户的特定需求，由用户自己定义的函数。

从函数的形式看，函数分为两类。

一类是**无参函数**：在调用函数时，函数名后面的圆括号内没有参数。

另一类是**有参函数**：在调用函数时，要在圆括号内给出参数。主调函数和被调用函数之间是通过参数来进行数据传递的。

另外，如果在A函数中调用了B函数，则称A函数为**主调函数**，称B函数为**被调函数**。

 ## 22.4 案例1：质数的判定（用函数实现）

【题目描述】

输入一个大于等于2的正整数$n$，判定其是否为质数，要求用函数实现。

【输入描述】

输入占一行，为一个正整数$n$，$2 \leq n \leq 32768$。

【输出描述】

如果$n$为质数，输出yes，否则输出no。

| 【样例输入1】 | 【样例输出1】 |
|---|---|
| 199 | yes |

| 【样例输入2】 | 【样例输出2】 |
|---|---|
| 198 | no |

【分析】

如前所述，我们希望有一个prime函数，提供一个数给它，它能告诉程序这个数是不是质数，这个prime函数需要我们自己定义。对输入的正整数$n$，调用prime函数即可。

代码如下。

```cpp
#include <bits/stdc++.h>
using namespace std;
int prime( int m )
{
    int i, k = (int)sqrt(m);
    for( i=2; i<=k; i++ ){
        if( m%i==0 )  break;
    }
    if( i>k )  return 1;      // 质数
    else  return 0;           // 合数
}
int main( )
{
    int n;  cin >>n;
    if(prime(n))  cout <<"yes" <<endl;
    else  cout <<"no" <<endl;
    return 0;
}
```

## 函数的定义

1. 无参函数的定义

定义无参函数的一般形式如下。

**类型标识符 函数名([void])**

**{**

　**函数中的语句**

**}**

类型标识符是指函数值的类型，而函数值则是指函数的返回值（如果没有返回值，则类型标识符为void）。函数名必须是合法的标识符。圆括号内的void加上了方括号"[　]"，表示void可以省略。

2. 有参函数的定义

定义有参函数的一般形式如下。

**类型标识符 函数名(类型名 形式参数1, 类型名 形式参数2, ……)**

**{**

　**函数中的语句**

**}**

定义有参函数时，要将参数以列表形式在圆括号内列出，有多少个参数就必须列出多少个，而且每个参数都必须用类型名修饰，尽管这些参数类型可能是相同的。请注意以下两种用法。

```
int x, y, z;                //（√）定义变量时，可以用一个类型名定义多个同类型的变量
int f( int x, y, z )        //（×）在定义函数时，每个参数都必须用类型名修饰
{
    ...
}
```

数学函数库cmath中的函数大多数是带参数的，如sqrt、pow等。

3. 函数的返回值

函数的返回值是通过函数中的return语句返回的。return语句将被调用函数中的一个确定值带回主调函数中。从哪里调用的，就返回到哪里。

注意，main函数的返回值类型必须是int型，且返回0通常表示程序正常结束。

一个函数中可以有一个以上的return语句，执行到哪个return语句，该return语句起作用。执行到某个return语句，函数就执行完毕，之后的语句就不执行了。

如果函数值的类型（定义函数时函数名前的类型标识符）和return语句中表达式值的类型不一致，则以函数值类型为准，即函数值类型决定返回值的类型。对数值型数据，可以自动进行类型转换。

## 22.5 案例2：求两个数的较大者（用函数实现）

【题目描述】

输入两个整数，求较大者，要求用函数实现。

【输入描述】

输入占一行，为两个整数 $a$ 和 $b$，用空格隔开，$a$ 和 $b$ 的取值不超过 int 型范围。

【输出描述】

输出占一行，为 $a$ 和 $b$ 的较大者。

| 【样例输入1】 | 【样例输出1】 |
| --- | --- |
| 45 67 | 67 |

| 【样例输入2】 | 【样例输出2】 |
| --- | --- |
| 198 99 | 198 |

【分析】

本题通过自定义函数的方式求两个数的较大者。代码如下。

```
#include <bits/stdc++.h>
using namespace std;
int mx( int x, int y )       // 定义有参函数mx：求两个数的较大者
{
    int m;
    m = x>y ? x : y;         // 条件表达式
    return(m);
}
int main( )
{
    int a, b, c;
    cin >>a >>b;
    c = mx(a, b);            // 调用mx函数，给定实参为a，b. 将函数返回值赋给c
    cout <<c <<endl;
    return 0;
}
```

【解析】

如图22.1（a）所示，该程序在执行时，从main函数的第一条代码开始执行。当执行到语句"c=mx(a,b);"时，因为有函数调用，所以要转而去执行mx函数。在执行mx函数里的语句之前，把实参a的值传递给形参x，把实参b的值传递给形参y，如图22.1（b）所示。

这样mx执行完毕后，变量m的值为67，将这个值返回到main函数中，即返回到"c=mx(a,b);"语句处，把67赋值给c。然后输出c的值，最终程序从main函数结束。

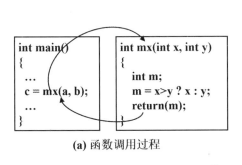

**(a)** 函数调用过程

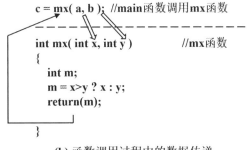

**(b)** 函数调用过程中的数据传递

图 22.1　函数调用过程

## 函数参数

大多数函数都是带参数的。参数有两种：形式参数和实际参数。

在定义函数时函数名后面括号中的变量称为形式参数，简称**形参**。

在主调函数中调用被调函数时，函数名后面括号中的参数（可以是表达式）称为实际参数，简称**实参**。

主调函数与被调函数之间的数据传递是通过实参和形参来进行的。

有关形参和实参的说明如下。

（1）在定义函数时指定的形参，在未出现函数调用时，它们并不占内存中的存储单元，并不是实际存在的数据，因此称它们是形式参数或虚拟参数。

（2）一般来说，实参个数必须与形参个数一致。此外，每个实参的类型必须跟对应的形参的类型一致或赋值兼容。

（3）实参可以是常量、变量或表达式。如mx(3, *a+b*)，但要求*a*和*b*有确定的值。如果实参是变量，为避免混淆，建议初学者将形参和实参用不同的变量名表示。

（4）实参变量对形参变量的数据传递是"值的传递"，即单向传递，只由实参传给形参，而不能由形参传回来给实参。在案例2中，**将实参*a*和*b*的值分别传给形参*x*和*y*之后，*a*和*x*就没有任何关联了。**

 ## 22.6 案例3：数组元素逆序（用函数实现）

【题目描述】

将输入的10个整数按相反的顺序输出，要求用数组和函数实现。

【输入描述】

输入占一行，为10个整数，用空格隔开。

【输出描述】

输出占一行，为逆序后的10个整数，用空格隔开。

| 【样例输入】 | 【样例输出】 |
| --- | --- |
| 12 7 -89 120 55 79 3 11 66 -45 | -45 66 11 3 79 55 120 -89 7 12 |

【分析】

将数组array中的10个元素按相反顺序存放，只需要把array[0]和array[9]交换，array[1]和array[8]交换，array[4]和array[5]交换。题目要求用函数实现，所以定义re函数，实现将数组a中的*n*个元素按相反顺序存放。在主函数中输入数组array各元素值，然后调用re函数实现逆序存放，最后在主函数中输出array各元素的值。re函数的格式如下。

```
void re( int x[ ], int n );
```

re函数的第1个形参为数组名的形式，这种形式的形参之前没有使用过，下面会详细讲解。代码如下。

```cpp
#include <bits/stdc++.h>
using namespace std;
void re(int a[ ], int n)  // 将a数组中的n个元素按逆序存放
{
    int i, j;      // 循环变量
    int t;         // 交换a[i]和a[j]时用到的临时变量
    for( i=0; i<n/2; i++ ){
        j = n-1-i;
        t = a[i];  a[i] = a[j];  a[j] = t; // 交换a[i]和a[j]
    }
}
int main( )
{
    int array[10], i;
    for( i=0; i<10; i++)  cin >>array[i];          // 输入
    re( array, 10 );      //(1)
    for( i=0; i<10; i++)  cout <<array[i] <<" ";   // 输出
    cout <<endl;
    return 0;
}
```

## 数组名作函数参数

除了常量、变量、表达式等可以作函数实参外，数组名也可以作函数的实参。如果函数的实参是数组名，则函数的形参也必须是数组名（或指针变量）。

因为re函数并不"知道"main函数中的array数组有多少个元素，所以需要将array数组的元素个数(10)这个信息传递给re函数，而re函数中的第2个形参n就是用来接收这个信息的。

【思考】如果把程序中的语句(1)修改成re(array, 5)，还是输入上述数据，程序的输出结果是什么？

从程序的运行结果可以看到，在main函数中调用re函数后，数组中各元素的值发生了变化。比如原来array[0]的值为12，re函数执行后，array[0]的值变为-45了。这跟前面提到的"实参对形参的数据传递是单向的，只由实参传给形参，不能由形参传回来给实参"是否有矛盾？

数组名表示整个数组所占存储空间的首地址，是一个表示地址的常量。因此在re函数调用语句中，数组名被作为函数实参传递给形参a。代码如下。

```
re( array, 10 );
```

这样，形参a也表示这段存储空间的首地址，如图22.2所示。在re函数中交换a[i]和a[j]的值，实际上交换的就是array[i]和array[j]的值。

那么是否可以直接在re函数中直接使用array数组呢？答案是否定的，因为数组array是在主函数中定义的，因此它的有效范围只限于主函数，在re函数中是不能使用数组array的。

这里需要说明以下两点。

（1）如果函数实参是数组名，形参也应为数组名（或指针变量），形参不能声明为普通变量（如int a）。

（2）形参采用数组的形式，但实际上，声明形参数组并不意味着真正建立一个包含若干元素的数组，在调用函数时也不会分配数组存储单元（只为形参指针变量分配存储空间；注意，形参数组名实际上是一个指针变量），只是用a[ ]这样的形式表示a是一维数组名，以接收实参传来的地址。因此a[ ]中方括号内的数值并无实际作用，编译系统对一维数组方括号内的内容不予处理。形参一维数组的声明中可以写元素个数，也可以不写。

re函数首部的以下几种写法都合法，作用相同。

| array | | a |
|---|---|---|
| array[0] | | a[0] |
| array[1] | | a[1] |
| array[2] | | a[2] |
| array[3] | | a[3] |
| array[4] | | a[4] |
| array[5] | | a[5] |
| array[6] | | a[6] |
| array[7] | | a[7] |
| array[8] | | a[8] |
| array[9] | | a[9] |

图22.2 用数组名作函数参数

```
void re( int a[10], int n )      // 指定元素个数与实参数组相同
void re( int a[ ], int n )       // 不指定元素个数
void re( int a[5], int n )       // 指定元素个数与实参数组不同
```

学了指针就会知道，C++实际上只把形参数组名作为一个指针变量来处理，用来接收从实参传过来的地址。

## 22.7 练习1：斐波那契数列（5）

【题目描述】

求斐波那契数列中大于n的第一个数及其在斐波那契数列中的序号，要求如下。

（1）定义函数fibo：用于求解并输出斐波那契数列中大于m的第一个数及其在斐波那契数列中的序号。

（2）在main函数中输入n，调用fibo函数输出结果。

【输入描述】

输入占一行，为一个正整数n，$1 \leqslant n \leqslant 1\,000\,000\,000$。

【输出描述】

输出占一行，为两个正整数，用空格隔开，分别表示大于 $n$ 的第一个数及其序号。

| 【样例输入 1】 | 【样例输出 1】 |
| --- | --- |
| 30 | 34 9 |

| 【样例输入 2】 | 【样例输出 2】 |
| --- | --- |
| 10000 | 10946 21 |

【分析】

根据题意，主调函数中调用 fibo 函数的形式是 fibo($m$)，即求斐波那契数列中大于 $m$ 的第一个数及其在斐波那契数列中的下标，求得的结果有两个，因此不能以返回值的方式返回这两个结果，只能在 fibo 函数中进行输出，这样 fibo 函数就没有返回值。fibo 函数的格式如下。

```
void fibo( int m );
```

其中形参 $m$ 的值也是在函数调用时通过实参与形参之间的数据传递从而被"赋予"的。

代码如下。

```
#include <bits/stdc++.h>
using namespace std;
void fibo( int m )
{
    int f1 = 1, f2 = 1;      // 相邻的 2 个数
    int t;                   // 用来保存 f2 的临时变量
    int sn = 2;              //f2 在数列中的序号
    while( f2<=m ){          // 当新递推出来的 f2<=m，反复递推
        t = f2;
        f2 = f1 + f2;
        f1 = t;
        sn++;
    } // 注意 while 循环执行完毕时，f2 就是大于 m 的第 1 个数
    cout <<f2 <<" " <<sn <<endl;
}
int main( )
{
    int n;  cin >>n;
    fibo( n );      // 调用 fibo 函数，没有返回值
    return 0;
}
```

# 22.8 练习2：区间内所有质数（用函数实现）

【题目描述】

输出区间 $[a, b]$ 内所有质数，$a$ 和 $b$ 都是整数，$1 < a <= b < 10000$。要求用函数实现。

【输入描述】

输入占一行，为两个正整数 $a$ 和 $b$，用空格隔开。

【输出描述】

输出区间 $[a, b]$ 内的所有质数，每个质数占一行。

【样例输入】                      【样例输出】

10 20                              11
                                  13
                                  17
                                  19

【分析】

利用案例1中定义的prime函数，可以很容易实现输出区间内的质数。代码如下。

```cpp
#include <bits/stdc++.h>
using namespace std;
int prime( int m )
{
    int i, k = (int)sqrt(m);
    for( i=2; i<=k; i++ ){
        if( m%i==0 )  break;
    }
    if( i>k )  return 1;      // 质数
    else  return 0;          // 合数
}
int main( )
{
    int a, b;  cin >>a >>b;
    for(int i=a; i<=b; i++){
        if(prime(i))  cout <<i <<endl;
    }
    return 0;
}
```

## 22.9 练习3：闰年的判定（用函数实现）

【题目描述】

输入一个年份，判断是否为闰年。

【输入描述】

输入占一行，为一个正整数year，1900≤year≤9999，代表一个年份。

【输出描述】

如果year为闰年，输出yes，否则输出no。

| 【样例输入1】 | 【样例输出1】 |
|---|---|
| 2020 | yes |

| 【样例输入2】 | 【样例输出2】 |
|---|---|
| 1900 | no |

【分析】

本题定义一个leap函数，实现闰年的判定。代码如下。

```cpp
#include <bits/stdc++.h>
using namespace std;
int leap( int y )
{
    if( (y % 4 == 0 && y % 100 != 0) || y % 400 == 0 )
        return 1;
    else  return 0;
}
int main( )
{
    int year;  cin >>year;
    if(leap(year))  cout <<"yes" <<endl;
    else  cout <<"no" <<endl;
    return 0;
}
```

## 22.10 总结：如何设计函数的参数和返回值

函数几乎是每种编程语言不可或缺的语法成分，用户不仅可以调用编程语言提供的系统函数，而且也可以自己定义函数。很多初学者不知道函数的作用是什么，该如何设计和调用函数。具体体现在以下几个方面。

（1）不知道什么时候该定义函数。

（2）不知道函数是否有参数，有几个参数，是否有返回值。

（3）不明确函数要处理哪些数据，不明白函数形参的作用是什么，形参的值是在什么时候被"赋予"的。初学者经常在函数里通过输入语句给形参输入数据。

（4）不知道什么时候要调用自己定义的函数，怎么确定函数的实参。

对于第（1）个问题，通常，为了避免程序入口函数（如C++语言中的main函数）的代码过于庞大，我们需要把程序的功能分解，定义专门的函数来实现每个具体的功能。此外，如果某个功能被反复执行，为了避免这些功能代码反复出现，也需要定义函数来实现，每次执行该功能只需调用对应的函数即可。

对于第（2）个问题，函数调用形式及其参数数量和类型决定了函数的形参个数和类型；函数执行以后是否需要返回结果、结果的类型和含义，以及结果是否需要返回到主调函数中，决定了函数的返回值及其类型、含义等。

对于第（3）个问题，函数形参是在函数调用时，通过实参与形参之间的数据传递，从而"被赋予"了值。只要没有函数调用发生，就不会给形参分配存储空间，所以定义函数时的参数才称为形式参数，简称形参。当函数调用发生时，才会为形参分配存储空间，并把实参的值传递给形参。所以，函数形参的作用是用来接收传递过来的实参的值。

不同编程语言，实参和形参之间传递数据的方式有差异。在C++语言中，不管参数是普通数据类型还是指针类型，实参和形参之间传递数据的方式都是"值的传递"。简单地说，就是将实参的值赋给形参。在C++语言中，形参还可以是引用，调用这样的函数时，实参和形参是同一个变量。注意，本书没有涉及引用类型。

对于第（4）个问题，求解问题时如果需要执行特定的功能，就需要调用相应的函数。由于函数形参的值是由实参传递过去的，因此，实参的值其实就是执行该函数时形参的初始值。

##  22.11　计算机小知识：结构化程序设计

在计算机软件开发领域，结构化程序设计是一种自顶向下的设计方法，也就是将复杂的系统划分成相对独立的、功能较为单一的子系统的组合。每个子系统称为模块，在C/C++语言中表现为函数。

在图22.3中，main函数的部分功能是通过调用f1、f2函数实现的。而f1函数的部分功能又是通过调用f3、f4函数实现的。函数是可以复用的。例如，f2函数也调用了f3函数。

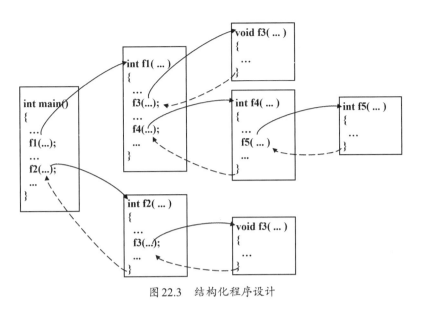

图 22.3　结构化程序设计

## 22.12　总结

本章需要记忆的知识点如下。

（1）理解函数的作用，函数就是用来对程序进行功能分解的。

（2）理解函数参数和返回值设计的方法和注意事项。

# 第 23 章
# 递归及递归函数设计

```
int gcd(int m, int n){
    if(m%n==0) return n;
    else return gcd(n, m%n);
}
```

## 主要内容

◆ 介绍递归思想及递归函数设计。

## 23.1　从前有座山

致柔：哥哥，你给我讲个故事吧。

抱一：好的，这个故事叫《从前有座山》。故事是这样的：从前有座山，山上有座庙，庙里有个老和尚，老和尚在给小和尚讲故事。故事讲的是：从前有座山，山上有座庙，庙里有个老和尚，老和尚在给小和尚讲故事。故事讲的是：从前有座山，山上有座庙，庙里有个老和尚，老和尚在给小和尚讲故事。故事讲的是：从前有座山，山上有座庙，庙里有个老和尚，老和尚在给小和尚讲故事……

致柔：等会等会，你是不是又耍赖了？我怎么发现，这个故事总讲不完呀。

抱一：哈哈……

## 23.2　案例 1：递归求阶乘

【题目描述】

输入正整数 $n$，求 $n$ 的阶乘，要求用递归函数实现。

【输入描述】

输入占一行，为一个正整数 $n$，$1 \leqslant n \leqslant 20$。

【输出描述】

输出占一行，为求得的 $n!$。

| 【样例输入 1】 | 【样例输出 1】 |
| --- | --- |
| 3 | 6 |

| 【样例输入 2】 | 【样例输出 2】 |
| --- | --- |
| 20 | 2432902008176640000 |

【分析】

在数学上，求 $n$ 的阶乘，有以下两种表示方法。

① $n! = n \times (n-1) \times (n-2) \times \cdots \times 2 \times 1$

② $n! = n \times (n-1)!$，$0! = 1! = 1$

这两种表示方法实际上与两种不同的算法思想相对应。

在第①种表示方法中，求 $n!$ 要反复把 $1, 2, 3, \cdots, (n-2), (n-1), n$ 累乘起来，是循环的思想，要用循环结构来实现，代码如下。

```
int n, F = 1;
cin >>n;
for( i=1; i<=n; i++ )   F = F*i;
```

在第②种表示方法中，求 $n!$ 时需要用到 $(n-1)!$。如果函数 f 能实现求 $n$ 的阶乘，其形式为 int f( int $n$ );，则该函数在求 $n!$ 时要使用表达式 $n*f(n-1)$。其中 f($n-1$) 表示调用 f() 函数去求 $(n-1)!$。具体代码如下。

```
#include <bits/stdc++.h>
using namespace std;
long long f( int n )
{
    if( n<0 )  return -1;              // 递归结束条件
    else if( n==0 || n==1 )  return 1;  // 递归结束条件
    else   return n*f(n-1);            // 递归调用 f 函数
}
int main( )
{
    int N;  cin >>N;
    cout <<f(N) <<endl;
    return 0;
}
```

**递归结束条件**

在案例 1 中，f 函数包含了一个 if 语句，前面 2 个分支判断出特殊情况后，直接返回值，不再递归调用下去。这 2 个分支非常重要，它们是**递归结束条件**。递归函数如果没有递归结束条件，则会无限地递归调用下去，最终导致程序出错终止。

 **23.3  递归函数**

在案例 1 中，f( ) 函数有一个特点，即在执行过程中**直接或间接地调用其自身**，如图 23.1 所示。这种函数调用称为**递归调用**，包含递归调用的函数称为**递归函数**。实际编程时，递归函数主要是自己直接调用自己，间接调用非常少见。

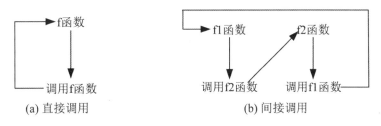

(a) 直接调用           (b) 间接调用

图 23.1　直接调用函数本身与间接调用函数本身

案例 1 就是直接调用函数本身的例子。假设要求 3!，其完整的执行过程如图 23.2 所示，具体过程如下。

（1）执行 main 函数的开头部分。

（2）当执行到函数调用"f(3)"时，暂停 main 函数的流程，转而去执行 f(3) 函数，并将实参 3 传递给形参 $n$。

（3）执行 f(3) 函数的开头部分。

（4）当执行到递归调用 f($n$−1) 函数时，此时 $n$−1=2，所以又要暂停 f(3) 函数的执行，转而去执行 f(2) 函数。

（5）执行 f(2) 函数的开头部分。

（6）当执行到递归调用 f($n$−1) 函数时，此时 $n$−1=1，所以又要暂停 f(2) 函数的执行，转而去执行 f(1) 函数。

（7）执行 f(1) 函数，此时形参 $n$ 的值为 1，所以执行 return 语句，返回 1，不再递归调用下去。因此，f(1) 函数执行完毕，返回到上一层，即返回到 f(2) 函数中。

（8）执行 f(2) 中的 return 语句，求得表达式的值为 2，并将其返回到 f(3) 中。

（9）执行 f(3) 中的 return 语句，求得表达式的值为 6，并将其返回到 main 函数中。

（10）返回到 main 函数中后，函数调用 f(3) 执行完毕，求得 3! 为 6，继续执行 main 函数的剩余部分直到整个程序执行完毕。

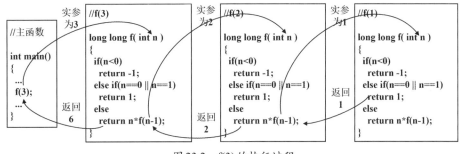

图 23.2　f(3) 的执行过程

在案例 1 中，求 $n$! 转换成求 ($n$−1)!，而 ($n$−1)! 又可以转换成求 ($n$−2)!,…，一直到 1!=1。某些问题的求解可以转换成规模更小的或者更趋向于求出解的同类子问题的求解，并且从这些子问题的解可以构造出原问题的解。这种求解问题的思想称为**递归思想**。递归思想需要用递归函数来实现。

## 23.4 案例2：猴子吃桃问题

【题目描述】

猴子第1天摘下若干个桃子，当即吃了一半，还不过瘾，又多吃了一个。第2天早上它又将剩下的桃子吃掉一半，并且多吃了一个。以后每天早上都吃了前一天剩下的一半另加一个。到第 $n$ 天早上想再吃时，就只剩下一个桃子了。求第1天共摘了多少个桃子？

【输入描述】

输入占一行，为一个正整数 $n$，$1 \leqslant n \leqslant 20$。

【输出描述】

输出占一行，为第1天摘下的桃子数。

| 【样例输入】 | 【样例输出】 |
|---|---|
| 10 | 1534 |

【分析】

假设 $A_i$ 为第 $i$ 天吃完后剩下的桃子的个数，$A_0$ 表示第一天共摘下的桃子，本题要求的是 $A_0$。以样例数据为例，有以下递推式子。

$A_0 = 2 \times (A_1 + 1)$     $A_1$：第1天吃完后剩下的桃子数

$A_1 = 2 \times (A_2 + 1)$     $A_2$：第2天吃完后剩下的桃子数

……

$A_8 = 2 \times (A_9 + 1)$     $A_9$：第9天吃完后剩下的桃子数

$A_9 = 1$

以上递推过程可分别用非递归思想(循环结构)和递归思想实现。

1. 用循环结构实现

如果 $x_1$、$x_2$ 表示前后两天吃完后剩下的桃子数，则有递推关系：$x_1 = (x_2 + 1) \times 2$。对样例数据，从第9天剩下1个桃子，反复递推9次，则可求第1天共摘下的桃子数。这里包含了反复的思想，可以用循环结构来实现，代码如下。

```cpp
#include <bits/stdc++.h>
using namespace std;
int main( )
{
    int n, x1, x2 = 1;
    cin >>n;
    while( n>1 ){
```

```
        x1 = (x2+1)*2;    // 前 1 天的桃子数是后 1 天桃子数加 1 后的 2 倍
        x2 = x1;          // 更新 x2
        n--;
    }
    cout <<x1 <<endl;
    return 0;
}
```

2. 用递归思想实现

前面所述的递推关系也可以采用下面的方式描述。假设第 *n* 天吃完后剩下的桃子数为 *A(n)*，第 *n*+1 天吃完后剩下的桃子数为 *A(n+1)*，则存在递推关系：$A(n) = ( A(n+1) + 1 ) \times 2$。这种递推关系可以用递归函数实现，代码如下。

```
#include <bits/stdc++.h>
using namespace std;
int n;
int A( int m )
{
    if( m>=n-1 )  return 1;   // 第 n 天只剩下一个桃子了
    else  return  2*( A(m+1)+1 );
}
int main( )
{
    cin >>n;
    cout <<A(0) <<endl;        // 要求的是第 0 天的桃子数，即第 1 天吃桃子前的桃子数
    return 0;
}
```

## 23.5 案例3：求最大公约数

【题目描述】

设 *a*、*b* 是两个整数，如果 *d* 能整除 *a* 和 *b*，那么 *d* 就称为 *a* 和 *b* 的**公约数**。*a* 和 *b* 的公约数中最大的整数称为 *a* 和 *b* 的**最大公约数**。

输入两个正整数 *a* 和 *b*，求它们的最大公约数。

【输入描述】

输入占一行，为两个正整数 *a* 和 *b*，不超过 int 型范围。

【输出描述】

输出占一行，为$a$和$b$的最大公约数。

【样例输入】                                        【样例输出】

```
33 18                                              3
```

【分析】

数论中有一个求最大公约数的算法称为**辗转相除法**，又称**欧几里得**算法。其基本思想及执行过程（设$a$为两正整数中较大者，$b$为较小者）如下。

（1）令$m=a$，$n=b$。

（2）取$m$对$n$的余数，即$r=m\%n$，如果$r$的值为0，则此时$n$的值就是$a$和$b$的最大公约数，否则执行第（3）步。

（3）$m=n$，$n=r$，即$m$的值更新为$n$的值，而$n$的值更新为余数$r$，并转向第（2）步。

整个算法的流程图如图23.3所示。

例如，假设输入的两个正整数为18和33，则$m=33$，$n=18$，用辗转相除法求最大公约数的过程如图23.4所示。

辗转相除法可分别用非递归思想(循环结构)和递归思想实现。

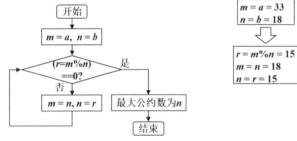

图23.3　辗转相除法的流程图　　　　图23.4　辗转相除法求两个整数的最大公约数

图23.3所示的辗转相除法流程图本身就包含循环结构，因此可以用循环结构实现。

代码如下。

```cpp
#include <bits/stdc++.h>
using namespace std;
int gcd( int m, int n )      //求m和n的最大公约数
{
    int r;
    while( (r=m%n)!=0 ){ m = n; n = r; }
    return n;
}
int main( )
{
```

```
    int a, b;  cin >>a >>b;
    if( a<b )  swap(a, b);   // 交换 a 和 b, 使得 a 为二者较大者
    cout <<gcd(a, b) <<endl;
    return 0;
}
```

注意，在 main 函数中，如果 $a < b$，不交换 $a$ 和 $b$，直接调用 gcd 函数，也能求得最大公约数，只不过 gcd 函数中 while 循环要多执行一次，第一次循环就是交换 2 个数。

辗转相除法的思想也可以采用递归方法实现。根据递归思想，在求最大公约数过程中，如果 $m$ 对 $n$ 取余的结果为 0，则最大公约数就是 $n$；否则递归求 $n$ 和 $m\%n$ 的最大公约数。因此，上述代码中的 gcd 函数可改写成如下形式。

```
int gcd( int m, int n )      //求 m 和 n 的最大公约数
{
    if( m%n==0 )  return n;
    else  return gcd(n, m%n);
}
```

在使用上述递归函数 gcd 求"gcd(33,18)"时，要递归调用"gcd(18,15)"；在执行"gcd(18,15)"时又递归调用"gcd(15,3)"；而在执行"gcd(15,3)"时，因为 15%3 的结果为 0，所以最终求得的最大公约数为 3。

##  23.6　练习 1：斐波那契数列（6）

【题目描述】

输入 $n$ 值，输出斐波那契数列第 $n$ 项，该数列前 5 项为 1, 1, 2, 3, 5。要求用递归函数实现。

【输入描述】

输入占一行，为 $n$ 的值，$1 \leqslant n \leqslant 40$。

【输出描述】

输出占一行，为斐波那契数列第 $n$ 项的值。

| 【样例输入】 | 【样例输出】 |
| --- | --- |
| 40 | 102334155 |

【分析】

斐波那契数列求第 $n$ 项的递推关系式是：$F(n) = F(n-1) + F(n-2)$。这种递推关系式很适合用递

归函数实现。代码如下。

```cpp
#include <bits/stdc++.h>
using namespace std;
int F( int n )
{
    if( n==1 || n==2 )  return 1;
    else  return ( F(n-1) + F(n-2) );
}
int main( )
{
    int n;  cin >>n;
    cout <<F(n) <<endl;
    return 0;
}
```

## 23.7 练习2：角谷猜想（用递归实现）

【题目描述】

角谷猜想是：对于任意大于1的自然数 $n$，若 $n$ 为奇数，则将 $n$ 变为 $3n+1$，否则将 $n$ 变为 $n$ 的一半，经过若干次这样的变换，一定会使 $n$ 变为1。

请利用角谷猜想计算将任意给定的 $n$ 变为1需要多少次操作。要求用递归函数实现。

【输入描述】

输入一个正整数 $n$，不超过 int 型范围。

【输出描述】

输出 $n$ 变成1所需要的操作次数。

| 【样例输入】 | 【样例输出】 |
|---|---|
| 5 | 5 |

【分析】

角谷猜想包含的递归思想是：如果 $n$ 为奇数，则对 $3n + 1$ 继续做类似的处理；否则对 $n/2$ 继续做类似的处理。递归结束条件是如果 $n$ 为1，则直接返回。代码如下。

```cpp
#include <bits/stdc++.h>
using namespace std;
int cnt;        // 全局变量
```

```
void f(int n)
{
    if(n==1)  return;      // 递归结束条件：如果 n 为 1，直接返回，结束
    cnt++;    // 执行一次操作
    if(n%2)  f(3*n+1);     // 奇数
    else  f(n/2);          // 偶数
}
int main( )
{
    int n;  cin >>n;
    f(n);
    cout <<cnt <<endl;
    return 0;
}
```

## 23.8　练习3：数字之和（3）

【题目描述】

输入一个正整数，计算每一位上的数字之和，如果这个和仍不止一位数，则继续求每一位上的数字之和，直至这个和只有一位数为止。要求用递归函数实现。

例如，11063的每一位数字之和为11，再求每一位数字之和，结果为2。

【输入描述】

输入占一行，为一个正整数$n$，范围为$[1, 9223372036854775807]$。

【输出描述】

输出占一行，为最终求得的和。

| 【样例输入】 | 【样例输出】 |
| --- | --- |
| 11063 | 2 |

【分析】

本题包含的递归思想是：对一个整数$n$，求出其每一位数字之和，设为$s$，递归地对$s$进行类似的处理。递归结束的条件是：如果$n < 10$，直接返回不再继续处理。

代码如下。

```
#include <bits/stdc++.h>
using namespace std;
```

```cpp
int f(long long n)
{
    if(n<10)  return n;
    int s = 0;
    while(n>0){                              // 求 n 的每一位数字之和
        s = s + n%10;  n = n/10;
    }
    return f(s);
}
int main( )
{
    long long n;  cin >>n;
    cout <<f(n) <<endl;
    return 0;
}
```

## 23.9  总结

本章需要记忆的知识点如下。

（1）一个函数在执行过程中直接或间接地调用它自身称为递归调用，这种函数称为递归函数。

（2）求最大公约数的辗转相除法，也称为欧几里得算法。

# 第24章
## 简单排序算法

```
for(j=0; j<n-1; j++){
    for(i=0; i<n-1-j; i++){
        if(a[i]>a[i+1])
            swap(a[i], a[i+1])
}
```

## 主要内容

♦ 介绍插入排序、冒泡排序、简单选择排序算法的思想及实现方法。

**24.1** 从顺序说起

爸爸：抱一，你们中午在学校吃饭，是按照什么顺序打饭的呀？

抱一：一二年级的时候是在教室吃饭，食堂阿姨把饭菜用小推车送过来，然后老师一般让我们按学号排队打饭。三年级是去食堂吃饭，下课了排好队，老师带着我们去食堂打饭。

爸爸：那你们上体育课的时候，是怎么排队的呀？

抱一：上体育课的时候，有时是按学号排队，有时是按身高从低到高排队。爸爸，你到底想问什么呀？这跟我们今天要学的编程有联系吗？

爸爸：有呀。今天我们要学排序，所以让你对比一下学校中的各种顺序。

 **24.2** 排序及排序函数

排序的例子在生活中处处可见。上体育课的时候，老师可能要求学生按学号顺序排成一列，或者按身高从低到高的顺序排列。一次考试结束，老师可能会对分数按从高到低的顺序排序。

顺序，指事物在空间上或时间上排列的先后次序。程序中的排序，一般指对数据按指定的顺序（如从大到小或从小到大）排序。对数据进行排序是数据处理中经常要用到的操作。

本章将介绍排序算法的思想及实现，这些算法对训练学生的编程能力和算法理解力非常重要。但必须说明的是，现代编程语言一般都提供了一些排序函数，这些排序函数都采用效率较高的排序算法，且能适应各种排序情形，详见下一章内容。在程序设计竞赛里，最重要的是排序思想的应用及排序函数的使用。

 **24.3** 字典序

整型和浮点型等数值型数据可以按大小关系排序，西文字符可以按ASCII编码值的大小关系排序。

字典序的说法源自字典中的单词是按字母顺序排列的，如addend排在address前面。除了单词可以按字典序排序外，任何字符串（比如数字字符串）都可以按字典序排序，排序时按照这些字符的编码（如ASCII码）顺序排序。

具体来说，按字典序比较两个字符串的方法是：从两个字符串的第1个字符开始比较，如果相等则看下一个字符，直到出现不相等的字符为止，不相等字符的大小关系就决定了两个字符串的顺序。例如，按照字典序，数字字符串"72391"排在"7258"前面。

甚至 $n$ 个整数的若干个排列，也可以按字典序排序。比如按字典序，"1, 4, 3, 2, 5, 6"应该排在 "1, 6, 5, 2, 3, 4"的前面。

 **24.4** 案例1：插入排序

【题目描述】

输入 $n$ 个数，对这 $n$ 个数按从小到大的顺序排序。

【输入描述】

输入数据第一行为正整数 $n$，$2 \leqslant n \leqslant 20$；第二行有 $n$ 个整数，用空格隔开。

【输出描述】

输出占一行，为排序后的 $n$ 个整数，用空格隔开。

| 【样例输入】 | 【样例输出】 |
|---|---|
| 8 | 13 27 30 38 49 65 76 97 |
| 49 38 65 97 76 13 27 30 | |

【分析】

插入排序是一种很朴素的排序算法。其基本思路是将每个待排序的数插入已排好序的序列中的合适位置。例如，假设采用插入排序对 49, 38, 65, 97, 76, 13, 27, 30 这 8 个数按从小到大的顺序排序。这 8 个数已经存储在数组 a 了，如图 24.1（a）所示。现将这 8 个数依次插入数组 b 中，图 24.1（b）～（f）演示了插入 a[0]～a[4]的过程。

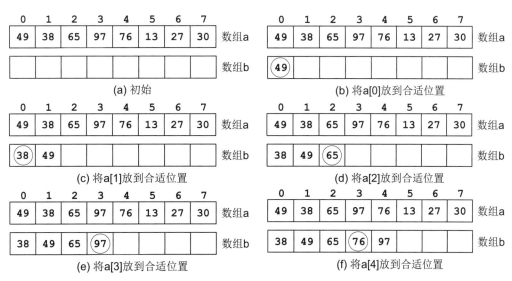

图 24.1　插入排序

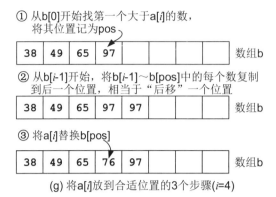

① 从b[0]开始找第一个大于a[*i*]的数，
将其位置记为pos

| 38 | 49 | 65 | 97 |  |  |  |  | 数组b |

② 从b[*i*-1]开始，将b[*i*-1]~b[pos]中的每个数复制
到后一个位置，相当于"后移"一个位置

| 38 | 49 | 65 | 97 | 97 |  |  |  | 数组b |

③ 将a[*i*]替换b[pos]

| 38 | 49 | 65 | 76 | 97 |  |  |  | 数组b |

(g) 将a[*i*]放到合适位置的3个步骤(*i*=4)

图 24.1　插入排序（续）

排序方法是：第*i*次插入的数是a[*i*]，这时数组b中的b[0]~b[*i*-1]已经有序了，将a[*i*]插入数组b中的合适位置；插入a[*i*]的过程，分为3个步骤。

（1）从b[0]开始，在b[0]~b[*i*-1]范围内找第一个大于a[*i*]的数，将其位置记为pos。

（2）从b[*i*-1]开始，将b[*i*-1]~b[pos]中的每个数复制到后一个位置，相当于将这些数"后移"一个位置。

（3）将a[*i*]放置在b[pos]的位置上，替换b[pos]。

图24.1(g)演示了插入a[4]的3个步骤。这时*i* = 4，待插入的数是a[*i*] = 76。数组b中b[0]~b[3]已经有序了，且第一个大于a[4]的数是97，其位置pos = 3。从b[*i*-1]开始，将b[*i*-1]~b[pos]中的每个数复制到后一个位置，腾出b[pos]这个位置。最后将a[4]放置在b[pos]的位置上。

代码如下。

```
#include <bits/stdc++.h>
using namespace std;
int main( )
{
    int n, a[22], b[22];        // 存储输入的 n 个数及排序后的 n 个数
    int i, j, k;                // 循环变量
    int pos;                    // 每个数的插入位置
    cin >>n;
    for( i=0; i<n; i++ )        // 输入
        cin >>a[i];
    for( i=0; i<n; i++ ){       // 将 a[i] 插入合适的位置
        // 在数组b中，b[0] ~ b[i-1] 已经有序了，给 a[i] 找到合适的位置 (1)
        for( j=0; j<=i-1; j++ )
            if( b[j]>a[i] )  break;
        pos = j;       //a[i] 的插入位置
        for( k=i-1; k>=pos; k-- )        // 将 b[pos] ~ b[i-1] 后移一个位置 (2)
            b[k+1] = b[k];
        b[pos] = a[i];             // 将 a[i] 放置在 b[pos] 位置上          (3)
```

```
    }
    for( i=0; i<n; i++ )        // 输出
        cout <<b[i] <<" ";
    cout <<endl;
    return 0;
}
```

 **24.5  案例2：冒泡排序**

"冒泡"这个词很形象地描述了"冒泡法"排序的思想。在烧开水时，由于水泡中含有空气，相对密度比较小，所以水泡会冒上来。在"冒泡法"排序过程中，较大的数逐一"沉"到底部，而较小的数也相对"浮上来"。

假设按从小到大的顺序排序，需要排序的 $n$ 个数已经存放在数组 a 中。冒泡排序的基本思路如下。

（1）比较第 0 个数与第 1 个数，若为逆序，即 a[0]>a[1]，则交换；然后比较第 1 个数与第 2 个数；依次类推，直至第 $n$-2 个数和第 $n$-1 个数比较为止。第 0 趟排序的结果是最大的数被安置在最后一个元素位置上，这个数就不用参与后续的比较了。排序的趟数从第 0 趟开始计数主要是为了与"数组元素的下标是从 0 开始计数"一致。注意，冒泡排序有个特点，就是**比较和交换相邻的 2 个数**。

（2）对前 $n$-1 个数进行第 1 趟冒泡排序，结果使次大的数被安置在第 $n$-1 个元素位置，这个数也不用参与后续的比较了。

如此重复上述过程，经过 $n$-1 趟冒泡排序后，排序结束。

假设对 9, 8, 5, 4, 2, 0 这 6 个数按从小到大的顺序排序。排序过程如图 24.2 所示。

图 24.2(a) 演示了第 0 趟的比较及交换过程。第 0 趟比较完毕后，最大的数（9）已经位于最后，在下一趟，这个数不需要参与比较。图 24.2(b) 演示了剩下的 5 个未排序的数所进行的第 1 趟比较及交换过程。第 1 趟完毕后，最大的数（8）已经位于最后，在下一趟，这个数也不需要参与比较。如此共进行 5 趟比较后，6 个数就按照从小到大的顺序排列了，如图 24.2（f）所示。

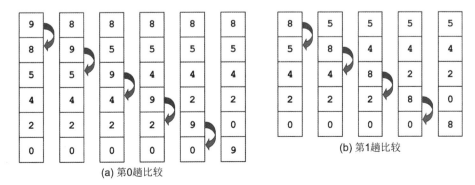

图 24.2  冒泡排序

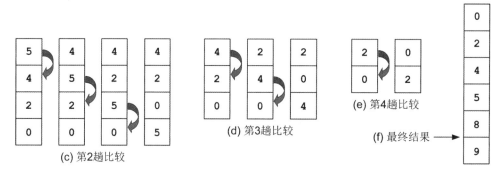

(c) 第2趟比较

(d) 第3趟比较

(e) 第4趟比较

(f) 最终结果 ←——

图24.2　冒泡排序（续）

冒泡排序需要用一个二重循环来实现，可以带着以下3个问题来理解其思想（有 $n$ 个数，要求按照从小到大的顺序排序）。

（1）要进行多少趟比较？——要进行 $n-1$ 趟比较。因此外循环的循环变量 $j$ 的取值是从0到 $n-1$（不取等号！）。

（2）第 $j$ 趟要比较多少次？——第 $j$ 趟要比较 $n-1-j$ 次，$j=0, 1, 2, \cdots, n-2$。因此内循环的循环变量 $i$ 的取值是从0到 $n-1-j$（不取等号！）。例如，第0趟需要进行 $n-1$ 次比较。

（3）怎么比较？——比较的是相邻的两个数：$a[i]$ 和 $a[i+1]$，如果前一个数比后一个数大，马上进行交换。交换也可以用 swap 函数实现。

代码如下。

```cpp
#include <bits/stdc++.h>
using namespace std;
int main( )
{
    int n, a[22];
    int i, j;        // 循环变量
    int t;           // 用来实现交换两个数的中间变量
    cin >>n;
    for( i=0; i<n; i++ )        // 输入
        cin >>a[i];
    for( j=0; j<n-1; j++ ){     // 共进行 n-1 趟比较
        // 在第 j 趟中要进行 (n-1-j) 次两两比较
        for( i=0; i<n-1-j; i++ ){
            if( a[i]>a[i+1] ) // 比较的是前后两个数 a[i] 和 a[i+1]
            {t=a[i];  a[i]=a[i+1];  a[i+1]=t;} // 如果逆序则交换，可以用
                                               //swap(a[i], a[i+1])
        }
    }
    for( i=0; i<n; i++ )       // 输出
        cout <<a[i] <<" ";
```

```
    cout <<endl;
    return 0;
}
```

## 24.6 案例3：简单选择排序

　　假设需要排序的 $n$ 个数已经存放在数组 $a$ 中，要求按从小到大的顺序排序。简单选择排序的基本思路如下。

　　（1）第0趟：通过 $n-1$ 次比较，从 $n$ 个数中找出最小的数，将它与第0个数交换。第0趟选择排序完毕，使得最小的数被安置在第0个元素位置上。

　　（2）第1趟：通过 $n-2$ 次比较，从剩余的 $n-1$ 个数中找出次小的数，将它与第1个数交换。第1趟选择排序完毕，使得次小的数被安置在第1个元素位置上。

　　……

　　如此重复上述过程，共经过 $n-1$ 趟选择交换后，排序结束。

　　假设对49, 38, 65, 97, 76, 13, 27, 30这8个数按从小到大的顺序排序，如图24.3所示。这里有3个变量 $i$、$j$、$k$，它们的含义如下。

　　$i$：用来表示第 $i$ 趟选择的循环变量，$i = 0, 1, 2, \cdots, n-2$。

　　$k$：用来指向第 $i$ 趟中最小的数，$k$ 的值为该数的下标。在第 $i$ 趟中，$k$ 的初始值为 $i$。

　　$j$：在第 $i$ 趟选择过程中，变量 $j$ 用来指向 $a[i+1] \sim a[n-1]$ 之间的每个数（$j$ 的值为每个数的下标），跟第 $k$ 个数进行比较，以便找出当前最小的数。

　　第0趟，首先从 $a[0] \sim a[7]$ 中选择最小的数。选择方法是：假设当前最小的数就是 $a[0]$，其下标 $k = 0$；然后将 $a[1] \sim a[7]$ 之间的每个数 $a[j]$ 都与 $a[k]$ 进行比较，如果 $a[j]$ 比 $a[k]$ 还小，则将 $k$ 更新为 $j$。选择完毕，当前最小的数的下标 $k = 5$；然后将 $a[k]$ 与 $a[0]$ 交换（在图24.3中，分别用虚线圆圈标明了这两个元素）。交换完毕，最小的数被安置在第0个元素位置上，在下一趟，这个数不需要参与选择。

　　第1趟，从 $a[1] \sim a[7]$ 中选择最小的数 $a[6]$ 与 $a[i]$ 即 $a[1]$ 交换（同样，在图24.3中，分别用虚线圆圈标明了这两个元素）。交换完毕，次小的数被安置在第1个元素位置上，在下一趟，这个数也不需要参与选择。

　　第2～6趟选择及交换过程中被交换的数据用下画线进行了标示。

　　如此共进行7趟选择与交换后，这8个数就按照从小到大的顺序排好序了。

　　简单选择排序法也需要用一个二重循环来实现，同样可以带着以下3个类似问题来理解其思想（有 $n$ 个数，要求按照从小到大的顺序排序）。

　　（1）要进行多少趟选择？ —— 要进行 $n-1$ 趟选择（第0趟，第1趟，…，第 $n-2$ 趟）。因此外循环

的循环变量 $i$ 的取值是从 0 到 $n-1$（不取等号！）。

（2）在第 $i$ 趟里怎么选？ —— 第 $i$ 趟要从 a[$i$], a[$i+1$], ⋯, a[$n-1$] 中选择最小的数，记为 a[$k$]。$i=0, 1, 2, ⋯, n-2$。首先假设 a[$i$] 就是最小的，然后判断 a[$i+1$], ⋯, a[$n-1$] 中的每个数是否比当前的最小值小。因此内循环的循环变量 $j$ 的取值是从 $i+1$ 到 $n-1$。

（3）在第 $i$ 趟里怎么交换？ —— 每趟选择最终交换的是 a[$i$] 和 a[$k$]。

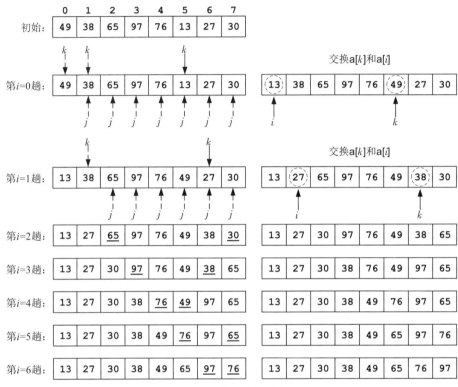

图 24.3　简单选择排序

代码如下。

```cpp
#include <bits/stdc++.h>
using namespace std;
int main( )
{
    int n, a[22];   // 存储 n 个数据的数组
    int i;          // 第 i 趟
    int k;          // 第 i 趟中最小的数的下标。第 i 趟中, k 的初始值为 i
    int j;          // j 用来指示 a[i+1] ~ a[n-1] 每个数
    int t;          // 用来实现交换 a[k] 和 a[i] 的中间变量
    cin >>n;
    for( i=0; i<n; i++ )    // 输入
        cin >>a[i];
```

```
    for( i=0; i<n-1; i++ ){            // 共进行 n-1 趟选择及交换
        k=i;      // 第 i 趟中最小的数初始为 a[i]
        for( j=i+1; j<n; j++ ){    // 将 a[i+1] ~ a[n-1] 与 a[k] 进行比较
            if( a[j]<a[k] )    k=j;
        }
        t=a[k];   a[k]=a[i];   a[i]=t;      // 交换 a[k] 和 a[i]
    }
    for( i=0; i<n; i++ )   // 输出
        cout <<a[i] <<" ";
    cout <<endl;
    return 0;
}
```

## 24.7 练习1：字符串排序

【题目描述】

输入 $n$ 个字符串（假定不包含空格），按 ASCII 编码值从小到大排列，排序方法可采用冒泡排序或简单选择排序。

【输入描述】

输入数据第一行为正整数 $n$，$2 \leqslant n \leqslant 100$，接下来有 $n$ 行，每行是一个字符串。

【输出描述】

输出占 $n$ 行，为排序后的 $n$ 个字符串，每个字符串占一行。

【样例输入】                        【样例输出】

```
5                                  China
China                              ENGLAND
GERMANY                            England
French                             French
England                            GERMANY
ENGLAND
```

【分析】

字符串的排序与整型数据、字符型数据的排序类似，只是在比较大小时必须借助 strcmp 函数，在赋值时必须借助 strcpy 函数。在本题中，将 $n$ 个字符串保存在一个二维字符数组中，每一行存放一个字符串，然后以行为单位进行排序，排序后输出每行上的字符串即可。下面的代码采用了简单选择排序法。

```
#include <bits/stdc++.h>
using namespace std;
int main( )
{
    char s[110][80];        // 读入的 n 个字符串
    char t[80];             // 临时存放字符串
    int n, i, j;
    cin >>n;
    for( i=0; i<n; i++ )  cin >>s[i];
    for( i=0; i<n-1; i++ ){        // 简单选择法实现
        int k = i;
        for( j=i+1; j<n; j++ )
            if( strcmp( s[j], s[k] )<0 )  k = j;
        if( k!=i ){
            strcpy( t, s[k] );  strcpy( s[k], s[i] );  strcpy( s[i], t );
        }
    }
    for( i=0; i<n; i++ )  cout <<s[i] <<endl;
    return 0;
}
```

如果要用冒泡法实现，可以将实现排序的代码替换成如下形式。

```
for( j=0; j<n-1; j++ ){        // 冒泡法实现
    for( i=0; i<n-1-j; i++ ){
        if( strcmp( s[i], s[i+1] )>0 ){
            strcpy( t, s[i] );  strcpy( s[i], s[i+1] );
            strcpy( s[i+1], t );
        }
    }
}
```

如果将 s 定义成 string 类型的一维数组，则可以用 ">" 比较 2 个字符串的大小，用 "=" 进行赋值，甚至可以用 swap(s[k], s[i])、swap(s[i], s[i+1]) 交换 2 个字符串。

##  24.8 练习 2：坐电梯取钻石游戏

【题目描述】

有一栋楼，共 N 层，有一座电梯可以从 1 楼上升到 N 楼，每层楼的电梯门口都有一颗钻石，重量可能不一样。电梯在每层楼都会停一下。电梯有一个特别的按钮：到达第 i 层后，按下按钮，可以交换第 i − 1 层和第 i 层电梯口的钻石，i = 2, 3, ⋯, N。从 1 楼出发，坐电梯到 N 楼，要使得第 N 层楼的钻石最重，需要按多少次按钮？

【输入描述】

输入占一行，首先是一个正整数$N$，$2 \leqslant N \leqslant 20$，然后是$N$个正整数，表示第1～$N$层楼电梯门口钻石的重量，钻石的重量各不相同。

【输出描述】

输出求得的答案，即按按钮的次数。

【样例输入】                                      【样例输出】

```
8 49 38 65 97 76 13 27 30            5
```

【分析】

冒泡排序法第一轮运算完毕，就把最大的数交换到了最右边。本题其实就是采用冒泡排序法的思路执行一趟排序，并在这个过程中统计交换的次数。代码如下。

```cpp
#include <bits/stdc++.h>
using namespace std;
int main( )
{
    int a[30], n;
    int i, t;        // 用来实现交换两个数的中间变量
    int cnt = 0;    // 统计交换次数
    cin >>n;
    for( i=0; i<n; i++ )         // 输入
        cin >>a[i];
    for( i=0; i<n-1; i++ ){    // 进行 n-1 次两两比较
        if( a[i]>a[i+1] )        // 比较的是前后两个数 a[i] 和 a[i+1]
        { cnt++;  t=a[i];  a[i]=a[i+1];  a[i+1]=t; }  // 如果逆序则交换
    }
    cout <<cnt <<endl;
    return 0;
}
```

## 24.9 练习3：字符排序

【题目描述】

输入一个字符串，假定字符串只包含大小写字母字符，对字符串中的字符按ASCII编码值从小到大排序。例如，输入的字符串为viSuaL，排序后为LSaiuv。

【输入描述】

输入占一行，为一个只包含大小写字母字符的字符串，长度不超过100个字符。

【输出描述】

输出排序后的字符串。

| 【样例输入】 | 【样例输出】 |
| --- | --- |
| viSuaL | LSaiuv |

【分析】

字符型数据的排序和整型数据的排序完全一样，只是根据字符的ASCII编码值来比较大小关系。下面的代码在排序时采用了简单选择排序法。

```
#include <bits/stdc++.h>
using namespace std;
int main( )
{
    char a[110];       // 存储输入的字符串
    int i, k, j,  t;
    cin >>a;
    int n = strlen(a);
    for( i=0; i<n-1; i++ ){       // 共进行 n-1 趟选择及交换
        k=i;       //第 i 趟中最小的数初始为 a[i]
        for( j=i+1; j<n; j++ ){ // 将 a[i+1] ~ a[n-1] 与 a[k] 比较
            if( a[j]<a[k] )  k=j;
        }
        t=a[k];  a[k]=a[i];  a[i]=t;       // 交换 a[k] 和 a[i]
    }
    cout <<a <<endl;
    return 0;
}
```

## 24.10 总结

本章需要记忆的知识点如下。

（1）插入排序、冒泡排序、简单选择排序算法的思想及实现。

（2）字符型数据的排序和整型数据的排序是一样的，只是根据字符的ASCII编码值来比较大小。

（3）字符串也可以排序，但需要借助strcmp函数比较字符串的大小。如果是string类型字符串，则可以直接比较大小。

# 第 25 章
# 排序问题及处理

```
int n, a[110]
cin >>n;
for(int i=0; i<n; i++)
    cin >>a[i];
sort(a, a+n);
```

## 主要内容

♦ 介绍 sort 排序函数的使用方法。

## 致柔的游戏规则

致柔虽然年纪小，但很好强，凡事都要争第一，玩游戏也一样。致柔经常拉着爸爸跟她一起玩《欢乐购物街》游戏。两个玩家从棋盘的起始位置出发，每一轮轮流投骰子，得到点数，然后走相应的步数，到达一个新的位置。每个位置上可能标注奖励5个金币、用3个金币购买一张购物卡、蔬菜店店员卖蔬菜得到5个金币、后退3步等。到达终点后，玩家可以把获得的金币兑换成购物卡。游戏结束后，谁的购物卡多，谁就获胜。

致柔每次玩游戏都喜欢耍赖。比如每次走到"后退3步"的位置上，她都要反悔，重新投骰子；每次走到金币少的位置，她也要重新投骰子，理由是"幼儿园的小朋友每次可以投2次骰子"。总之，游戏规则是她定义的。因此，每次游戏都是她赢。

 ## sort排序函数

在排序时，参与排序的元素称为**记录**，记录是进行排序的基本单位。所有待排序记录的集合称为序列。所谓排序就是将序列中的记录按照特定的顺序排列起来。每个记录中可能有多个域（相当于结构体中的成员，结构体详见第27章），排序码是记录中的一个或多个域，这些域的值被用作排序运算的依据。

sort函数是C++语言中的函数，包含在头文件<algorithm>中。如果使用万能头文件，则不需要再包含这个头文件。sort函数的形式如下。

```
sort(start, end, cmp);
```

参数的含义如下。

（1）start表示整个序列存储空间的起始地址，在C++语言中，如果用数组a存储序列，则start参数的值就是数组名。

（2）end表示整个序列存储空间结束后下一个字节的地址，如果序列（设为数组a）中记录的个数为$n$，则end参数的值就是a + $n$。注意，end不是序列最后一个记录的存储地址，而是最后一个记录结束后下一个字节的地址。

（3）cmp参数是一个函数，其作用是指定排序时比较记录之间大小关系的规则。如果参与排序的记录可以直接比较大小，比如基本数据类型（如int、double等），cmp参数可以不填，此时默认为从小到大排序，如果要实现从大到小排序，则cmp参数可以填greater<int>()、greater<double>()等。如果参与排序的记录是结构体类型，不能直接比较大小，则必须定义cmp函数，详见第27章。

## 25.3 案例1：谁在中间

【题目描述】

给定一个奇数 $N$（$1 \le N \le 10000$）及 $N$ 头奶牛的产奶量（$1 \sim 1000000$），找出居中的产奶量，使得一半奶牛的产奶量与之相等或更多，另一半奶牛的产奶量与之相等或更少。

【输入描述】

测试数据的第一行，输入一个正整数（$N$）；第二行到第 $N+1$ 行的每行为一个整数，表示一头奶牛的产奶量。

【输出描述】

输出占一行，为一个整数，表示居中的产奶量。

【样例输入】                    【样例输出】

```
5                              3
2
4
1
3
5
```

【分析】

本题很简单，对给定的 $N$ 个数排序后，取中间的那个数，输出即可。代码如下。

```cpp
#include <bits/stdc++.h>
using namespace std;
int main( )
{
    int n, i, a[10001];
    cin >>n;
    for( i=0; i<n; i++ )  cin >>a[i];
    sort( a, a+n );    // 排序
    cout <<a[n/2] <<endl;
    return 0;
}
```

## 25.4 案例2：前20%和后20%

【题目描述】

输入 $n$ 个成绩，按从高到低排序，求前20%的成绩的平均分和后20%的成绩的平均分。注意，

在取20%的成绩个数时要取整。

【输入描述】

测试数据的第一行，为一个正整数（$n$），$10 \leqslant n \leqslant 200$；第二行到第$n + 1$行的每行为一个整数，表示一个成绩。

【输出描述】

输出占两行，第一行为前20%的成绩的平均分，第二行为后20%的成绩的平均分，保留小数点后2位数字。

| 【样例输入】 | 【样例输出】 |
|---|---|
| 10 | 94.50 |
| 71 | 72.00 |
| 88 | |
| 82 | |
| 100 | |
| 73 | |
| 85 | |
| 83 | |
| 89 | |
| 80 | |
| 86 | |

【分析】

用数组a保存$n$个成绩，调用sort函数实现从大到小排序，注意sort函数需要使用cmp参数，调用方法为sort(a, a+n, greater<int>())。记$n1 = n \times 0.2$，再求前$n1$个成绩的平均值和后$n1$个成绩的平均值。代码如下。

```cpp
#include <bits/stdc++.h>
using namespace std;
int main( )
{
    int a[210], n;
    cin >>n;
    for(int i=0; i<n; i++)  cin >>a[i];
    sort(a, a+n, greater<int>());
    int n1 = n*0.2;
    double av1 = 0, av2 = 0;
    for(int i=0; i<n1; i++)  av1 += a[i];          //前20%
    for(int i=n-1; i>=n-n1; i--)  av2 += a[i];     //后20%
    cout <<fixed <<setprecision(2) <<av1/n1 <<endl <<av2/n1 <<endl;
    return 0;
}
```

**25.5** **练习1：合影效果**

【题目描述】

抱一和朋友们去爬山，被美丽的景色所陶醉，想合影留念。如果他们站成一排，男生全部在左（从拍照者的角度），并按照从低到高的顺序从左到右排，女生全部在右，并按照从高到低的顺序从左到右排，请问他们合影的效果是什么样的（所有人的身高都不同）？

【输入描述】

第一行是人数 $n$ （ 2 <= $n$ <= 40，且至少有1个男生和1个女生）。后面紧跟 $n$ 行，每行输入一个人的性别（男或女）和身高（浮点数，单位米），两个数据之间以空格分隔。

【输出描述】

输出 $n$ 个浮点数，模拟站好队后，拍照者眼中从左到右每个人的身高。每个浮点数需保留到小数点后2位，相邻两个数之间用空格隔开。

| 【样例输入】 | 【样例输出】 |
|---|---|
| 6<br>male 1.72<br>male 1.78<br>female 1.61<br>male 1.65<br>female 1.70<br>female 1.56 | 1.65 1.72 1.78 1.70 1.61 1.56 |

【分析】

本题是一道排序题目，但需要把男生和女生的身高分别存储，再分别按从小到大排序和从大到小排序。代码如下。

```
#include <bits/stdc++.h>
using namespace std;
double m[40], f[40];          // 分别保存男女生身高
int main( )
{
    int n, a = 0, b = 0;   //a、b分别表示男女生人数
    char g[10];   // 输入性别
    double h;      // 输入身高
    cin >>n;
    for(int i = 0; i < n; i++) {
        cin >>g >>h;
```

```
        if(strcmp(g, "male") == 0)  m[a++] = h;  // 若为男性，将身高存入 m 数组
        else   f[b++] = h;                 // 否则存入 f 数组
    }
    sort(m, m + a);  //m 数组升序排序
    sort(f, f + b, greater<double>());   //f 数组降序排序
    for(int i = 0; i < a; i++)              // 先输出 m 数组
        cout <<fixed <<setprecision(2) <<m[i] <<" ";
    for(int i = 0; i < b; i++)              // 再输出 f 数组
        cout <<fixed <<setprecision(2) <<f[i] <<" ";
    cout <<endl;
    return 0;
}
```

## 25.6 练习2：单词重组

【题目描述】

输入一部字典，再输入一个单词 w，判断 w 是不是字典中某个单词中的字母打乱顺序后重排得到的单词。例如，hello 重排字母后可以得到 ehllo、olleh、loleh 等单词，但不可能得到 oohel、llleo 等单词。

【输入描述】

输入数据第一行为正整数 $n$，$2 \leqslant n \leqslant 100$，表示字典中的单词个数；接下来有 $n$ 行，每行是一个单词，单词由小写字母组成，没有空格，长度不超过 10。输入数据最后一行为单词 w。

【输出描述】

如果 w 可以由字典中某个单词经过字母重排后得到，输出 yes，否则输出 no。

【样例输入】                    【样例输出】

```
8                               yes
tarp
given
score
refund
only
trap
work
earn
part
```

【分析】

对字典中每个单词中的所有字母，按字母顺序从小到大排序；对输入的单词w，也对其中的字母按字母顺序从小到大排序。

然后在字典中查找单词w，如果找到，输出yes，否则输出no。代码如下。

```
#include <bits/stdc++.h>
using namespace std;
int main( )
{
    int i, n, len;      //n:字典中单词个数，len: 单词长度
    char dict[110][12], w[12];              // 字典及单词 w
    cin >>n;
    for(i=0; i<n; i++){
        cin >>dict[i];  len = strlen(dict[i]);
        sort(dict[i], dict[i]+len);         // 将字典中每个单词中的字母按顺序重排
    }
    cin >>w;
    len = strlen(w);  sort(w, w+len);   // 将 w 中的字母按顺序重排
    for(i=0; i<n; i++)
        if(strcmp(dict[i], w)==0)  break;
    if(i<n)  cout <<"yes" <<endl;
    else  cout <<"no" <<endl;
    return 0;
}
```

## 25.7 总结

本章需要记忆的知识点如下。

（1）排序函数sort()的使用方法。

（2）调用sort()函数实现从大到小排序。

# 第 26 章

# 如何高效地查找？

```
while(low<=high){
  mid=(low+high)/2;
  if(num<a[mid]) high=mid-1;
  else if(num>a[mid]) low=mid+1;
  else return mid;
}
```

## 主要内容

- 介绍二分法的思想及其在查找中的应用。
- 介绍二分法在猜数字游戏等问题中的应用。

**26.1　折纸和剪线**

抱一喜欢研究地图，也喜欢地理知识。

抱一：致柔，你知道世界上最高的山峰在哪里吗？

致柔：不知道。

抱一：就在中国和尼泊尔的边界上。世界最高峰，是珠穆朗玛峰，有8848米。最低的山峰，也在中国哦，叫静山，只有0.6米。

爸爸：假设一张A4纸的厚度是0.1毫米。每对折一次，厚度翻番，也就是厚度变成2倍。假定可以无限次对折。那么这张纸对折27次就能超过珠穆朗玛峰的高度哦，你们能想象出来吗？

致柔：真的吗？

抱一：这有什么神奇的。我做过这道编程题。

爸爸：反过来，假设有一根线，长度是10000米。每次剪掉一半，假定可以剪无限次。那么，剪27次，这根线的长度就小于0.1毫米。你们能想象出来吗？

致柔：好神奇哦！

抱一：这就是我们今天要学的编程知识吗？

爸爸：差不多吧。

 **26.2　查找**

查找，即检索。假设有一个整型数组a，其元素个数为$n$，现在要在该数组中查找某个数num。当a中的元素是无序的（没有按从小到大或从大到小顺序排序），只能按顺序查找；当a中的元素是有序的，二分查找能极大地加快查找速度。

 **26.3　案例1：顺序查找**

【题目描述】

输入$n$个整数，这$n$个数的编号从1开始计起，然后再输入一个数num，在$n$个整数中查找num。

【输入描述】

输入第一行首先是正整数$n$，$2 \leqslant n \leqslant 10000$，然后是$n$个整数，用空格隔开；第二行为要查找的整数num。

【输出描述】

如果num在n个数中，输出它第一次出现的位置；否则输出no。

| 【样例输入1】 | 【样例输出1】 |
|---|---|
| 10 35 15 88 99 17 60 18 51 22 93<br>18 | 7 |

| 【样例输入2】 | 【样例输出2】 |
|---|---|
| 10 35 15 88 99 17 60 18 51 22 93<br>66 | no |

【分析】

假设用数组a存储n个数，顺序查找的方法是：依次将num与数组a中的每个元素进行比较，如果相等，则找到；如果所有元素都比较完还没有找到，则说明a中不存在num。这种方法查找一个数平均需要比较n/2次。如果数组中有1000000个整数，且需要在数组中反复查找，则这种方法很费时。代码如下。

```cpp
#include <bits/stdc++.h>
using namespace std;
int main( )
{
    int n, a[10010];
    int i, num;
    cin >>n;
    for(i=1; i<=n; i++)  cin >>a[i];
    cin >>num;       //num 是要查找的数
    for(i=1; i<=n; i++){
        if(a[i]==num){
            cout <<i <<endl;  break;
        }
    }
    if(i>n)  cout <<"no" <<endl;
    return 0;
}
```

## 26.4 案例2：二分查找

假设数组a中的数已经按照从小到大的顺序排好序了（即使初始没有排好序，在查找之前也可以先做一次排序），现在要在数组 a 中查找 num。

二分查找的思想是：先将 num 与数组 a 中间的元素进行比较，如果相等，则已经找到；如果 num 比中间的元素还要小，则如果 num 存在，则肯定位于前半段，不可能位于后半段，所以不需要考虑后半段；否则，num 肯定位于后半段，不需要考虑前半段。在前半段（或后半段）中查找时，又将 num 与中间的元素进行比较……一直到找到 num，或者判断出 num 不存在为止。

二分查找的执行过程如图 26.1 所示。假设数组 a 中有 10 个元素：15、17、18、22、35、51、60、88、93、99，这些数已经按照从小到大的顺序排好序了。在二分查找里，有 3 个量很关键：low、mid 和 high，分别表示数组中某一段元素的最前面、中间及最后的元素的下标。

图 26.1（a）演示了在数组 a 中查找 num=18 的执行过程。

第 1 次比较时，low = 0, high = 9, mid = (low+high)/2 = 4，num 的值小于 a[mid]，所以如果 num 存在，则必然位于前半段，将 high 的值更新为 mid−1=3，low 的值不变。

第 2 次比较时，low = 0, high = 3, mid = (low+high)/2 = 1，num 的值大于 a[mid]，所以如果 num 存在，则必然位于后半段，将 low 的值更新为 mid+1=2，high 的值不变。

第 3 次比较时，low = 2, high = 3, mid = (low+high)/2 = 2，num 的值等于 a[mid]。至此，查找到 num。

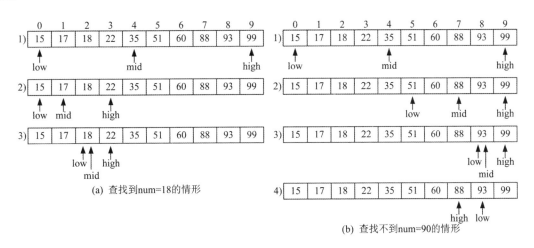

图 26.1　二分查找

以上过程要用循环来实现。现在的问题是：如果 num 不存在，什么时候退出循环？

图 26.1（b）以在上述数组中查找 num = 90 的情形解释了这个问题。当第 3 次比较完以后，因为 num 的值小于 a[mid]，所以如果 num 存在，则必然位于前半段，需要将 high 的值更新为 mid − 1 = 7，而 low 的值不变，这样 high < low。这意味着 num 不存在，应该退出循环了。

因此，如果 num 不存在，退出循环的条件是：high < low。

根据上述分析，可以写出实现二分查找的函数，即本案例中的 search 函数。

【题目描述】

输入 n 个整数，这 n 个数的编号从 1 开始计起，已知这 n 个数已经按从小到大排序，且这些数互不相同，然后再输入一个数num，在$n$个整数中查找num。

【输入描述】

输入第一行首先是正整数$n$，$2 \leqslant n \leqslant 10000$，然后是$n$个整数，用空格隔开；第二行为要查找的整数num。

【输出描述】

如果num在$n$个数中，输出它的位置；否则输出no。

| 【样例输入1】 | 【样例输出1】 |
|---|---|
| 10 15 17 18 22 35 51 60 88 93 99<br>18 | 3 |

| 【样例输入2】 | 【样例输出2】 |
|---|---|
| 10 15 17 18 22 35 51 60 88 93 99<br>66 | no |

【分析】

以下search函数实现了二分查找。在main函数中调用search函数可以实现在数组a中查找num。代码如下。

```cpp
#include <bits/stdc++.h>
using namespace std;
int search(int a[], int n, int num) // 在 a ( 从小到大排序，元素个数为 n) 中二分查找 num
{
    int low=0, high=n-1, mid;
    while( low <= high ) {
        mid = ( low + high ) / 2;
        if( num<a[mid] )  high = mid-1;       // 如果 num 比中间的数还小，则在前半段
        else if( num >a[mid] )  low = mid+1; // 如果 num 比中间的数还大，则在后半段
        else  return mid;
    }
    return -1;   // 没有查找到
}
int main( )
{
    int n, a[10010];
    int i, num;
    cin >>n;
    for(i=0; i<n; i++)  cin >>a[i];
    cin >>num;
    int pos = search(a, n, num);
    if(pos!=-1)  cout <<pos+1 <<endl;
```

```
else  cout <<"no" <<endl;  // 没有查找到
    return 0;
}
```

 **26.5** 练习 1：猜数字游戏

【题目背景】

猜数字游戏规则：有 A、B 两个人，A 想一个数字（1 到 50 之间或其他范围），然后让 B 来猜；如果 B 猜的数字大了，A 会给出提示"大了"；如果 B 猜的数字小了，A 会给出提示"小了"；如果 B 猜中了，A 会给出提示"恭喜你，猜对了"。

猜数字的技巧：每次猜中间的数字。举例如下。

假设 A 心里想的数字是 34。

第 1 次，B 猜 1～50 中间的数字，即 25，A 会给出提示"小了"。因此，这个数字肯定是在 26～50。

第 2 次，B 猜 26～50 中间的数字，即 38，A 会给出提示"大了"。因此，这个数字肯定是在 26～37。

第 3 次，B 猜 26～37 中间的数字，即 31，A 会给出提示"小了"。因此，这个数字肯定是在 32～37。

第 4 次，B 猜 32～37 中间的数字，即 34，A 会给出提示"恭喜你，猜对了"。游戏结束。B 猜 4 次就猜对了。

猜数字游戏，采用的方法其实就是二分法。

【题目描述】

输入 $n$，即给定的数字的范围是 1～$n$，上述猜数字游戏中最多要猜多少次肯定能猜中？

【输入描述】

输入占一行，为正整数 $n$，$n \leqslant 10000$。

【输出描述】

输出求得的猜数字的最多次数。

【样例输入】                                    【样例输出】

50                                              6

【分析】

对给定的范围 1～$n$，按照二分法的思想，当要猜的数字是 1 或 $n$ 时一定是猜的次数最多的。所以，设要查的数为 1，按照二分法的思想去猜，统计猜的次数为 cnt1。再设要查的数为 $n$，按照二分法的思想去猜，统计猜的次数为cnt*n*。取cnt1和cnt*n*的较大者并输出。代码如下。

```cpp
#include <bits/stdc++.h>
using namespace std;
int main( )
{
    int n;  cin >>n;
    int cnt1 = 0, cntn = 0, num = 1;        // 要在 1 ~ n 中找 1
    int low=1, high=n, mid;
    while( low <= high ) {
        mid = ( low + high ) / 2;  cnt1++;
        // 如果 num 比中间的数还小，则在前半段
        if( num<mid )  high = mid-1;
        else if( num>mid )  low = mid+1;    // 在后半段
        else  break;   // 相等则找到了
    }
    low=1, high=n, num=n;   // 要在 1 ~ n 中找 n
    while( low <= high ) {
        mid = ( low + high ) / 2;  cntn++;
        // 如果 num 比中间的数还小，则在前半段
        if( num<mid )  high = mid-1;
        else if( num>mid )  low = mid+1;    // 在后半段
        else  break;   // 相等则找到了
    }
    if(cnt1<cntn)  cout <<cntn <<endl;
    else  cout <<cnt1 <<endl;
    return 0;
}
```

注意，猜数字游戏的答案大致是$\log_2 n$，但学生没有学过对数，案例3需要得到准确的答案。所以模拟查找1和*n*的方法是可行的。

## 26.6 关于二分查找的相关函数

在C++的头文件<algorithm>里定义了以下3个二分查找函数。

（1）lower_bound(begin, end, num)：如果数组中的元素是从小到大排序，则从数组的begin位置到end-1位置二分查找第一个大于或等于num的元素，返回该元素的地址；如果元素是从大到小排序，则查找第一个小于或等于num的元素，返回该元素的地址。

（2）upper_bound(begin, end, num)：如果数组中的元素是从小到大排序，则从数组的begin位置

到end-1位置二分查找第一个大于num的元素，返回该元素的地址；如果元素是从大到小排序，则查找第一个小于num的元素，返回该元素的地址。

（3）binary_search(begin, end, num)：返回是否存在num这么一个数，是一个bool值。

注意：lower_bound 和 upper_bound 函数返回的都是地址，必须减去起始地址，得到的才是位置；如果没有找到要查找的数值，lower_bound 和 upper_bound 函数就会返回一个假想的插入位置。详见以下例子。

```
int a[6] = { 0, 5, 9, 9, 15, 17 };
int p1 = lower_bound(a, a+6, 9) - a;
int p2 = upper_bound(a, a+6, 9) - a;
cout <<p1 <<endl;   // 第一个大于或等于 9 的元素的位置，为 2
cout <<p2 <<endl;   // 第一个大于 9 的元素的位置，为 4
```

## 26.7　练习2：有多少个元素比b小（大）

本小节我们将利用lower_bound和upper_bound函数来统计有序数组a里有多少个元素比b小（或大）。

假设数组a中有n个元素，且按从小到大排序。要统计数组a中有多少个元素比b小，那应调用lower_bound 函数：lower_bound(a, a+n, b) − a，不管能不能找到b，上式的值都表示数组a中有多少个元素比b小。

要统计数组a中有多少个元素比b大，那应调用upper_bound 函数：a + n − upper_bound(a, a+n, b)，不管能不能找到b，上式的值都表示数组a中有多少个元素比b大。

【题目描述】

输入n个整数，这n个数的编号从1开始计起，假定这n个数已经按从小到大排序，然后再输入一个数b，统计n个数中比b小的元素有多少个、比b大的元素有多少个，不保证b在n个数中。

【输入描述】

输入第一行首先是正整数n，2≤n≤10000，然后是n个整数，用空格隔开；第二行为整数b。

【输出描述】

输出2个整数n1和n2，用空格隔开，为问题的答案。

【样例输入1】　　　　　　　　　　　　　【样例输出1】

```
10 15 17 18 22 35 51 60 88 93 99      4 6
30
```

【样例输入2】　　　　　　　　　　　　　　　　【样例输出2】

```
10 15 17 18 22 35 51 60 88 93 99    3 6
22
```

【样例输入3】　　　　　　　　　　　　　　　　【样例输出3】

```
10 15 17 18 22 22 22 60 88 93 99    3 4
22
```

【分析】

本题调用lower_bound函数实现。注意，在本题中，如果b不在n个数中，则n1+n2=n；如果b在n个数中且只有一个，则n1+n2=n-1；如果b在n个数中且有m个，则n1+n2=n-m。代码如下。

```cpp
#include <bits/stdc++.h>
using namespace std;
int main( )
{
    int n, a[10010];
    int i, b;
    cin >>n;
    for(i=0; i<n; i++)  cin >>a[i];
    cin >>b;
    int n1 = lower_bound(a, a+n, b) - a;
    int n2 = a + n - upper_bound(a, a+n, b);
    cout <<n1 <<" " <<n2 <<endl;
    return 0;
}
```

## 26.8 总结

本章需要记忆的知识点如下。

（1）二分查找的前提是提供的数据已经按从小到大或从大到小的顺序排序了，二分查找的思想就是"折半"查找。注意，二分查找不是严格意义上的"折半"，因为没有查找到时，需要将high修改为mid－1或将low修改为mid＋1，区间不是严格地缩小一半，是比一半稍小一点。

（2）退出二分查找循环（结束查找）的条件是：high < low。

# 第 27 章

# 结构体

```
struct stu{
    char n[20];
    int a;
    double s;
};
```

## 主要内容

- 介绍结构体的概念及应用。
- 介绍一级排序和二级排序的概念。
- 调用 sort 函数对结构体数组中的数据按指定方式排序。

**27.1** **设计一种新的笔**

抱一今天又"异想天开"了，他想设计一种新的笔。

抱一：上数学课，老师要求用铅笔写，上语文课，语文老师要求用钢笔写，多麻烦呀。我想设计一种新的笔，它的笔管里"藏着"铅笔和钢笔，甚至还有橡皮。想用铅笔按一个按钮就可以了；想用钢笔，就再按一下按钮。

爸爸：这个有点难，笔管太大，你的小手连笔都拿不了。不过，今天的编程课，你可以设计一种新的数据类型，可以根据需要把整型、浮点型、字符/字符串数据包含进来。

抱一：那也不错耶。

 **27.2** **自定义数据类型——结构体**

所谓结构体，就是把不同类型的数据组合成一个整体，得到一个新的类型。比如一个学生的数据包括姓名、年龄、分数，则可以按如下方式声明一个stu结构体。

```
struct stu{
    char n[20];        // 姓名
    int a;             // 年龄
    double s;          // 分数
};
```

声明好stu结构体以后，就可以像用int、char等基本数据类型一样去定义变量、数组了，如下面的例子。

```
stu s1;                // 定义结构体变量
stu s2[10];            // 定义结构体数组
```

其中s1为stu型变量，它包含3个**数据成员**（也称为**域**或**元素**）：n、a和s，如图27.1（a）所示；s2为stu类型的数组，它有10个元素，每个元素都包含3个成员，如图27.1（b）所示。

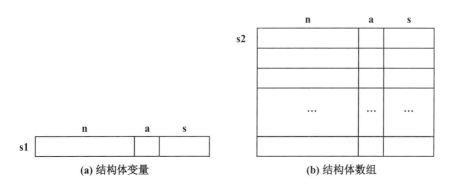

图27.1　结构体变量和结构体数组

要引用结构体变量中的成员，需要使用**成员运算符"."**，"."可以理解为汉语中的"的"，例子如下。

```
s1.a = 20; //给 s1 的 a 成员赋值为 20
strcpy( s1.n, "Wang Lin" );        // 将字符串 "Wang Lin" 拷贝到 s1 的 n 成员
```

## 27.3　一级排序和二级排序

有时，参与排序的记录不是简单的整型数据，而是一个整体，它包含多个数据成员。例如，期末考试统计三门课程（语文、数学和英语）的成绩。一个学生的数据包含总分、语文成绩、数学成绩、英语成绩这4项，在对学生成绩排序时就有多种方式，这时往往需要定义结构体来表示一个学生的数据。

所谓**一级排序**，就是对序列中的记录按一个域进行排序，或者说排序码是由一个域构成的。所谓**二级排序**，就是先按第一个域排序；对于第一个域相同的记录，则按第二个域排序，或者说排序码是由两个域构成的。例如，有些程序设计竞赛排名时，首先根据参赛选手的解题数从多到少排序，解题数相同时，再按总用时从少到多排序，这就是一种二级排序。又如期末考试时对同学们的成绩进行排序，首先按总分从高到低排序，总分相同则按数学成绩从高到低排序，这也是一种二级排序。

## 27.4　排序时指定排序规则——cmp函数

在对结构体类型数据排序时，可以通过sort函数实现，但由于结构体数据无法比较大小，所以需要自己定义cmp函数。注意，函数名可以换成别的名字，因为它是sort函数的一个参数，但一般建议还是取cmp。

假设结构体类型为Type，它包含m1、m2、m3这三个成员。如果要按m1成员从小到大排序，则cmp函数应该定义成如下形式。

```
bool cmp(Type s1, Type s2)
{
    return s1.m1 < s2.m1;
}
```

如果要按m1成员从大到小排序，只需把return语句改成：return s2.m1 < s1.m1。

对从小到大排序，cmp函数也可以定义成如下形式。

```
bool cmp(Type s1, Type s2)
```

```
{
    if( s1.m1 < s2.m1 )  return true;
    else   return false;
}
```

如果要实现多级排序，比如先按m1成员从小到大排序，m1成员相同再按m2成员从小到大排序，则cmp函数应该定义成如下形式。

```
bool cmp(Type s1, Type s2)
{
    if(s1.m1!=s2.m1)  return s1.m1 < s2.m1;
    else   return s1.m2 < s2.m2;
}
```

其思想是：如果s1和s2的m1成员不相同，则已经分出大小了，只需返回它们的m1成员的大小关系；否则(m1成员相同)，再返回它们的m2成员的大小关系。

注意，cmp函数第一行也可以写成如下形式。

```
bool cmp(const Type s1, const Type s2)
```

或

```
bool cmp(const Type &s1, const Type &s2)
```

## 27.5 案例1：成绩排序

【题目描述】

现有班里某门课程的成绩单，请按成绩从高到低对成绩单排序输出，如果有相同的分数则名字字典序小的在前。

【输入描述】

第一行为 $n$（$0 < n < 20$），表示班里的学生数目；接下来的 $n$ 行，每行为每个学生的名字和对应的成绩，中间用一个空格隔开。名字只包含字母且长度不超过20，成绩为一个不大于100的非负整数。

【输出描述】

把成绩单按分数从高到低的顺序进行排序并输出，每行包含名字和分数，两项之间有一个空格。

【样例输入】　　　　　　　　　　　　　　　　【样例输出】

4　　　　　　　　　　　　　　　　　　　　　　Joey 92

```
Kitty 80                        Alice 90
Alice 90                        Kitty 80
Joey 92                         Tim 28
Tim 28
```

【分析】

本题要实现二级排序，先按分数对学生从高到低排序，分数相同则按姓名的字典序排序。因此，需要定义结构体 stu，代表一个学生，包含姓名和分数。再定义结构体数组 a 存储 $n$ 个学生。然后定义 cmp 函数，指定比较 2 个学生先后顺序的规则。最后在 main 函数里读入 $n$ 个学生的数据，调用 sort 函数排序。代码如下。

```cpp
#include <bits/stdc++.h>
using namespace std;
struct stu{
    string n;      // 姓名
    int s;         // 分数
};
stu a[22];
bool cmp(stu x, stu y)   // 自定义排序函数
{
    if(x.s!=y.s)  return y.s < x.s;   // 分数不相同，返回分数的大小关系
    else  return x.n < y.n;           // 分数相同，返回姓名的大小关系
}
int main( )
{
    int n;
    cin >>n;
    for(int i = 0; i<n; i++)
        cin >>a[i].n >>a[i].s;
    sort(a, a + n, cmp);
    for(int i = 0; i<n; i++)
        cout <<a[i].n <<" " <<a[i].s <<endl;
    return 0;
}
```

## 27.6 案例 2：按照个位数排序

【题目描述】

对于给定的正整数序列，按照个位数从小到大排序，个位数相同的按照本身大小从小到大排序。

【输入描述】

第一行为1个整数 $n$，表示序列的大小，$0<n\leqslant1000$。第二行为 $n$ 个正整数，表示序列的每个数，每个数不大于 100 000 000。

【输出描述】

输出按照题目要求排序后的序列。

【样例输入】

```
6
17 23 9 13 88 10
```

【样例输出】

```
10 13 23 17 88 9
```

【分析】

本题要实现二级排序，因此定义结构 num，表示一个数，包含 $n1$ 和 $n2$ 个成员，前者表示数本身，后者表示该数的个位。定义 cmp 函数，指定比较两个数先后顺序的规则。最后调用 sort 函数实现排序。代码如下。

```cpp
#include <bits/stdc++.h>
using namespace std;
struct num{
    int n1;      // 数本身
    int n2;      // 数的个位
};
num a[1010];
bool cmp(num x, num y)   // 自定义排序函数
{
    if(x.n2!=y.n2)  return x.n2 < y.n2;   // 个位不相同，返回个位的大小关系
    else  return x.n1 < y.n1;             // 个位相同，返回数本身的大小关系
}
int main()
{
    int n;
    cin >>n;
    for(int i = 0; i<n; i++){
        cin >>a[i].n1;
        a[i].n2 = a[i].n1%10;
    }
    sort(a, a + n, cmp);
    for(int i = 0; i<n-1; i++)
        cout <<a[i].n1 <<" ";
    cout <<a[n-1].n1 <<endl;
    return 0;
}
```

## 27.7 练习1：序列排序

【题目描述】

对于给定的正整数序列，按照每个数的数位和从大到小排序，数位和相同的按照本身大小排序，大的在前，小的在后。

【输入描述】

第一行为一个整数 $n$，表示序列的大小，$0<n\leq1000$。第二行为 $n$ 个正整数，表示序列的每个数，每个数不大于 100 000 000。

【输出描述】

输出按照题目要求排序后的序列。

【样例输入】

```
6
17 26 9 13 88 10
```

【样例输出】

```
88 9 26 17 13 10
```

【分析】

本题要实现二级排序。本题和案例2的区别就是本题是先按每个数数位和从大到小排序。因此定义结构num，表示一个数，包含 n1 和 n2 个成员，前者表示数本身，后者表示该数的数位和。定义 cmp 函数，指定比较两个数先后顺序的规则。最后调用 sort 函数实现排序。代码如下。

```cpp
#include <bits/stdc++.h>
using namespace std;
struct num{
    int n1;      // 数本身
    int n2;      // 数的数位和
};
num a[1010];
bool cmp(num x, num y)   // 自定义排序函数
{
    if(x.n2!=y.n2)  return y.n2 < x.n2;   // 数位和不相同，返回数位和的大小关系
    else  return y.n1 < x.n1;             // 数位和相同，返回数本身的大小关系
}
int main( )
{
    int n;
    cin >>n;
    for(int i = 0; i<n; i++){
```

```
        cin >>a[i].n1;
        int t = a[i].n1;
        while(t)  a[i].n2 += t % 10, t /= 10;      // 求 i 的数位之和
    }
    sort(a, a + n, cmp);
    for(int i = 0; i<n-1; i++)
        cout <<a[i].n1 <<" ";
    cout <<a[n-1].n1 <<endl;
    return 0;
}
```

## 27.8 练习2：病人排队

【题目描述】

编写一个程序，将登记的病人按照以下原则排出看病的先后顺序。

（1）老年人（年龄>=60岁）比非老年人优先看病。

（2）老年人按年龄从大到小的顺序看病，年龄相同的按登记的先后顺序排序。

（3）非老年人按登记的先后顺序看病。

【输入描述】

第一行输入一个小于100的正整数，表示病人的个数，后面按照病人登记的先后顺序，每行输入一个病人的信息。输入信息包括一个长度小于10的字符串和一个整数，分别表示病人的ID（每个病人的ID各不相同且只含数字和字母）和病人的年龄，中间用单个空格隔开。

【输出描述】

按排好的顺序输出病人的ID，每行一个。

| 【样例输入】 | 【样例输出】 |
| --- | --- |
| 5 | 021033 |
| 021075 40 | 010158 |
| 004003 15 | 021075 |
| 010158 67 | 004003 |
| 021033 75 | 102012 |
| 102012 30 | |

【分析】

本题就是一道排序题，有两种求解思路，一种不用结构体，另一种要用结构体。

第一种方法：不用结构体。在读入n个病人时，如果某个病人的年龄>=60岁，把他的ID存入

一个 string 类型的数组 s1，把年龄存入 int 型的数组 y；否则，只需把他的 ID 存入另一个 string 类型的数组 s2。

数据读入完毕后，对 y 数组中的年龄按从大到小排序（可以使用冒泡排序），注意要同步交换 s1 数组中的元素。对非老年人，其实不用排序，因为在存储他们的 ID 时就是按输入顺序存储的。输入顺序就是他们登记的先后顺序。

输出时，先输出 s1 数组中的 ID，再输出 s2 数组中的 ID。代码如下。

```cpp
#include <bits/stdc++.h>
using namespace std;
int main( )
{
    int n;
    //s1: 存老年人的 ID, s2: 存非老年人的 ID, st: 临时变量
    string s1[110], s2[110], st;
    int y[110], yt;          //yt: 临时变量
    int k1 = 0, k2 = 0;   // 老年人个数，非老年人的个数
    cin >>n;
    for(int i=0; i<n; i++){
        cin >>st >>yt;
        if(yt>=60){
            s1[k1] = st;   y[k1++] = yt;
        }
        else   s2[k2++] = st;
    }
    for(int j=0; j<k1-1; j++){
        for(int i=0; i<k1-1-j; i++){
            if(y[i]<y[i+1]){
                swap(y[i], y[i+1]);   swap(s1[i], s1[i+1]);   //同步交换姓名
            }
        }
    }
    for(int i=0; i<k1; i++)
        cout <<s1[i] <<endl;
    for(int i=0; i<k2; i++)
        cout <<s2[i] <<endl;
    return 0;
}
```

第二种方法：设计结构体 p，代表病人，老年人和非老年人一起存储。定义 sort 函数排序时需要用到的比较函数 cmp，指定 2 个病人的排序规则。由于老年人和非老年人一起存储，所以 cmp 函数比较复杂，要考虑各种情况。代码如下。

```cpp
#include <bits/stdc++.h>
using namespace std;
struct p{
    int sn;   // 顺序
    string id;   //ID
    int age;   // 年龄
};
p a[110];
bool cmp(p p1, p p2){
    if(p1.age>=60 and p2.age>=60){ //2 个都是老年人
        if(p1.age!=p2.age)   return p2.age<p1.age; //年龄不等,年龄大优先(从大到小)
        else   return p1.sn<p2.sn;   // 年龄相等,先到优先(从小到大)
    }
    else if(p1.age>=60 or p2.age>=60) // 如果执行到这里,不会出现都 >=60
        return p2.age<p1.age;   // 一定一个是老年人,一个不是老年人,年龄大优先
    else   return p1.sn<p2.sn;   //(2 个都不是老人)先到优先(从小到大)
}
int main( )
{
    int n;   cin >>n;
    for(int i=0; i<n; i++){
        a[i].sn = i+1;
        cin >>a[i].id >>a[i].age;
    }
    sort(a, a+n, cmp);
    for(int i=0; i<n; i++)
        cout <<a[i].id <<endl;
    return 0;
}
```

## 27.9 总结

本章需要记忆的知识点如下。

（1）结构体就是把不同类型的数据组合成一个整体，得到一个新的类型。

（2）调用 sort 函数对结构体数组中的数据按指定方式排序。

# 第 28 章

# 枚举算法

```
for(x=1; x<=m; x++){
    for(y=1; y<=m; y++){
        if(x*x+y*y==n)
            //...
    }
}
```

## 主要内容

- 介绍枚举算法的思想及实现要点。
- 引入算法及算法的效率。

## 28.1 送你一个智慧

爸爸：抱一，我给你讲一个故事。

抱一：好呀。

爸爸：古时候，有一个国王。有一天他过生日，很多人来祝贺他，送了很多的礼。有一个乞丐也来了，这个乞丐什么也没有带。国王就问，"你送我什么礼物呢？"乞丐说，"我送你一个智慧。"客人送了礼物国王应该还礼。所以国王就问乞丐"如果你送了我礼物，我应该还你什么呢？"乞丐说"你只要送我若干粒谷子就可以了。"国王想"我这么富裕，送一些谷子有什么呢？"国王说"你要多少谷子。"乞丐说"不急，我们先做一个游戏。"什么游戏呢？有 $8 \times 8 = 64$ 个格子，如图28.1所示。你在第一个格子里面放1粒谷子，第二个格子放第一个格子的2倍的谷子，也就是2粒谷子，第三个格子也

| 1 | 2 | 4 | 8 | 16 | 32 | 64 | 128 |
|---|---|---|---|----|----|----|-----|
| … | … | … | … | … | … | … | … |
| … | … | … | … | … | … | … | … |
| … | … | … | … | … | … | … | … |
| … | … | … | … | … | … | … | … |
| … | … | … | … | … | … | … | … |
| … | … | … | … | … | … | … | … |
| … | … | … | … | … | … | … | … |

图28.1　放谷粒

放第二个的2倍，也就是4粒谷子，然后一直往下放，直到放满64个格子。这就是你要给我还的礼。国王思考了很久，知道他再怎么富裕也还不了这个礼。乞丐说"这就是我要送给你的智慧。好了，你管我吃一顿饭就可以了，就是还礼了。"

抱一：这和我们今天要学的编程有关系吗？

爸爸：有关系。我们现在用的计算机，运行速度很快，1秒钟能执行1亿次甚至更多次运算。但是，有些问题由于其规模增长导致的计算量激增，我们也没办法在有限的时间内（比如1秒钟）处理完。

抱一：那什么是问题的规模呀？

爸爸：这还真不好解释，只能举例说明。比如我们要计算 $1 + 2 + 3 + \cdots + n$，这时 $n$ 就是问题的规模。

抱一：哦。

## 28.2 枚举算法的思想及实现要点

### 1. 枚举算法思想

**枚举**，又称为**穷举**，在数学上也称为列举法，是一种很朴素的解题思想。当需要求解的问题存在大量可能的答案（或中间过程），而暂时又无法用逻辑方法排除大部分可能的答案时，就不得不采用逐一检验这些答案的策略，这就是枚举算法的思想。

2. 枚举算法实现要点

在实现枚举算法时，一定要注意以下两点。

（1）为保证结果正确，应做到既不重复又不遗漏。例如，求 $x^2 + y^2 = 2000$ 的正整数解，如果互换 $x$ 和 $y$ 视为同一组解，如 $(8, 44)$ 和 $(44, 8)$，那么 $y$ 就不能从 1 枚举到 44，否则得到的解就有重复，$y$ 只能从 1 枚举到 $x$（或从 $x$ 枚举到 44）。

（2）为减少程序运行时间，应尽量减少枚举次数。枚举算法通常不是一种好的算法。例如，假设问题的规模 $n$ 为 10000，如果一个枚举算法需要用二重循环实现，则需要枚举的次数为 $10000 \times 10000$。如果评测系统 1 秒钟只能执行 1 亿次运算，则该算法就可能会超时。

所以，采用枚举算法解题时通常需要尽可能减少枚举次数。减少枚举次数一般有两种方法，一是减少枚举量（循环层数），二是减少枚举的范围（某层循环的执行次数）。

对于第一种方法，有一种情形是：如果内层循环的量可以由外层循环的量确定，那么内层循环就可以取消了。例如，"百钱百鸡"问题：1 只公鸡值 5 钱，1 只母鸡值 3 钱，3 只小鸡值 1 钱，某人用 100 钱买了 100 只鸡，问公鸡、母鸡、小鸡各有多少只？因为已知公鸡、母鸡、小鸡的总数为 100，所以可以不枚举小鸡的数目，直接由公鸡和母鸡的数量确定小鸡的数量，这样就将三重循环简化为二重循环。

又如求 $x^2 + y^2 = n$ 的正整数解，实际上只需要枚举 $x$ 就可以了，对 $x$ 的每一个取值，判断 $\sqrt{n - x^2}$ 是不是整数就可以了。

对于第二种方法，通常的做法是如果能提前知道某种方案不可能求出解，则不进行枚举或提前结束当前的枚举，以减少不必要的枚举。

# 28.3 算法及算法的效率

学到这里，同学们一定经历过在做题时，明明程序是对的，但提交评判时提示 TLE（Time Limit Exceed，超时）。这就要求大家在设计算法时考虑算法的效率。

例如，在本章案例 2 中，如果采用方法一求解，即枚举 $1 \sim n$ 的每个数 $k$，当 $n$ 取到 100 000 000（1 亿）时，程序的运行时间就可能会超过 1 秒，导致超时；而在案例 2 中，$n$ 最大可以取到 9 223 372 036 854 775 807（这是 long long 型能取到的最大值）。但是，采用方法二求解，只需要枚举 $1 \sim m$ 的每个数 $k$，$m$ 是 $\sqrt[3]{n}$，当 $n$ 取最大值 9 223 372 036 854 775 807 时，只需要循环 2 097 151 次。显然，方法二的效率更高。

为了度量算法的效率，我们需要引入算法时间复杂度的概念。所谓**算法的时间复杂度**，就是程序中关键运算的执行次数和问题规模的关系。在案例 2 中，问题的规模为 $n$，方法一要执行 $n$ 次，算法时间复杂度就是 $O(n)$，方法二要执行 $\sqrt[3]{n}$ 次，算法时间复杂度就是 $O(\sqrt[3]{n})$。

常见的算法时间复杂度类型有：常量（$O(1)$）、对数（$O(\log n)$）、$O(\sqrt[3]{n})$、$O(\sqrt[2]{n})$、线性（$O(n)$）、

O($n\log n$)、平方（O($n^2$)）、立方（O($n^3$)）、指数（O($2^n$)）、阶乘（O($n!$)）。

O(1)、O($\log n$)、O($\sqrt[3]{n}$)、O($\sqrt[2]{n}$)、O($n$)、O($n\log n$)、O($n^2$)、O($n^3$)都属于多项式时间复杂度，在程序设计竞赛里，一般只有多项式时间复杂度的算法才有可能通过评判系统的评判。

## 28.4 案例1：求 $x^2 + y^2 = n$ 的正整数解

【题目描述】

编写程序，求 $x^2 + y^2 = n$ 的正整数解，$n$ 为从键盘上输入的一个正整数。

【输入描述】

输入数据占一行，为一个正整数 $n$，$10 \leqslant n \leqslant 10000$。

【输出描述】

对输入的正整数，输出所有的解，格式如样例输出所示。如果没有解，则输出 no answer。

| 【样例输入1】 | 【样例输出1】 |
| --- | --- |
| 2000 | 2000=8*8+44*44 |
|  | 2000=20*20+40*40 |
|  | 2000=40*40+20*20 |
|  | 2000=44*44+8*8 |

| 【样例输入2】 | 【样例输出2】 |
| --- | --- |
| 1999 | no answer |

【分析】

以 $n = 2000$ 为例，$x$ 和 $y$ 都是正整数，因此 $x$ 和 $y$ 的取值范围只能是 1, 2, …, 44，其中 44 是小于等于 $\sqrt{2000}$ 的最大正整数。对于在这个范围内的所有 $(x, y)$ 组合，都去判断一下。也就是枚举所有的 $(x, y)$ 组合，判断是否满足 $x^2 + y^2 = 2000$，如果满足，则是一组解。当 $x$ 取 1 时，考虑 $y$ 取 1, 2, …, 44；然后当 $x$ 取 2 时，又考虑 $y$ 取 1, 2, …, 44；最后当 $x$ 取 44 时，又考虑 $y$ 取 1, 2, …, 44。整个枚举过程如图 28.2 所示。在实现时要用到二重循环，从算法思想来看，这个过程就是枚举，即枚举所有的 $(x, y)$ 组合。

此外，本题还存在没有解的情形。因此，需要设置状态变量 $flag$，约定取值为 true 表示有解，取值为 false 表示无

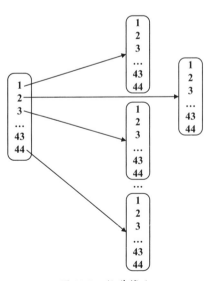

图 28.2　枚举策略

解。*flag* 的初始值为 false。只要找到一组解，就将 *flag* 的值置为 true。枚举结束，如果 *flag* 的值仍为 false，则应该输出 no answer。

代码如下。

```
#include <bits/stdc++.h>
using namespace std;
int main( )
{
    int x, y;
    int n;  cin >>n;
    int m = sqrt(n);              // 循环变量 x 和 y 的终值
    bool flag = false;            // 取值为 true 表示有解，取值为 false 表示无解
    for( x=1; x<=m; x++ ){        //x 从 1 枚举到 m
        for( y=1; y<=m; y++ ){    //y 也从 1 枚举到 m
            if( x*x + y*y == n ){
                flag = true;
                cout <<n <<"=" <<x <<"*" <<x <<"+" <<y <<"*" <<y <<endl;
            }
        }
    }
    if(!flag)  cout <<"no answer" <<endl;     // 无解
    return 0;
}
```

## 28.5 案例 2：既是平方数也是立方数

【题目描述】

64 这个数很特别，它既是平方数（$8^2$）也是立方数（$4^3$）。现在想知道，对于给定的正整数 n，1～n 范围内有多少个这种数。

【输入描述】

输入占一行，为一个正整数 n。

【输出描述】

输出占一行，为求得的答案。

| 【样例输入】 | 【样例输出】 |
| --- | --- |
| 100 | 2 |

【数据规模与约定】

对20%的数据，$1 \leqslant n \leqslant 10\,000$。

对50%的数据，$1 \leqslant n \leqslant 100\,000\,000$。

对80%的数据，$1 \leqslant n \leqslant 1\,000\,000\,000\,000$。

对100%的数据，$1 \leqslant n \leqslant 9\,223\,372\,036\,854\,775\,807$。

【分析】

本题可以采用枚举求解。但不同的枚举思路效率不一样，程序运行所需的时间也不一样。

方法一：枚举$1 \sim n$的每个数$k$，判断$k$是否为某个数的平方，且是另一个数的立方。方法是：求出$k$的平方根，取整，设为$x$，并求出$k$的立方根，取整，设为$y$，判断$k == x*x$ and $k == y*y*y$是否成立。但这里有一个风险，浮点数在计算机里无法精确表示。因此统计出来的个数可能不准确。更保险的做法是用$x = \text{sqrt}(k) + 0.5$、$y = \text{cbrt}(k) + 0.5$。这种方法虽然正确，但效率很低。假设计算机每秒钟能执行1亿次运算，那么这种方法只能通过50%数据的评测，甚至是40%数据的评测，因为求平方根、立方根的运算比较复杂。其他数据的评测结果是超时。代码如下。

```cpp
#include <bits/stdc++.h>
using namespace std;
int main( )
{
    long long n;  cin >>n;
    long long x, y, cnt = 0;
    for(long long k=1; k<=n; k++){
        x = sqrt(k) + 0.5;  y = cbrt(k) + 0.5;
        if(k==x*x and k==y*y*y)  cnt++;
    }
    cout <<cnt <<endl;
    return 0;
}
```

方法二：不是直接枚举$1 \sim n$的每个数$k$，而是枚举每个立方根$y$。显然$y$的取值最大是$m = \sqrt[3]{n}$，在程序中应该表示成$\text{cbrt}(n) + 0.5$。对$1 \sim m$范围内的每个数$y$，求$x = \text{sqrt}(y*y*y) + 0.5$，判断$x*x == y*y*y$是否成立。当$n$取到最大值为$9\,223\,372\,036\,854\,775\,807$时，只需要循环$2\,097\,151$次，就可以通过所有数据的评测。代码如下。

```cpp
#include <bits/stdc++.h>
using namespace std;
int main( )
{
    long long n;  cin >>n;
    long long x, y, cnt = 0;
```

```
    int m = cbrt(n) + 0.5;
    for(y=1; y<=m; y++){
        x = sqrt(y*y*y) + 0.5;
        if(x*x==y*y*y)  cnt++;
    }
    cout <<cnt <<endl;
    return 0;
}
```

方法三：如果一个数既是平方数，又是立方数，则它一定是某个数的 6 次方。以 64 为例，64 $= 2^6$，因此，它既等于 $8^2$，也等于 $4^3$。因此，对输入的 $n$，可以从 1 开始枚举每个自然数 $k$，只要 $k \times k \times k \times k \times k \times k <= n$，则 $k \times k \times k \times k \times k \times k = k^6$ 既是平方数，又是立方数。但是，在本题中，$n$ 和 $k$ 必须定义成无符号 long long 型，即 unsigned long long。这是因为当 $n$ 取到本题的最大值 9 223 372 036 854 775 807 时，$k$ 取 1448，$k^6 < n$；然后 $k$ 递增 1，变成 1449。在数学上 $1449^6$ 已经超过 $n$，但是如果 $k$ 和 $n$ 定义成 long long 型，当 $k$ 取到 1449 时，$k^6$ 是一个负数，因为 $k^6$ 的值超出了 long long 型的表示范围，导致了整数溢出，最终得到了一个负数值，从而会继续循环。事实上，这时会陷入死循环。正确的代码如下。

```
#include <bits/stdc++.h>
using namespace std;
int main( )
{
    unsigned long long n, k;  cin >>n;
    int cnt = 0;
    for(k = 1; k*k*k*k*k*k<=n; k++)
        cnt++;
    cout <<cnt <<endl;
    return 0;
}
```

方法四：1 ~ $n$ 到底有多少个数符合本题要求呢？答案其实就是 $\lfloor \sqrt[6]{n} \rfloor$，$\lfloor \ \rfloor$ 表示向下取整。例如，当 $n = 10\ 000$ 时，$\lfloor \sqrt[6]{10000} \rfloor = \lfloor 4.6415888\cdots \rfloor = 4$，因此 $1^6$、$2^6$、$3^6$、$4^6$ 都是小于 10 000，而 $5^6 > 10\ 000$。但是，用 pow 函数求 $\sqrt[6]{n}$ 时，由于精度丢失，无法求得准确的结果。例如，当 $n = 1\ 000\ 000$ 时，$\sqrt[6]{n}$ 本来应该是 10，但用 pow 函数求得的结果为 9.999 999 999 996，再取整就得到 9。这个答案是错的。因此需要加上一个很小的浮点数（如 0.0005）。注意，不能加上一个较大的浮点数，如 0.5，否则像 $n = 10000$，pow($n$, 1.0 / 6) + 0.5 的值超过了 5.0，再取整就得到 5。这个答案是错的。代码如下。

```
#include <bits/stdc++.h>
using namespace std;
int main( )
{
```

```
long long n;  cin >>n;
int cnt = pow(n, 1.0/6) + 0.0005;
cout <<cnt <<endl;
return 0;
}
```

 **28.6** **练习1：验证哥德巴赫猜想**

【题目背景】

1742年，德国数学家哥德巴赫（Goldbach）提出了著名的哥德巴赫猜想（Goldbach's conjecture）：任何一个不小于4的偶数都可以表示为两个质数之和。

【题目描述】

编写程序，实现将一个不小于4的偶数分解成两个质数之和，并输出所有的分解形式。

【输入描述】

输入数据占一行，为一个偶数$n$，$4 \leqslant n \leqslant 2^{10}$。

【输出描述】

对输入的偶数，输出所有的分解形式，格式如样例输出所示。

【样例输入】

34

【样例输出】

```
34 = 3 + 31
34 = 5 + 29
34 = 11 + 23
34 = 17 + 17
```

【分析】

对偶数4，只有一种分解，即4 = 2 + 2。

对任何一个不小于6的偶数$n$，假设它可以表示两个数之和：$n = a + b$，如果$a$和$b$都是质数，这是一种满足要求的分解形式。枚举所有可能的$(a, b)$组合，判断是否满足题目的要求。为了减少枚举的次数，本题可以采取如下的策略。

（1）最小的质数是2，但在本题中，从$a = 3$开始枚举，因为如果$a$的值为2，则$b$的值为大于2的偶数，不可能是质数。

（2）在枚举过程中，$a$的值每次递增2，而不是1。这是因为如果每次递增1，在枚举过程中$a$的值可以取到偶数，而每次递增2，则可以跳过偶数，减少很多次枚举。

（3）另外，$a$的值只需枚举到$n/2$即可，因为如果继续枚举，则枚举得到的符合要求的分解形

式只不过是交换了 $a$ 和 $b$ 的值而已。

例如，假设 $n$ 的值为 20，当 $a=3$ 时，$a$ 是质数，$b=n-a=17$，$b$ 也为质数，则 $20=3+17$ 是符合要求的分解形式。

下一步 $a$ 的值递增 2，即 $a=5$，$a$ 是质数，而 $b=n-a=15$ 不是质数，不符合要求。

再下一步，$a$ 的值再递增 2，即 $a=7$，$a$ 是质数，而 $b=n-a=13$ 也是质数，符合要求。

如此枚举到 $n>10$ 为止，如果继续枚举，得到的符合要求的分解形式只是将之前分解形式中 $a$、$b$ 的值互换而已。根据样例输出可知，程序不应输出这些分解形式。代码如下。

```cpp
#include <bits/stdc++.h>
using namespace std;
int prime( int m )       // 判断 m 是否为质数，如果为质数，返回 1，否则返回 0
{
    int i, k = sqrt(m);
    for( i=2; i<=k; i++ )
        if( m%i==0 )  break;      // 如果 i 能整除 m，提前退出循环
    if(i>k)  return 1;          //m 为质数
    else  return 0;            //m 为合数
}
int main( )
{
    int n, a, b;
    cin >>n;      // 输入一个偶数
    if( n==4 ) {
        cout <<"4 = 2 + 2" <<endl;  return 0;
    }
    for( a=3; a<=n/2; a=a+2 ) {    // 从 a=3 开始枚举，每次递增 2，跳过偶数
        if( prime(a) ) {            // 如果 a 为质数，再判断 b 是否为质数
            b = n - a;
            if( prime(b) )
                cout <<n <<" = " <<a <<" + " <<b <<endl;   // 找到一个分解
        }
    }
    return 0;
}
```

 **28.7** 练习 2：和为给定数

【题目描述】

给出若干个整数，询问其中是否有一对数的和等于给定的数。

【输入描述】

共三行：第一行是整数 $n$，表示有 $n$ 个整数；第二行是 $n$ 个整数；第三行是一个整数 $m$，表示需要得到的和。

【输出描述】

若存在和为 $m$ 的数对，输出两个整数，小的在前，大的在后，中间用单个空格隔开。若有多个数对满足条件，选择数对中较小的数最小的组合。若找不到符合要求的数对，输出 no。

【样例输入】                                   【样例输出】

```
4                                              1 5
2 5 1 4
6
```

【数据规模与约定】

对于 50% 的数据，$n \leqslant 100$。

对于 100% 的数据，$n \leqslant 100000$。

对于所有测试数据，$n$ 个整数及 $m$ 的范围在 0 到 $10^8$ 之间。

【分析】

首先对 $n$ 个数从小到大排序。当数据量比较小时（$n$ 的值比较小），用二重循环枚举两个数，判断它们的和是否等于 $m$。代码如下。

```cpp
#include <bits/stdc++.h>
using namespace std;
int main( )
{
    int i, j, n, a[100010], m;
    cin >>n;
    for(i=0; i<n; i++)  cin >>a[i];
    cin >>m;
    sort(a, a+n);   // 把 a 中的数按从小到大排序
    for(i=0; i<n; i++){
        for(j=i+1; j<n; j++){
            if(a[i]+a[j]==m){
                cout <<a[i] <<" " <<a[j] <<endl;  return 0;
            }
        }
    }
    cout <<"No" <<endl;
    return 0;
}
```

当数据量很大，比如本题中n值最大可以取到100000，上述程序将执行50亿次比较，肯定会超时。这时只能用二分查找实现，具体方法是：枚举第1个数a[i]，如果存在一个数t，使得a[i]+t=m，那么t=m-a[i]，我们可以直接到数组a中查找m-a[i]，如果找到，则意味着符合要求的数t存在。代码如下。

```
#include <bits/stdc++.h>
using namespace std;
//形参a1：要查找的数组，n1：数组a1中数的个数，m1：要查的数
int search(int a1[], int n1, int m1)   //查找：如果m1存在，返回下标；否则返回-1
{
    int low = 0, mid, high = n1-1;
    while(low<=high){              //反复查找
        mid = (low+high)/2;       //居中的那个数的下标
        if(m1==a1[mid])  return mid;          //相等
        else if(m1<a1[mid])  high = mid-1;   //小于
        else  low = mid+1;        //大于
    }
    return -1;    //m1不存在
}
int main()
{
    int n, m;  cin >>n;
    int a[100010];
    for(int i=0; i<n; i++)  cin >>a[i];
    cin >>m;
    sort(a, a+n);  //对a中的整数按从小到大排序
    for(int i=0; i<n; i++){    //枚举第1个数，数据量很大、频繁查找
        //在数组a中查找m-a[i]，如果查找到，a[i], m-a[i]就是要求的答案
        if(search(a, n, m-a[i])!=-1){
            cout <<a[i] <<" " <<m-a[i];  return 0;
        }
    }
    cout <<"No" <<endl;
    return 0;
}
```

##  28.8 计算机小知识：1秒钟100 000 000次运算

超级计算机的运算速度可以达到每秒亿亿次运算，家用电脑的运算速度也可以达到每秒百亿次

运算。但是，一台计算机上同时运行了很多程序，分配给一个C++程序的处理器和存储器资源是非常有限的。同样，把一个C++程序提交到在线评测系统进行评测时，分配给这个C++程序的运行资源也是非常有限的。

注意，在线评测系统上每道编程题有时间限制，通常是1秒钟。程序必须在1秒钟内处理完1个测试点，否则这个测试点的评测结果为超时。

为了通过评测，1秒钟的运算量一般应该控制在100 000 000（1亿）次以内。也就是说，如果问题规模$n$最大可以取10000，那么平方阶（O($n^2$)）算法能通过评测，立方阶（O($n^3$)）算法肯定会超时。

当然，程序中有不同的运算。有的运算简单，比如加、减、乘、除。有的运算复杂，比如调用sqrt()函数求平方根。这些运算的运行时间相差很大。另外，程序中执行次数最多的运算是循环里的处理，每次循环处理可能包含很多次运算，这进一步加剧了程序运行时间的复杂性。因此，每秒执行100 000 000次运算只是一种估算。

 **28.9 总结**

本章需要记忆的知识点如下。

（1）枚举算法在实现时要做到既不重复又不遗漏，并且尽量减少枚举的次数。

（2）算法的时间复杂度就是程序中关键运算的执行次数和问题规模的关系。

# 第 29 章
# 模拟算法

```
while(1){
    h += u;   t++;
    if(h>=n)  break;
    h -= d;   t++;
}
```

## 主要内容

♦ 介绍模拟算法的思想及实现要点。

## 29.1 从模拟考试说起

爸爸：抱一，快到期末了，你们班会组织模拟考试吗？

抱一：什么是模拟考试？

爸爸：模拟考试是仿照实际真题考试的一种考试模式，就是按照期末考试的要求，仿照期末试卷的题型、考试范围、考试时间出的一份试卷，通过这种方式可以检验同学们这学期学得怎么样。

抱一：我不要考试……

 ## 29.2 模拟算法的思想及实现要点

### 1. 模拟算法思想

现实中有些问题难以找到公式或规律来求解，只能按照一定的步骤不停地"模拟"下去，最后才能得到答案。对于这样的问题，用计算机来求解是十分合适的，只要让计算机模拟人在解决此问题时的行为即可。这种求解问题的思想称为"**模拟**"。

模拟也是求解程序设计竞赛题目时经常采用的方法。适合采用模拟算法求解的题目大多带有游戏性质，求解此类问题的关键是理解游戏的规则和过程，在用程序实现时用适当的数据结构表示题目的状态，然后按照游戏规则模拟游戏过程。

因此，所谓**模拟算法**，就是采用合适的数据结构，模拟游戏过程或问题求解过程，在此过程中进行一定的判断或记录，从而求解题目。

### 2. 模拟算法实现要点

采用模拟思路求解程序设计竞赛题目时，要特别注意以下几点。

（1）采用合适的数据结构来表示问题。例如，迷宫问题可以采用二维数组存储迷宫地图。常用的数据结构包括数组、结构体、向量、队列、栈、双端队列、树、图等。当然，最简单的、最适合问题求解的数据结构就是最好的数据结构。本书第30章会介绍2种数据结构——向量和队列。

（2）在模拟过程中通常需要记录或更新问题的中间状态，以便下一步在此状态的基础上继续模拟。

（3）采用模拟法求解时，可能出现的一种情形是：当问题规模很小时，直接模拟即可；但当问题规模较大时，直接模拟会超时或超出内存限制，这时就要分析问题的规律，直接根据规律求解，或者把问题的规模变小再模拟。

（4）如果采用普通的模拟思路求解，提交后评判为超时，那就要分析题目是否符合分治、动态规划等优化算法的适用条件，可能需要用这些算法求解。

**29.3** 案例 1：出列游戏

【题目描述】

$n$ 个人围成一圈，第 1 个人从 1 开始报数，报数报到 $m$ 的人出列；然后下一个人又从 1 开始报数；重复 $n-1$ 轮游戏，每轮游戏淘汰 1 个人，最后剩下的人就是胜利者。模拟该游戏，输出最后的胜利者。

如图 29.1 所示，以 $n=8$，$m=4$ 为例，图 29.1(a)～(g) 演示了 7 轮游戏过程，依次出列的位置是：4，8，5，2，1，3，7，最后的胜利者是 6 号。图中方框里的数字表示这 8 个人的序号，空白的方框表示已出列的位置，方框旁边的数字表示报数过程。

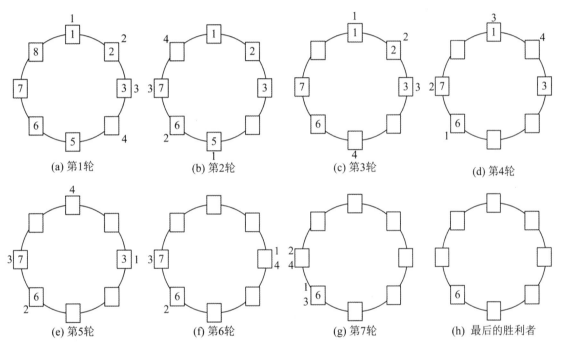

图 29.1　出列游戏 ($n=8$, $m=4$)

【输入描述】

输入占一行，为两个正整数 $n$ 和 $m$，$2 \leqslant n \leqslant 100$。

【输出描述】

输出占一行，为一个正整数，表示最后的胜利者。

【样例输入】　　　　　　　　　　　　　　【样例输出】

8 4　　　　　　　　　　　　　　　　　　6

【分析】

以 $n = 8$，$m = 4$ 分析该出列问题。8个人参加游戏，需要进行7轮，因为每轮淘汰一个。在用程序模拟出列问题时，只需要模拟7轮游戏过程即可，用循环变量 $r$ 来控制。

要表示8个人的序号，可以用一维数组 a 来存储8个位置上的号码。为了符合人们的习惯，只使用 a[1]～a[8]，因此数组长度为9。

该游戏过程中依次出列的位置可以用图29.2表示。图中3个变量 $i$、$j$、$r$ 的含义如下。

变量 $r$：用来表示游戏是第几轮，并且是通过该变量来控制游戏结束的。

变量 $i$：标明每次报数是由哪个位置上的人报出来的(注意要跳过已经出列的位置)。

变量 $j$：实现报数，从1报数到4，再变成1……

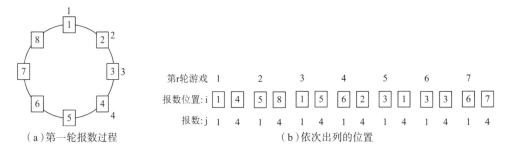

（a）第一轮报数过程　　　　　　　（b）依次出列的位置

图29.2　$n = 8$，$m = 4$ 时依次出列的位置

在模拟出列问题时要注意以下3点。

（1）模拟报数过程，从1开始报数，达到4后(对应位置要出列)，又从1开始报数。因此需要对4进行取模运算。变量 $j$ 用来记录报数过程报出来的数，每次继续报数本来是 $j = (j + 1)\%4$，但是 $(j + 1)\%4$ 的范围是 $0～3$，我们希望 $j$ 取 $1～4$，所以正确的式子是：$j = (j + 1 - 1)\%4 + 1$，即 $j = j\%4 + 1$。

（2）需要记录每一个报数是由哪个人报出来的，变量 $i$ 表示这个人的序号。同样每次继续报数应该在 $i$ 对8取余后加1，即 $i = i\%8 + 1$。

（3）在报数过程中，要跳过已经出列的位置。实现方法是：初始时，数组 a 的每个元素的值为它的下标；每出列一个位置，将该元素的值置为0；在报数过程中，如果某个位置对应的数组元素值为0，则跳过该位置($i$ 自增1，$j$ 保持不变)。7轮游戏过后，数组元素的值不为0的位置就是最终的胜利者。

代码如下。

```cpp
#include <bits/stdc++.h>
using namespace std;
int main( )
{
    int n, m, k;   // 输入数据及循环变量
    int r, i, j, a[102];    //a: 存储 n 个人的序号
    cin >>n >>m;
```

```
for(k=0; k<102; k++)  a[k]=k;   // 设置所有人的序号
for( r=1, i=1, j=1; r<=n-1; i=i%n+1, j=j%m+1 ) {   // 模拟 n-1 轮游戏
    while( a[i]==0 ) { i = i%n+1; }          // 跳过已经出列的
    if( j%m==0 ) { a[i] = 0; r = r+1; }     //i 出列
}
for( k=1; k<=n; k++ ) {
    if( a[k]!=0 ) { cout <<k <<endl;  break; }
}
return 0;
}
```

## 29.4 案例 2：单身贵族游戏

【题目描述】

单身贵族游戏规则：游戏玩法与跳棋类似，但不能走步，只能跳；棋子只能跳过相邻的棋子（相邻的位置上一定要有棋子）落到空位上，并且把被跳过的棋子吃掉；棋子可以沿格线横、纵方向跳，但是不能斜跳。

在本题中，给定单身贵族游戏走若干步后的棋盘状态（不用判断是否合理），判断游戏是否已经结束了（不能再走下去了）。

图 29.3（a）为单身贵族游戏的棋盘，图 29.3（b）演示了走棋的规则，图 29.3（c）所示的棋盘状态已经结束了，无法再走棋。

  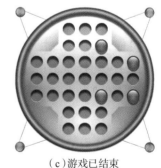

（a）单身贵族游戏的棋盘　　　　　　（b）走棋的规则　　　　　　（c）游戏已结束

图 29.3　单身贵族游戏

【输入描述】

输入数据占 7 行，描述了一个单身贵族游戏的棋盘状态。注意第 1、2、6、7 行的数据是顶格的（在程序处理时，需要还原到棋盘中的位置）。每个位置上为 1 或 0，前者表示有棋子，后者表示没有。

【输出描述】

对测试数据所表示的单身贵族游戏，如果游戏无法进行下去了，输出 yes，否则输出 no。

【样例输入】                              【样例输出】

```
000                              yes
001
0000001
0000000
0000101
000
000
```

【分析】

本题只需按照单身贵族游戏的规则，检查每颗棋子是否可以往上、下、左或右走棋。走棋的规则是：相邻位置非空，且在同方向上相邻位置的相邻位置为空，如果所有棋子都无法走棋，则表示游戏已经结束了。

本题在实现时要注意以下几点。

（1）边界的处理。由于地图不规则，而且棋子在走棋时要跳过相邻位置，所以要预留出 2 行 2 列作为边界，这样可以简化边界的判断。因此第 0、1、9、10 行、第 0、1、9、10 列不存储地图数据，作为"天然的"边界。存储地图的二维数组 mp 定义成全局变量，编译器自动将元素的值初始化为 0。注意，0 和字符 '0' 是不一样的。

（2）地图的读入。在输入数据时，每行都是"顶格"输入的。但是在 mp 数组中存储时，第 1、2 行的地图数据在存储到 mp 数组第 2、3 行时，从第 4 个位置开始存储；第 3、4、5 行的地图数据在存储到 mp 数组第 4、5、6 行时，从第 2 个位置开始存储；第 6、7 行的地图数据在存储到 mp 数组第 7、8 行时，从第 4 个位置开始存储。

（3）能否走棋的判断。假设 $(i, j)$ 位置上有一个棋子，即 $mp[i][j]=='1'$，向上走棋的条件是 $mp[i-1][j]=='1'$ 且 $mp[i-2][j]=='0'$，由于预留了 2 行 2 列的边界，因此无需担心 $i-1$、$i-2$ 超出行号的范围。其他 3 个方向走棋的判断类似。只要有一个棋子能往一个方向走棋，就说明游戏没有结束。代码如下。

```cpp
#include <bits/stdc++.h>
using namespace std;
char mp[11][11];   // 存储单身贵族游戏地图（第 0、1、9、10 行、第 0、1、9、10 列为边界）
int main()          // 主函数
{
    int i, j;
    cin >>mp[2]+4;  cin >>mp[3]+4;
    cin >>mp[4]+2;  cin >>mp[5]+2;  cin >>mp[6]+2;
    cin >>mp[7]+4;  cin >>mp[8]+4;
```

```
for( i=2; i<=8; i++ ){
    for( j=2; j<=8; j++ ){
        if( mp[i][j]=='1' ){
            if( mp[i][j+1]=='1' && mp[i][j+2]=='0' )      // 可以走右边
                break;
            if( mp[i][j-1]=='1' && mp[i][j-2]=='0' )      // 可以走左边
                break;
            if( mp[i+1][j]=='1' && mp[i+2][j]=='0' )      // 可以走下边
                break;
            if( mp[i-1][j]=='1' && mp[i-2][j]=='0' )      // 可以走上边
                break;
        }
    }
    if( j<=8 )  break;
}
if( i<=8 )  cout <<"no" <<endl;      // 还可以走
else  cout <<"yes" <<endl;      // 游戏无法进行下去了
return 0;
}
```

## 29.5 练习1：爬动的蠕虫

【题目描述】

一只1厘米长的蠕虫在一口n厘米深的井底。每分钟蠕虫可以向上爬u厘米，然后必须休息1分钟才能接着往上爬。在休息的过程中，蠕虫又向下滑了d厘米。向上爬和向下滑重复进行。蠕虫需要多长时间才能爬出井？不足1分钟按1分钟计，并且假定只要在某次向上爬的过程中蠕虫的头部到达了井口，那么蠕虫就完成任务了。初始时，蠕虫是趴在井底的（高度为0厘米）。

【输入描述】

输入数据占一行，为3个正整数n，u，d，其中n是井的深度，u是蠕虫每分钟上爬的距离，d是蠕虫在休息的过程中下滑的距离。

【输出描述】

输出占一行，如果蠕虫能爬出井，则输出一个整数，表示蠕虫爬出井所需的时间（分钟）；如果不能爬出井，则输出"The worm cannot climb out of the well."。

| 【样例输入1】 | 【样例输出1】 |
|---|---|
| 10 2 1 | 17 |

【样例输入2】　　　　　　　　　　　　【样例输出2】

20 1 3　　　　　　　　　　　　　　　The worm cannot climb out of the well.

【数据规模与约定】

对100%的数据，$0 < n < 100$，$0 < d < n$，$0 < u < n$。

【分析】

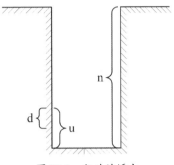

题目的意思可以用图29.4表示。蠕虫爬动的过程和判断蠕虫是否爬出井的依据都很简单，但到底需要多少分钟才能爬出井是不知道的（其实存在某个关系式，但要找到这个关系式需要花费时间，且必须确保这个关系式是正确的），本题适合用"模拟"思路求解。

图29.4　爬动的蠕虫

在本题中，整个模拟过程是通过一个永真循环实现的。在永真循环里，先是上爬1分钟，蠕虫的高度要加上$u$，然后判断是否达到或超过了井的高度，如果是则退出循环；如果不是则要下滑距离$d$。也就是说，执行一次循环，实际上分别向上爬了1分钟和向下滑1分钟。是否退出循环是在向上爬了1分钟后判断的。

此外，本题还要先判断一种特殊情况：如果$d >= u$，则蠕虫无法爬出井，直接输出"The worm cannot climb out of the well." 即可，不需要模拟蠕虫爬井的过程。代码如下。

```cpp
#include <bits/stdc++.h>
using namespace std;
int main( )
{
    int n, u, d;          // 井的深度，蠕虫每分钟上爬和下滑的距离
    int t, h;             // 所需时间，蠕虫当前的高度
    cin >>n >>u >>d;
    if(d>=u){
        cout <<"The worm cannot climb out of the well." <<endl;
        return 0;
    }
    h = 0, t = 0;         // 当前高度及所花时间
    while( 1 ) {
        h += u;  t++;     // 每爬一分钟，上升 u 距离
        if( h>=n )  break;
        h -= d ;  t++;    // 休息一分钟时滑下 d 距离
    }
    cout <<t <<endl;
    return 0;
}
```

## 29.6 练习 2：求一个整数的回文数步数

【背景知识】

如果一个数从左往右读和从右往左读，是同一个数，则这个数称为**回文数**。例如，121 就是回文数。

有人发现，似乎对任何自然数，将它自身和它的倒序数相加，再将得到的和与它的倒序数相加，一直重复，最终总会得到一个回文数。

比如，12 + 21 = 33，12 这个数只需要一步就能得到回文数。

再比如 265，需要 5 步得到一个回文数。

265 + 562 = 827

827 + 728 = 1555

1555 + 5551 = 7106

7106 + 6017 = 13123

13123 + 32131 = 45254

1 186 060 307 891 929 990 是目前发现的需要最多步操作得到回文数的数，需要 261 步。

似乎所有的数都能通过有限步骤得到一个回文数，但是 196 除外。

之前有人已经算到了 699 万步，之后更是改进算法得到了 2.89 亿位的数，仍未得到 196 的回文数。人们试图直接证明所有的数可以通过有限操作得到回文数，但都失败了。于是人们把像 196 这样可能永远不能得到回文数的数称作利克瑞尔数（Lychrel Number），而 196 可能就是最小的利克瑞尔数。至于 196 为什么那么神奇，还没有人能解释。

【题目描述】

输入一个正整数，输出要经过多少步才能得到一个回文数。

【输入描述】

输入占一行，为一个正整数 $n$，不超过 long long 型的范围。测试数据保证不会出现 196 这种数。

【输出描述】

输出占一行，为从 $n$ 出发得到一个回文数所需的步数。

| 【样例输入 1】 | 【样例输出 1】 |
| --- | --- |
| 265 | 5 |

| 【样例输入 2】 | 【样例输出 2】 |
| --- | --- |
| 1186060307891929990 | 261 |

## 【分析】

本题尽管输入的 $n$ 没有超出 long long 型的范围，但构造回文数的过程中每一轮得到的数可能会超出 long long 型的范围。所以，本题在读入 $n$ 时，将 $n$ 视为一个数字字符串读入一个字符数组 num 中。这种位数非常多的数，称为**高精度数**。高精度数往往需要用字符数组存储，每一个数组元素存储每一位数（以数字字符形式存储）。

因为对输入的 $n$，按照题目中的方法，一定会在不超过 261 步内就能构造出一个回文数，所以本题可以采用永真循环实现。

每一轮循环，将当前的 num 数组分别拷贝到 s1 和 s2 数组，调用 re 函数将 s2 逆序，然后用 strcmp 函数比较 s1 和 s2 是否相等，如果相等则说明当前 num 就是回文数了，退出 while 循环；否则将 s1 和 s2 数组代表的高精度数加起来，并把结果存入 num 数组。注意，本来第 0 个数组元素是高位，但是因为 s2 数组总是 s1 数组的逆序，所以可以把第 0 个元素视为个位执行加法运算。

add 函数实现了两个高精度数 p1 和 p2 相加，结果保存在 p 指针指向的数组。本书没有介绍指针，在 add 函数里通过形参指针 p 修改 p[$i$] 的值，实际上就是修改实参 num 数组元素的值，因此求得的和被保存到了 num 数组。add 函数其实模拟了两个加数从个位（第 0 个数组元素）往高位相加的过程。由于本题的数据比较特殊，所以可以做简化。例如，p1 和 p2 指向的加数，位数一定相同。先把 p1 和 p2 指向的加数的每一位相加，不处理进位，保存到 p 数组。然后 p 数组从第 0 个元素开始检查，如果超过 10，就往高位进位。注意，可能会多出 1 位。代码如下。

```cpp
#include <bits/stdc++.h>
using namespace std;
#define MAXN 1000
char num[MAXN];                 // 以字符串形式读入的正整数 n，及每一步得到的正整数
char s1[MAXN], s2[MAXN];        // 两个加数
void re(char s[]){              // 把字符指针 s 指向的字符串逆序
    int len = strlen(s);
    char t;
    for(int i=0; i<len/2; i++){
        t = s[i];  s[i] = s[len-1-i];  s[len-1-i] = t;
    }
}
// 把 p1 和 p2 指向的高精度数加起来，结果保存在 p
void add(char p[], char p1[], char p2[]){
    memset(p, 0, MAXN);                 // 清空 p 数组的内容
    int len = strlen(p1);               //p1 和 p2 的长度肯定是相等
    for(int i=0; i<len; i++)
        p[i] = p1[i] - '0' + p2[i] - '0';   //p[i] 先只存数值
    for(int i=0; i<len; i++){
        if(p[i]<10)  p[i] += '0';               // 把它变成数字字符
        else{
```

```
            p[i] = p[i] - 10 + '0';   p[i+1]++;   // 进位
        }
    }
    if(p[len]!=0)  p[len] += '0';              // 多出 1 位
}
int main( )
{
    cin >>num;
    int r = 0;                       // 步数
    while(1){
        strcpy(s1, num);  strcpy(s2, num);
        re(s2);
        if(strcmp(s1, s2)==0)   //num 和逆序后的 num 相等，则是回文串
            break;
        r++;
        add(num, s1, s2);         // 把 num 和逆序后的 num 相加，结果存在 num
        //cout <<num <<endl;     // 输出相加后的 num（测试）
    }
    cout <<r <<endl;
    return 0;
}
```

## 29.7 总结

本章需要记忆的知识点如下。

（1）所谓模拟算法，就是采用合适的数据结构，模拟游戏过程或问题求解过程，在此过程中进行一定的判断或记录，从而求解题目。

（2）网格状地图边界的处理。

# 第 30 章
# 数据结构基础知识

```
while(q.size()){
    cout <<q.front() <<" ";
    q.pop();
}
```

## 主要内容

◆ 介绍数据结构基本概念、标准模板库、向量和队列的使用方法。

## 30.1 结束不是终止，而是一个新的开始

爸爸：抱一，这门课程快要结束了，你总结一下这门编程课学了什么？

抱一：学了C++语言。

爸爸：对，是学了C++语言，但C++语言只是工具。

抱一：还学了一些算法，比如枚举算法。

爸爸：对，是学了一些算法，但算法是用来干什么的呢？

抱一：算法是用来解决问题的。

爸爸：对，具体来说，算法是用计算机程序来解决数据问题，包括数据的存储、计算和处理。所以，最后一节课，我们来学习存放和管理数据的容器——数据结构。这门课程结束了，但并不意味着编程已经学完了。这门课程结束，对掌握得比较好的同学，意味着可以开始学习新的课程了。

抱一：那新的课程要学习什么呢？

爸爸：新的课程将继续学习解决更复杂问题的算法。

## 30.2 数据结构基本概念

什么是数据？**数据就是程序求解问题时需要处理的对象**，可能是基本的整型、浮点型、字符（串），也可能是比较复杂的结构体、对象，甚至可能是数据库中的一条记录。另外，一个程序中的数据之间往往不是松散的，而是存在一定联系的（所谓的"逻辑"关系），比如一个接一个（线性结构）、一个对多个（树结构）、多个对多个（图结构）等。

什么是数据结构？通俗一点讲，**数据结构就是存放和管理数据的容器**。最简单、最常用的数据结构是数组，大部分编程语言都提供了数组这个数据结构。但数组太简单了，有很多局限性，以至于Python语言都不提供数组了。在Python语言里，最接近数组的是列表，而列表的功能非常强大，用户远非数组能比。除数组外，为了满足一些特殊处理的需要，计算机科学里引入了一些特殊的数据结构，如栈、队列、优先级队列、集合、映射等。有时用户也需要自己设计数据结构。

数据结构中存放的数据，一般称为**结点**或**元素**。注意，在C++语言里，同一个数据结构中的所有结点一般只能是同一种类型；Java等编程语言允许同一个数据结构包含不同类型的结点。但是，一般来说，在程序设计竞赛解题时，不需要把不同类型的结点放到同一个数据结构里。在C++语言里，可以把不同类型的数据成员包含到一个结构体类型里，但结构体数组的每个元素仍然是同一种类型，即同一种结构体类型，在这种情形下，结构体数组才是容器，数组元素才是结点。

为了管理存放的数据，数据结构往往还需要把对数据的操作（增、删、查、改）封装在一起。因此要实现一种数据结构，是比较复杂的。在程序设计竞赛里，如果要求选手现场编程实现解题时

要用到的数据结构，是比较困难的。幸运的是，现代编程语言（C++、Java、Python等）对常用的数据结构和算法都做了很好的实现。以C++为例，这些数据结构和算法构成了STL，用户可以直接调用STL中的数据结构和算法。

## 30.3　标准模板库

标准模板库（Standard Template Library，STL）是C++标准库的一部分，不用单独安装。模板是C++程序设计语言中的一个重要特征，而STL正是基于此特征。

STL提供了3种通用实体：容器、迭代器和算法。用户可以直接使用STL中的实体来求解问题。

容器就是一种数据结构，用来存储结点。不同类型的容器在其内部以不同的方式组织结点。

STL中常用的容器包括：向量、栈、队列、优先级队列等。STL中的容器是用类模板实现的，这意味着用户可以指定容器中元素的类型。STL中的容器提供了丰富的成员函数，用以实现所需的功能。

## 30.4　向量

向量（vector）是扩充版的数组。当编程语言提供的数组对数据处理的需求来说太简单而不足以胜任时，就可以考虑使用向量。

要使用STL中的向量，必须包含头文件<vector>，或者用万能头文件。

定义向量的方法如下。

```
vector<char> v1;        // 向量中的元素为字符
vector<int> v2;         // 向量中的元素为整型数据
vector<point> v3;       // 向量中的元素为自定义结构体 point 变量
```

向量中包含以下常用的成员函数。

（1）push_back：往向量的末端插入新的结点。

（2）pop_back：删除向量末端的结点。

（3）resize：设置向量的大小。

（4）begin：返回最前面结点的迭代器，迭代器就是结点的地址，即指针。

（5）end：返回最末端结点之后的迭代器。

向量的其他用法和数组差不多。例如，也是通过"方括号+序号"的方式来引用向量元素，元素下标也是从0开始。

## 30.5 队列

队列是一种存数据的容器。日常生活中的在食堂排队打饭、在银行排队办业务，都是队列的例子。队列管理数据的方式是：它只允许从队列尾（rear）插入结点，称为入队列；只允许从队列头（front）取出结点，称为出队列，如图 30.1 所示。因此，先进入队列的数据先出来，这就是所谓的"先进先出"。

图 30.1　队列

要使用 STL 中的队列，必须包含头文件 \<queue\>，或者用万能头文件。

定义队列的方法如下。

```
queue<char> Q1;       // 队列中的结点为字符型数据
queue<int> Q2;        // 队列中的结点为整型数据
queue<pos> Q3;        // 队列中的结点为 pos 变量（自定义数据类型）
```

队列中包含以下常用的成员函数。

（1）push：入队列，参数为需要入队列的结点。

（2）pop：出队列，返回值为出队列的结点。

（3）front：取得队列头结点，返回值为队列头结点，该操作并不会使队列头结点出队列。

（4）empty：判断队列是否为空，返回值为 bool 型。

（5）size：计算队列中结点的个数。

## 30.6 案例1：数列1, 1, 2, 1, 2, 3, 1, 2, 3, 4,⋯前 $n$ 项和（2）

【题目描述】

求数列 1, 1, 2, 1, 2, 3, 1, 2, 3, 4,⋯的前 $n$ 项和，$n \leqslant 1000$，要求用向量实现。

【输入描述】

输入占一行，为正整数 $n$。

【输出描述】

输出占一行，为该数列前 $n$ 项的和。

【样例输入】　　　　　　　　　　　　　　　　【样例输出】

10　　　　　　　　　　　　　　　　　　　　　20

【分析】

本题可以用一个向量$v$存储该数列的前$n$项。由于向量中元素的下标也是从0开始，所以先往$v$中存入一个没有意义的0，然后再存入该数列的前$n$项。这个数列的规律是：它是由长度分别为1, 2, 3, 4, 5, 6, …的子序列构成的，长度为$k$的子序列为1, 2, 3, …, $k$。在每个子序列中，第$j$个数就是$j$，且$j$递增到$k$后，要开始下一个子序列。用for循环产生前$n$项。最后累加向量$v$中第1～$n$个元素的和并输出。代码如下。

```
#include <bits/stdc++.h>
using namespace std;
int main( )
{
    vector<int> v;              // 存第 1 ~ n 项
    int n;   cin >>n;
    v. push_back(0);            // 在第 0 个位置上放置一个无意义的 0
    int k = 1, j = 1;           // 第 k 组第 j 个数
    for(int i=1; i<=n; i++){
        v. push_back(j);        // 每组第 j 个数就是 j，往向量中添加这个数
        if(j==k){               // 下一组开始后 k 和 j 更新
            k++;  j = 1;
        }
        else  j++;
    }
    int sn = 0;                 //sn：前 n 项和
    for(int i=1; i<=n; i++)
        sn = sn + v[i];
    cout <<sn <<endl;
    return 0;
}
```

## 30.7 案例2：输出杨辉三角形（用向量实现）

【题目描述】

用向量实现第17章的案例——杨辉三角形（2）。

【分析】

在第17章的案例"杨辉三角形（2）"中，为了存储最大10行的杨辉三角形，我们定义了11×11大小的二维数组，但其实每$i$行只有$i$个数，浪费存储空间。用向量数组实现就不存在这样的问题。在以下代码中，yh是一个数组，每个元素是一个向量，所以是向量数组。向量数组相当于一个二维

数组，但每一行长度可以不同。在本题中，第 0 列不用，因此以下代码把第 $i$ 个向量的长度设置为 $i$ + 1，$i = 1, 2, \cdots, 10$。向量数组的使用和二维数组是类似的。例如，设置第 $i$ 行、第 $j$ 列位置的值，使用的代码也是：yh[$i$][$j$] = yh[$i$-1][$j$-1] + yh[$i$-1][$j$]。

代码如下。

```
#include <bits/stdc++.h>
using namespace std;
int main( )
{
    vector<int> yh[12];
    for(int i=1; i<=10; i++)  yh[i].resize(i+1); //每一个向量第 0 个元素不用
    int n;  cin >>n;
    yh[1][1] = yh[2][1] = yh[2][2] = 1;  //第 1 行、第 2 行
    for(int i=3; i<=n; i++)
        yh[i][1] = yh[i][i] = 1;           // 第 1 列和主对角线均为 1
    for(int i=3; i<=n; i++){
        for(int j=2; j<=i-1; j++)
            yh[i][j] = yh[i-1][j-1] + yh[i-1][j];  //=左上 + 上
    }
    for(int i=1; i<=n; i++){
        for(int j=1; j<=i; j++)
            cout <<setw(4) <<setiosflags(ios::right) <<yh[i][j];
        cout <<endl;
    }
    return 0;
}
```

## 30.8 练习 1：出列游戏（用队列实现）

【题目描述】

用队列实现上一章的案例——出列游戏。

【分析】

想象一下，$n$ 个学生（序号依次为 1～$n$）排队，一个老师在队列最前面数数，每出去一个学生都计数，第 1～($m$-1)学生出去后又到队列后面继续排队，唯独第 $m$ 个学生出去后就不再回来了，然后又重新数数，这需要借助队列来实现。代码如下。

```
#include <bits/stdc++.h>
using namespace std;
```

```
int main( )
{
    int n, m;    // 输入数据及循环变量
    queue<int> q;
    cin >>n >>m;
    for(int k=1; k<=n; k++)   q.push(k);    // 设置所有人的序号
    while(q.size()!=1){                      // 当队列中多于 1 人，继续游戏
        for(int i=1; i<m; i++){              // 每一轮前 m-1 人报数但不淘汰
            q. push(q.front());              // 读取队首的值（序号）并放入队尾
            q. pop();                         // 将队首弹出
        }
        q. pop();                             // 每一轮第 m 个人被淘汰
    }
    cout <<q.front() <<endl;                  // 输出最后一个人的序号
    return 0;
}
```

## 30.9  练习2：机器翻译

【题目描述】

小晨的电脑上安装了一个机器翻译软件，他经常用这个软件来翻译英语文章。

这个翻译软件的原理很简单，它只是从头到尾，依次将每个英文单词用对应的中文来替换。对于每个英文单词，软件会先在内存中查找这个单词的中文含义，如果内存中有，软件就会用它进行翻译；如果内存中没有，软件就会在外存中的词典内查找，查出单词的中文含义然后翻译，并将这个单词和译义放入内存，以备后续的查找和翻译。

假设内存中有 $M$ 个单元，每单元能存放一个单词和译义。每当软件将一个新单词存入内存时，如果当前内存中已存入的单词数不超过 $M-1$，软件会将新单词存入一个未使用的内存单元；若内存中已存入 $M$ 个单词，软件会清空最早进入内存的那个单词，腾出单元来存放新单词。

假设一篇英语文章的长度为 $N$ 个单词。给定这篇待译文章，翻译软件需要去外存查找多少次词典？假设在翻译开始前，内存中没有任何单词。

【输入描述】

共 2 行。每行中两个数之间用一个空格隔开。

第一行为两个正整数 $M$、$N$，代表内存容量和文章的长度。

第二行为 $N$ 个非负整数，按照文章的顺序，每个数（大小不超过 1000）代表一个英文单词。文章中两个单词是同一个单词，当且仅当它们对应的非负整数相同。

【输出描述】

输出一个整数，表示软件需要查词典的次数。

【样例输入】                                      【样例输出】

```
3 7                                              5
1 2 1 5 4 4 1
```

【样例解释】

整个查字典过程如下：每行表示一个单词的翻译，冒号前为本次翻译后的内存状况。

1：查找单词 1 并调入内存。

1, 2：查找单词 2 并调入内存。

1, 2：在内存中找到单词 1。

1, 2, 5：查找单词 5 并调入内存。

2, 5, 4：查找单词 4 并调入内存替代单词 1。

2, 5, 4：在内存中找到单词 4。

5, 4, 1：查找单词 1 并调入内存替代单词 2。

共计查了 5 次词典。

【数据规模与约定】

对于 10% 的数据有 $M = 1$，$N \leqslant 5$。

对于 100% 的数据有 $1 \leqslant M \leqslant 100$，$1 \leqslant N \leqslant 1000$。

【分析】

根据题目中对包含 $M$ 个单元的内存的描述，这段内存就像一个队列，容量为 $M$；在存单词时，如果没有超出容量上限，则可以存入，相当于在队列尾存入数据；如果超出容量上限，则最早进入内存的单词被删除，相当于在队列头弹出数据。所以，本题用队列模拟读取并存储 $N$ 个单词的过程并记录查字典的次数即可。代码如下。

```cpp
#include <bits/stdc++.h>
using namespace std;
int m,n,ans;
bool v[1005];     // 每个单词是否在队列中的标志
queue<int> q;     // 队列
int main( )
{
    cin >>m >>n;
    int x;
    for(int i=1; i<=n; i++){
        cin >>x;
        if(v[x])  continue;
```

```
        else{   // 单词 x 不在队列中，要将 x 从字典中存放到内存（队列）
            if(q.size()>=m){          // 队列满了
                v[q.front()] = 0;    // 把队列首的单词弹出去
                q.pop();
            }
            q.push(x);   // 将 x 从字典中存放到内存
            v[x] = 1;   ans++;
        }
    }
    cout <<ans <<endl;
    return 0;
}
```

## 30.10 总结

本章需要记忆的知识点如下。

（1）数据结构就是存放和管理数据的容器。

（2）数组是最简单、最常用的数据结构。

（3）标准模板库实现了很多常用的数据结构。

（4）向量是扩充版的数组，要掌握向量的使用方法。

（5）掌握队列的使用方法。

# 附录　课程资源使用说明

限于篇幅，教材只收录了165道案例和练习题。本书全部预习题、入门题、案例和练习、测试题共计600余道都是部署在洛谷平台。本书所有教学视频和课件等资源也是分享在洛谷平台。

## 一、课前准备：注册洛谷网站账号并加入团队

1. 家长要帮助学生在洛谷（https://www.luogu.com.cn/）上注册账号，如图1和图2所示。

图1　在洛谷上注册账号

> **注意**：注册好账号后，一定要记住账号的用户名和密码。

2. 注册好以后，用账号登录洛谷平台，然后在浏览器的地址栏里输入以下链接，点击左上角的"加入团队"，申请加入"C++趣味编程及算法入门"团队，等待老师审核。

https://www.luogu.com.cn/team/44885

3. 老师审核后，学生就可以进入团队。将鼠标光标移动到右上角图标，会弹出一个菜单，点击"我的团队"，进入"C++趣味编程及算法入门"团队，如图3所示。

图2　注册界面

图3　进入团队

4. 在"C++趣味编程及算法入门"团队，能看到概览、题目、作业、题单、比赛、成员、文件

等链接，如图4所示。

图4 "C++趣味编程及算法入门"团队

## 二、课前准备：编译器的安装及目录下载

本课程需要采用Dev-C++编译器，所以家里电脑上需要安装Dev-C++编译器。

1. 启动安装程序。首先出现的界面是选择语言，如图5所示。注意，Dev-C++支持中文，安装时要求选择的语言(默认为English)仅仅是指安装界面上文字的语言。而这里是不能选择中文的，因此选择默认的英文。

2. 同意许可协议。点击"I Agree"按钮，如图6所示。

图5 安装界面——选择语言

3. 选择安装类型，如图7所示，一般选择默认的全部安装（Full）。注意，Dev-C++这个软件很小，不会占用太多磁盘空间。

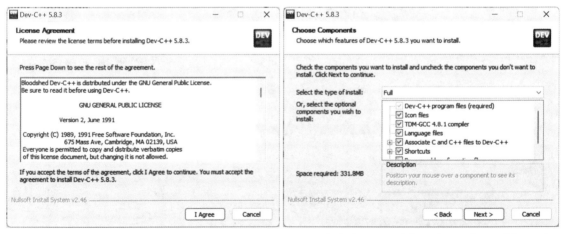

图6 安装界面——同意许可协议 　　图7 安装界面——选择安装类型（一般选择Full）

4. 选择安装路径，如图8所示，一般采用默认的路径。

5. 开始安装，如图9所示，会显示安装进度。

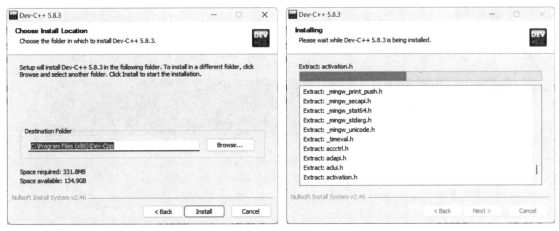

图 8　安装界面——选择安装路径（一般就采用默认的）　　　　图 9　安装界面——安装进度

6. 安装好以后，可以启动 Dev-C++。首次启动时要做一些设置，最重要的设置就是选择语言，如图 10 所示，这才是 Dev-C++ 软件界面上的语言，务必选择"简体中文/Chinese"。其他设置一般采用默认的设置即可。

7. 运行起来的 Dev-C++ 界面如图 11 所示。

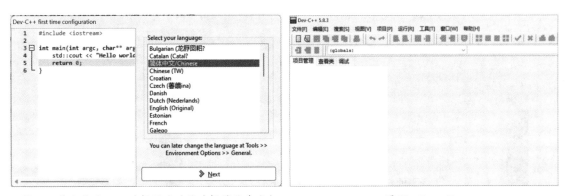

图 10　首次启动——选择语言（要选择简体中文）　　　　　图 11　Dev-C++

8. 在洛谷团队"文件"里下载一个压缩文件，"C++ 趣味编程及算法入门–目录.rar"，如图 12 所示。这个压缩文件是老师做好的本课程 30 章的文件夹，学生在学编程时，需要把每个程序保存到每一章的目录下。把这个压缩文件下载后，解压到电脑上。

图 12　到洛谷团队"文件"那里去下载文件夹

## 三、观看视频

在洛谷每章作业的题单简介里，有知识点、案例和习题的视频讲解链接，如图13所示。

图13　知识点、案例和习题的视频讲解链接

如果想看一道题目的讲解，点击视频链接即可打开视频，如图14所示。

图14　观看视频

## 四、家长可以在手机上查看学生作业完成情况

在手机上登录洛谷，有以下两种方式。

## （一）通过关注"洛谷科技"公众号来登录

1.在微信公众号里，搜索"洛谷科技"，找到"洛谷科技"公众号并关注，如图15所示。

图15　在微信公众号里搜索"洛谷科技"公众号

2.进入洛谷科技公众号后，点击"洛谷首页"，进入洛谷主页，如图16所示。

图16　进入洛谷主页

3. 点击图16右图中圆圈所示的图标，出现登录界面，如图17所示。用洛谷账号登录。

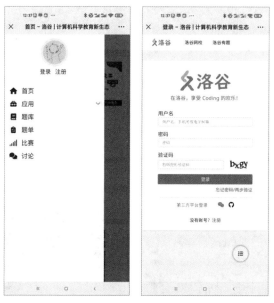

图17　用洛谷账号登录

接下来进入洛谷团队，找到作业，查看学生作业完成情况等操作，和第二种方式是一样的，如图21-23所示，此处不再赘述。

## （二）在手机浏览器里登录

1. 在手机浏览器的地址栏里输入：www.luogu.com.cn，点进入，出现洛谷网站的主页，如图18所示。

图18　在手机的浏览器里访问洛谷网站

2. 点击菜单图标，如图19所示，如果在手机上是首次访问，在左侧会弹出菜单，点击"登录"，出现登录界面。输入学生的用户名、密码，再输入验证码，就可以登录了。注意，第一次需要登录，后面就不需要登录了。

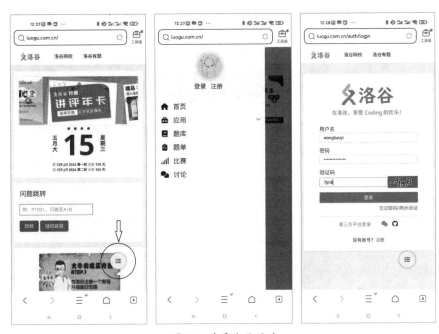

图19　登录洛谷网站

3. 登录成功后会显示用户名，如图20所示。

图20　登录成功后，会显示用户名

4. 接下来又要点击菜单图标，在左侧会弹出菜单。点击"个人导航"，再点击"我的团队"，出现团队列表，点击"C++趣味编程及算法入门"团队，进入团队页面，在团队页面，可以看到作业、比赛等链接，如图21所示。

图21　进入"C++趣味编程及算法入门"团队

5. 在"作业"页面，可以看到每次的作业，如图22所示。

图22　团队里的作业

6. 在"题目列表"里可以查看学生每道题目的完成情况,在"排行榜"里可以看到排名,如图23所示。

图23　查看作业完成情况及排名

# 参 考 文 献

[1] 潘洪波. 小学生C++趣味编程 [M]. 北京：清华大学出版社, 2017.

[2] 左凤鸣. C++少儿编程轻松学：写给中小学生的零基础教程 [M]. 北京：人民邮电出版社, 2020.

[3] 汪楚奇. 深入浅出程序设计竞赛：基础篇 [M]. 北京：高等教育出版社, 2020.

[4] 陈颖，邱桂香，朱全民. CCF中学生计算机程序设计 (入门篇) [M]. 北京：科学出版社, 2016.

[5] 刘汝佳. 算法竞赛入门经典 [M]. 2版. 北京：清华大学出版社, 2014.

[6] 快学习教育. 零基础轻松学C++：青少年趣味编程 [M]. 北京：机械工业出版社, 2020.

[7] 董永建. 信息学奥赛一本通：C++版 [M]. 南京：南京大学出版社, 2020.

[8] 王桂平，刘君，李韧. 程序设计方法及算法导引 [M]. 北京：北京大学出版社, 2020.

[9] 王桂平，杨建喜，李韧. 图论算法理论、实现及应用 [M]. 2版. 北京：北京大学出版社, 2022.

# 后 记

小学生能不能学C++语言？应该什么时候开始学？怎么学？学了有什么用？是不是要走全国青少年信息学奥林匹克竞赛这条路才有必要学C++语言？这些都是困扰少儿编程从业者和家长的问题。

2003年，我开始在高校从事程序设计教学工作和大学生程序设计竞赛指导工作，距今已有20余年。近年来，作为两个孩子的父亲，我也一直在思考上述问题，并进行了大量的教学实践。本书及配套资源就是这些教学实践的成果。

进入21世纪后，平板电脑、手机等广泛意义上的计算机在我们的工作和生活中发挥着越来越重要的作用。大数据、人工智能、深度学习、AlphaGo、ChatGPT等层出不穷的新技术和新产品，时刻提醒教育者和家长们，除了传统学科，我们也应该加强培养孩子们的信息素养。

如果要培养孩子的计算思维、编程思维、逻辑思维、算法思维，C++语言是首选。对于目前30～40岁年龄段的家长，读大学时如果学的是理工科，大多学过C语言或C++语言。不过由于他们当时可能学得很痛苦，因此他们对"小学生能不能学C++语言"一直持怀疑态度。作为高校程序设计课程20余年教学改革的亲历者和少儿编程的从业者，我坚信不照搬大学程序设计课程的教学方法，而是根据小学生的知识结构和思维方式来设计教学内容和教学方法，普通的小学生完全可以学C++语言。

那么，小学生什么时候可以开始学C++语言呢？根据我的经验，小学四年级就可以开始学了。因此，本教材主要面向小学四年级及以上的学生。当然，每个孩子的情况都不一样，家长还是要征求信息技术老师和教练的意见，不要盲目地让孩子早一点学。

小学生应该怎么学C++语言呢？我认为，结合生活或学习中的例子和数学应用问题来引入编程思维，然后使用C++语言知识来求解这些问题，是一种很好的方法。

在撰写本书之际，我儿子王抱一，刚好上四年级，我用这本书教他学习C++编程。本书也记录了抱一在学习编程过程中的点点滴滴，经常以抱一和妹妹致柔之间的对话、抱一生活和学习中的场景来引出编程思维。

2018年，中国电子学会推出了青少年软件编程等级考试（C语言）项目。该项目不拘泥于语法细节，是检验学习效果的很好手段，因此我建议学生们积极参加等级考试。本书的编写也参考了中国电子学会制定的《全国青少年软件编程等级考试标准》。

本书以C++语言的学习为基础，重点介绍算法入门知识，同时兼顾C++等级考试的需求。全书共30章，每章一般需要课堂讲授3小时+课后练习3小时。第1～15章基本对应中国电子学会青少年软件编程等级考试（C语言）一级考试的要求，第16～30章基本对应C语言二级考试的要求。每章尽量从引入编程思维开始，再过渡到案例，最后是练习。每章一般配3个案例、3个练习。

我希望打造一门适合小学和培训机构使用的小学生C++编程课程，本书将作为这门课程的教材。为了实现这一目标，本书提供以下免费资源和服务。

（1）全套在线题库。其包括预习题、入门题、课堂案例和练习、课后习题、测试题，合计超过600道题。这些题，绝大部分是作者原创的，也有少数题目是等级考试真题。这些题目全部部署在洛谷平台。洛谷平台可以实时自动评测学生提交的程序并反馈评判结果。学生可以随时随地完成作业，老师和家长也可以随时检查学生的作业。为了让学生过渡到全国青少年信息学奥林匹克竞赛，本书的案例和练习都按照竞赛的题型出题，用输入/输出数据评测程序的正确性。本书的题库可以免费给小学和培训机构使用。

（2）全套教学视频。本书的每个知识点、每个案例和习题，都配有相应的视频讲解，每个视频时长3～20分钟不等，总计超过700个视频。这些视频能极大地减轻任课老师的负担，学生也可以根据这些视频查漏补缺。

（3）全程免费答疑。我会组织优秀的大学生在QQ群免费给学生答疑。

本书的出版得到了重庆交通大学信息科学与工程学院、中国电子学会等级考试服务中心的大力支持，在此表示衷心的感谢。

由于作者水平有限，书中难免存在疏误之处，欢迎读者指正。如果读者有好的建议，也可以与作者联系，邮箱w_guiping@163.com，谢谢！

王桂平

书于重庆市高新区大学城听蓝湾

2024年5月